H.-G. Unger / W. Schultz / G. Weinhausen

Elektronische Bauelemente und Netzwerke I

Physikalische Grundlagen
der Halbleiterbauelemente

für Studenten der Elektrotechnik
ab 6. Semester

3., vollständig neubearbeitete Auflage

Mit 109 Bildern

Friedr. Vieweg & Sohn   Braunschweig / Wiesbaden

CIP-Kurztitelaufnahme der Deutschen Bibliothek

Unger, Hans-Georg:
Elektronische Bauelemente und Netzwerke / H.-G. Unger;
W. Schultz; G. Weinhausen. – Braunschweig, Wiesbaden:
Vieweg.

NE: Schultz, Walter: ; Weinhausen, Günter:

1. Physikalische Grundlagen der Halbleiterbauelemente
für Studenten der Elektrotechnik ab 6. Semester. – 3.,
vollst. neubearb. Aufl. – 1979.

(Uni-Texte)
ISBN 3-528-23505-5

Verlagsredaktion: *Alfred Schubert, Willy Ebert*

1. Auflage 1968
2., durchgesehene Auflage 1971
3., vollständig neubearbeitete Auflage 1979

Satz: Friedr. Vieweg & Sohn GmbH, Braunschweig
Druck: E. Hunold, Braunschweig
Buchbinder: W. Langelüddecke, Braunschweig
Printed in Germany

ISBN 3-528-23505-5 (Paperback)

Vorwort

Dieses Lehrbuch ist die erweiterte Niederschrift der zweisemestrigen Vorlesung „Elektronik", die für Studierende der Elektrotechnik im 6. und 7. Semester an der Technischen Universität Braunschweig gehalten wird. Der erste Band befaßt sich mit den physikalischen Grundlagen der Halbleiterbauelemente, der zweite Band mit der Berechnung elektronischer Schaltungen. Die im dritten Band behandelten Übungsaufgaben mit vollständigen Lösungen ermöglichen es dem interessierten Leser, studienbegleitend zu überprüfen, inwieweit er die erworbenen Kenntnisse zur Bearbeitung konkreter Fragestellungen anzuwenden vermag.

Voraussetzung zum Verständnis dieser Niederschrift sind diejenigen Grundlagenkenntnisse aus der Halbleiterphysik, die in einer einführenden Physikvorlesung vermittelt werden. An mathematischem Rüstzeug werden die Grundlagen der höheren Mathematik benötigt; weiterhin ist eine sichere Handhabung der praktischen Rechentechnik, wie sie für jeden Ingenieur selbstverständlich sein sollte, unerläßlich.

Der erste Teil der Vorlesung soll dazu dienen, dem Studierenden die wesentlichen physikalischen Mechanismen, die für die Wirkungsweise von Halbleiterbauelementen eine Rolle spielen, anhand von Beispielen näherzubringen. Daher wird bewußt auf eine ins einzelne gehende Darstellung der verschiedenen Typen und ihrer technologischen Realisierung verzichtet; in diesem Sinne behandelt die Vorlesung „Grundlagen" der Halbleiterbauelemente. Das Buch will in erster Linie eine Einführung in die Arbeitsmethoden geben, die sich bei der Behandlung von Halbleiterbauelementen bewährt haben. Das Sammeln von Fakten spielt demgegenüber nur eine untergeordnete Rolle.

Die auftretenden physikalischen Effekte werden nicht nur anschaulich beschrieben, sondern auch in einfach zu handhabende mathematische Modelle übertragen, die eine quantitative Auswertung zulassen. Hier hat der Student Gelegenheit, die Anwendung analytischer Näherungsmethoden und numerischer Lösungsverfahren kennenzulernen. Beide Methoden stehen nicht in Konkurrenz miteinander, sondern ergänzen sich gegenseitig: Während analytische Näherungsmethoden allgemeine Tendenzen durch funktionale Zusammenhänge in übersichtlicher Form darstellen, gestatten die numerischen Methoden eine genauere Analyse des konkreten Einzelfalles. Um auch hier dem Leser Gelegenheit zu geben, die einzelnen Schritte selbständig nachzuvollziehen, wurden nur solche numerischen Verfahren herangezogen, die sich auf einem (programmierbaren) elektronischen Taschenrechner durchführen lassen.

Gegenüber den vorangegangenen Auflagen ist das Kapitel über Elektronenröhren gestrichen zugunsten einer ausführlicheren Darstellung der Halbleiterbauelemente auf MOS-Basis. Da diese Bauelemente ein komplizierteres Rauschverhalten zeigen als beispielsweise Bipolartransistoren, mußte auch das Kapitel „Rauschen" entsprechend erweitert werden. Damit wurde der heutigen Bedeutung der integrierten Schaltungen Rechnung getragen.

Für jede Anwendung von Halbleiterbauelementen in Netzwerken ist es erforderlich, die aus dem physikalischen Modell gewonnenen Zusammenhänge für den jeweils vorliegenden Zweck zu vereinfachen und in eine solche Form zu bringen, die eine praktische Handhabung gestattet. Ausgehend von den physikalischen Vorstellungen werden Ersatzschaltbilder, die dem jeweiligen Problem angepaßt sind, entwickelt; damit ist die logische Verbindung mit den anschließend zu behandelnden elektronischen Netzwerken hergestellt.

Im zweiten Band der Niederschrift stehen die allgemeinen Methoden der Analyse elektronischer Schaltungen mit linearen und nichtlinearen Elementen im Vordergrund. Die Betonung liegt also mehr auf den Berechnungsverfahren als auf einer Zusammenstellung und Beschreibung praktischer Schaltungen. Wenn auch beim Entwurf aktiver Netzwerke für bestimmte Funktionen meist aufgrund von Erfahrungen eine bestimmte Schaltung gewählt wird, so sind die Größen der einzelnen Schaltungselemente dann doch rechnerisch zu bestimmen. Diese analytischen Methoden werden an jeweils typischen elektronischen Schaltungen entwickelt, um möglichst ausführliche Kenntnisse der wichtigsten Arten aller Schaltungen zu vermitteln.

H.-G. Unger, W. Schultz, G. Weinhausen

Braunschweig, Oktober 1978

Inhaltsverzeichnis

Allgemein verwendete Symbole

A	Fläche	$L_{A,D}$	Debye-Längen
$\tilde{A}$	Ionisierungsrate	$L_{n,p}$	Diffusionslängen
A'	Richardson-Konstante	l	Länge
a	Länge	M	Multiplikationsfaktor
a	Kürzung	m	Elektronenmasse
a_n	Fourierkoeffizient	m	Laufindex
B	Magnetische Induktion	m	Parameter
B	Bandbreite	$N = \mathcal{L}(n)$	
b_m	Fourierkoeffizient	N	Summationsgrenze
C	Proportionalitätsfaktor	N	Störstellenkonzentration
C	integrale Kapazität	N	effektive Zustandsdichte
c	differentielle Kapazität	n	Elektronenkonzentration
c_{12}	Korrelationskoeffizient	n	Parameter
D	Zustandsdichte	$P = \mathcal{L}(p)$	
D	Verschiebungsdichte	P	Löcher pro Flächeneinheit
$D_{n,p}$	Diffusionskonstante	P	Wahrscheinlichkeit
d	Dicke	P	Leistung
E	elektrische Feldstärke	p	Löcherkonzentration
F	allgemeines Funktionssymbol	Q	Ladung
$F_r(s)$	Fermiintegral	$-q$	Ladung des Elektrons
f	Fermiverteilung	R	Widerstand
f	Frequenz	r	differentieller Widerstand
G	Generationsrate	r	Rekombinationsüberschuß
G	Leistungsverstärkung	S	Steilheit
g	Funktion	s	Variable
H	magnetische Feldstärke	s	Teilchenstromdichte
h	Planck'sches Wirkungsquantum	T	Absolute Temperatur
$\hbar \equiv h/2\pi$		t	Zeit
h_{11}	usw. Elemente der Stromver-	U	Spannung allgemein
	stärkermatrix	u	Spannung im Kleinsignalbereich
I	Strom allgemein	V	Volumen
i	Laufindex	V_{PO}	pinch off-Konstante
i	Strom im Kleinsignalbereich	v	Geschwindigkeit
J	Stromdichte	$\bar{v}$	Driftgeschwindigkeit
j	imaginäre Einheit	W	Energie
K	allgemeine Konstante	w	Sperrschichtweite
k	Boltzmann-Konstante	x	Ortskoordinate
k	Laufindex	y	Ortskoordinate
k	Wellenzahl	y	Admittanz
$\mathcal{L}$	Laplace-Transformation	Z	Impedanz
L	Induktivität	z	Variable

z	Ortskoordinate	λ'	mittlere freie Weglänge
α	Parameter	μ	Beweglichkeit
α	Stromverstärkungsfaktor	μ	Permeabilität
β	Parameter	μ_0	magnetische Feldkonstante
β	Transportfaktor	ν	Parameter
γ	Parameter	ν	Dichte des Lichtquantenstromes
γ	Emitterergiebigkeit	ξ	Variable
δ	Parameter	ρ	Raumladungsdichte
ϵ	Dielektrizitätskonstante	σ	spezifische Leitfähigkeit
ϵ_0	elektrische Feldkonstante	τ	Zeitkonstante
ϵ_r	Dielektrizitätszahl	Φ	thermische Austrittsarbeit
ζ	Parameter oder Variable	φ	elektrostatisches Potential
η	Kürzung	φ	Winkel
Θ	Theta-Funktion	χ	Elektronenaffinität
ϑ	Winkel	Ψ	Korrelationsfunktion
κ	Parameter	Ω	normierte Kreisfrequenz
λ	Parameter	ω	Kreisfrequenz
λ	Wellenlänge		

Indices

Phasoren werden durch Pfeile gekennzeichnet, Vektoren durch halbfetten Druck.

A	Akzeptor	f	Frequenz	rg	Rekombination –
A	Ausgang	G	Generator		Generation
ab	abgegeben	g	Gate	S	Schwellenwert
ab	Abfall	gl	Gleichrichter	S	Schrot
an	Anstieg	gr	Grenze	s	Speicher
äq	äquivalent	HL	Halbleiter	s	Sperrschicht
B	Batterie	I	Invers	s	Source
b	Bahn	i	Eigenleitung	sp	Sperrichtung
b	Basis	k	Kanal	Th	thermisch
c	Kollektor	L	Leitungsband	t	Tunnel
D	Donator	L	Last	U	unten
D	Diffusion	M	Metall	um	Umgebung
DB	Durchbruch	n	Elektronen	V	Valenzband
d	Drain	O	Oberfläche	v	Verzögerung
E	Eingang	O	Oben	v	Vakuum
e	Emitter	ox	Oxid	ρ	senkrechte
eff	effektiv	PO	pinch off		Komponente
el	elektrisch	p	Löcher		
F	Fermi	ph	Photo		
F	Feld	R	Rekombination		
F	Funkel	R	Widerstand		
f	Durchlaß (forward)				

1 Der homogen dotierte Halbleiter

Im vorliegenden Abschnitt sollen diejenigen Grundlagen aus der Halbleiterphysik zusammengestellt werden, auf denen die Wirkungsweise der heute wichtigsten Halbleiter-Bauelemente beruht. Die Vorgänge werden soweit möglich auf klassisch-anschaulicher Basis beschrieben; Ergebnisse quantenmechanischer Rechnungen seien, falls erforderlich, ohne Ableitung übernommen. Als bekannt vorausgesetzt werden lediglich die einfachsten Grundvorstellungen der Atomphysik. Damit kann dieser Abschnitt keine Einführung in die allgemeinen physikalischen Grundlagen der Halbleiter ersetzen, zu deren Studium auf die recht zahlreich erschienene Literatur (z.B. [1] bis [13]) verwiesen sei.

1.1 Einzelatom

Man kann eine gewisse Systematik in der Behandlung der elektrischen Eigenschaften von Festkörpern gewinnen, wenn man als Vergleich von den Verhältnissen bei einem Einzelatom ausgeht.

Um das Verhalten der Elektronen eines isolierten Einzelatoms systematisch zu beschreiben, kann man folgendes Einteilungsprinzip zugrunde legen.

1. Festlegung der *möglichen Energiewerte*. Wie aus der Atomphysik bekannt ist, können die Elektronen eines Einzelatoms im stationären Zustand nur diskrete Energiewerte annehmen (Bild 1.1).

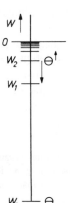

Bild 1.1
Energieniveaus eines Einzelatoms, schematisch.
Die Besetzung einiger Niveaus und die Übergangs-
möglichkeiten sind symbolisch angedeutet

2. *Besetzung* dieser Niveaus mit Elektronen. Hier ist zu untersuchen, welche der möglichen Niveaus in einem konkreten Fall tatsächlich mit Elektronen besetzt sind. Auf-

grund des Pauli-Prinzips weiß man, daß jedes dieser Niveaus nur maximal von einem Elektron besetzt sein kann[1]).

3. *Elektronenübergänge* zwischen diesen Niveaus. Nachdem im vorangegangenen die Verhältnisse im stationären Zustand beschrieben wurden, schließen sich nun Aussagen über die Übergänge zwischen verschiedenen stationären Zuständen und die hierbei auftretenden Zeitkonstanten an. Solche Übergänge können beispielsweise mit Emission oder Absorption elektromagnetischer Strahlung verknüpft sein.

Diese beim Einzelatom gewonnene Aufteilung kann analog auf den homogenen Halbleiter übertragen werden. Es kommt jedoch noch ein weiterer Komplex hinzu, der naturgemäß bei einem Einzelatom nicht auftreten kann, nämlich Fragen des Ladungstransportes und damit des Stromflusses.

Nach der Diskussion dieser einzelnen Punkte in den Abschnitten 1.2 bis 1.5 werden anschließend die zur Berechnung des Stromflusses erforderlichen Formeln zusammengestellt. Damit sind die Ausgangsgleichungen für eine mathematische Behandlung der Halbleiter-Bauelemente gewonnen. Auch an dieser Stelle wurde im Interesse der Übersichtlichkeit auf eine möglichst allgemeine Beschreibung verzichtet und die Darstellung nur soweit entwickelt, wie es für den vorliegenden Zweck erforderlich ist.

1.2 Energieniveaus in Halbleitern

Wie der Name bereits andeutet, sieht man als Charakteristikum elektronischer Halbleiter ihre Leitfähigkeit an, die auf der Leitfähigkeitsskala zwischen der von Metallen und Isolatoren liegt. Man wird sich daher als Erstes mit dem Zustandekommen dieser Leitfähigkeit befassen müssen.

1.2.1 Anschauliches Modell der Leitungsmechanismen

Zur Veranschaulichung der Leitungsmechanismen geht man am zweckmäßigsten von einem konkreten Modell des Kristallbaues aus. Die technisch wichtigsten Halbleiter, wie beispielsweise Germanium und Silicium, kristallisieren im Diamantgitter (Bild 1.2a); jedes Atom ist von vier nächsten Nachbarn umgeben.[2]) Die Bindung zwischen zwei benachbarten Atomen erfolgt jeweils durch ein Elektronenpaar. Zur Veranschaulichung dieser Bindungsverhältnisse ist die in Bild 1.2b verwendete Darstellungsweise übersichtlicher. Das räum-

---

[1]) Diese Aussage setzt „Nichtentartung" voraus, d.h., daß nicht mehrere Elektronenniveaus zusammenfallen; so würde z.B. bei Berücksichtigung der Spinentartung die Aussage dahingehend abzuändern sein, daß jedes Niveau nur von maximal zwei Elektronen entgegengesetzt gerichteten Spins besetzt werden kann.

[2]) Die technisch ebenfalls wichtigen III-V-Halbleiter wie z.B. GaAs haben Zinkblendestruktur: In der Anordnung des Bildes 1.2 sind die einzelnen Gitterplätze so besetzt, daß das dreiwertige Element nur fünfwertige nächste Nachbarn hat. Die Überlegungen des Textes lassen sich analog auch auf diesen Fall übertragen.

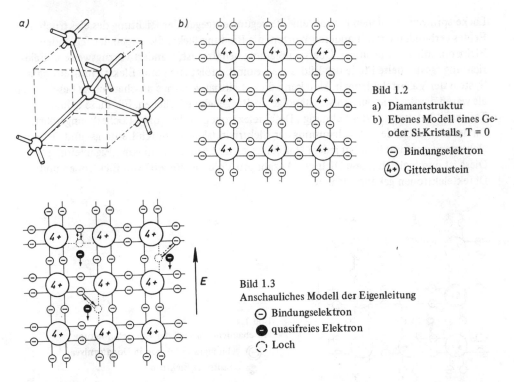

Bild 1.2
a) Diamantstruktur
b) Ebenes Modell eines Ge- oder Si-Kristalls, T = 0

⊖ Bindungselektron

④₊ Gitterbaustein

E

Bild 1.3
Anschauliches Modell der Eigenleitung

⊖ Bindungselektron

● quasifreies Elektron

◯ Loch

liche Gitter wurde durch ein ebenes Gittermodell ersetzt, in welchem ebenfalls jeder Gitterbaustein mit vier nächsten Nachbarn verbunden ist. Im vorliegenden Fall werden alle vier Valenzelektronen eines jeden Atoms für die Diamantbindung benötigt. Bei der absoluten Temperatur T = 0 ist der Kristall ein Isolator, weil keine frei beweglichen Elektronen vorhanden sind. Bei höheren Temperaturen werden infolge der Wärmebewegung der Gitterbausteine einzelne Diamantbindungen „aufgerissen" (Bild 1.3), d.h., es entstehen „quasifreie" Elektronen[1]), die nicht mehr an einer Diamantbindung beteiligt sind und daher im Kristall wandern können. Diese Elektronen liefern einen Beitrag zur Leitfähigkeit; bei Anlegen eines elektrischen Feldes E werden sie sich vorzugsweise wegen ihrer negativen Ladung entgegen der Feldrichtung bewegen und damit einen elektrischen Strom führen. Sie werden aus diesem Grunde als „Leitungselektronen" bezeichnet.

Daneben tritt aber noch ein weiterer Leitungsmechanismus auf. Durch das Aufreißen einer Diamantbindung entsteht im System der Valenzelektronen eine Lücke, in die ein benachbartes Bindungselektron springen kann. Da die einzelnen Bindungszustände energetisch gleichwertig sind, ist hierzu kein wesentlicher Energieaufwand erforderlich. Bei Anlegen eines elektrischen Feldes E werden diejenigen Bindungselektronen vorzugsweise in diese

---

[1]) Diese Elektronen werden als „quasifrei" bezeichnet, weil sie zwar wie freie Elektronen im Innern des Kristalls wandern können, andererseits aber nicht quantitativ dieselben Eigenschaften wie freie (d.h. kräftefreie) Elektronen haben; da sie sich in dem Potentialfeld der Gitterbausteine bewegen, werden durch die hohen atomaren elektrischen Felder erhebliche Kräfte auf sie einwirken.

Lücke springen, bei denen hiermit eine Bewegung entgegen der Richtung des elektrischen Feldes verbunden ist; mit anderen Worten, die Bindungslücke, die wegen des fehlenden Elektrons mit einer positiven Überschußladung behaftet ist, wandert vorzugsweise in Feldrichtung (gestrichelte Pfeile des Bildes 1.3). Somit erfolgt auch eine Elektrizitätsleitung im System der Valenzelektronen. Man kann diese Leitungsvorgänge anschaulich so beschreiben, als wären die Bindungslücken selbständige positiv geladene Teilchen. Für diese „Quasi-Teilchen" hat man die Bezeichnung „Defektelektronen" oder kurz „Löcher" eingeführt. Da der hier geschilderte Mechanismus der Elektrizitätsleitung durch Leitungs- und Defektelektronen grundsätzlich bei jedem Halbleiter auftritt, spricht man von „Eigenleitung". Diese ist durch gleich große Dichten (Anzahl pro Volumeneinheit) von Elektronen und Defektelektronen gekennzeichnet.

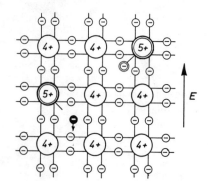

Bild 1.4
Anschauliches Modell der Überschußleitung
Ⓔ gebundenes Elektron in Donatorniveau
● quasifreies Elektron

    Neben diesem Eigenleitungsmechanismus kann die Leitfähigkeit eines Halbleiters außerdem durch Fremdatome beeinflußt werden. Wenn in das Diamantgitter anstelle eines vierwertigen Siliciumatoms ein fünfwertiges Fremdatom, z.B. Antimon, eingebaut wird, werden nur vier der fünf Valenzelektronen für die Diamantbindung benötigt (Bild 1.4); das fünfte Elektron bleibt bei der absoluten Temperatur $T = 0$ an den positiv geladenen Rumpf des Antimonatoms gebunden, so daß auch in diesem Fall keine Leitfähigkeit vorhanden ist. Die Bindung dieses fünften Elektrons ist jedoch weit schwächer als die sehr feste Diamantbindung der anderen Elektronen, so daß bei Temperaturerhöhung eine wesentlich geringere Aktivierungsenergie zur Abtrennung dieses Elektrons erforderlich ist als zum Aufreißen einer Diamantbindung. Bei Temperaturerhöhung werden vor Einsetzen der Eigenleitung zunächst vorzugsweise die Elektronen dieser Fremdatome frei beweglich und damit als Leitungselektronen eine Leitfähigkeit hervorrufen. Die positiv geladenen Antimonionen bleiben als ortsfeste Ladungen auf ihren Gitterplätzen und liefern keinen Beitrag zur Leitfähigkeit. In diesem Fall kommt die Elektrizitätsleitung im wesentlichen durch Elektronen zustande, Defektelektronen spielen nur eine untergeordnete Rolle. Infolgedessen spricht man im Gegensatz zur Eigenleitung von „Elektronenleitung" oder „n-Leitung" (n = negative Ladung der Träger). Da Elektronen im Überschuß vorhanden sind (verglichen mit den Defektelektronen), ist auch die Bezeichnung „Überschußleitung" gebräuchlich. Störstellen, die durch Abgabe eines Elektrons vom neutralen in den positiv geladenen Zustand übergehen, nennt man Donatoren.

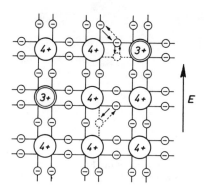

Bild 1.5
Anschauliches Modell der Defektleitung

Analog zu dieser Elektronenleitung ergibt sich auch eine elektrische Leitfähigkeit, wenn anstelle eines vierwertigen Siliciumatoms ein dreiwertiges Fremdatom, z. B. Bor, in das Diamantgitter eingebaut wird (Bild 1.5); in diesem Fall fehlt ein Elektron im System der Bindungselektronen. Bei der absoluten Temperatur T = 0 würde ein Isolator vorliegen, da die Bindung der Valenzelektronen an die vierfach positiv geladenen Rümpfe der Siliciumatome stärker ist als an das nur dreifach positiv geladene Boratom. Für diese Übergänge ist wieder eine Aktivierungsenergie erforderlich. Das Boratom wird durch Anlagern eines Elektrons negativ geladen und bleibt ortsfest an seinem Gitterplatz, während die „Bindungslücke" im Kristall wandern kann. Da die Leitfähigkeit im wesentlichen durch Defektelektronen verursacht wird, spricht man von „Löcherleitung", „Defektleitung" oder „p-Leitung" (p = positive Ladung der „Träger"). Im Vergleich zur Eigenleitung ist ein Mangel an Elektronen vorhanden, daher ist auch die Bezeichnung „Mangelleitung" gebräuchlich. Störstellen, die durch Aufnahme eines Elektrons vom neutralen in den negativ geladenen Zustand übergehen können, nennt man Akzeptoren.

n- und p-Leitung werden unter dem Begriff „Störleitung" zusammengefaßt, da im Gegensatz zur Eigenleitung eine Leitfähigkeit durch Gitterstörungen (Störstellen) hervorgerufen wird. Fremdatome, welche unbeabsichtigt im Halbleiter eingebaut sind, werden als Verunreinigungen bezeichnet, hat man sie jedoch bewußt zugesetzt, spricht man von „Dotierung".

1.2.2 Bändermodell

Mit Hilfe der vorangegangenen Diskussionen läßt sich für die Elektronen im Kristall ein Termschema in seiner einfachsten Form aufstellen.

Welche Änderungen des Termschemas eines Einzelatoms sind zu erwarten, wenn man im Gedankenexperiment einen Kristall aus identischen Atomen zusammensetzt? Bild 1.6 zeigt schematisch das Ergebnis. Infolge der energetischen Wechselwirkung der Atome untereinander ist im Kristall jedes Energieniveau des Einzelatoms in so viele Terme aufgespalten wie Atome im Kristall vorhanden sind. Das läßt sich an einem Analogiebeispiel aus der Mechanik plausibel machen. Identische mechanische Pendel haben alle dieselbe Eigenfrequenz, solange sie sich gegenseitig nicht beeinflussen, d. h. solange sie nicht gekoppelt sind.

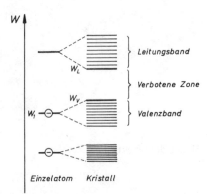

Bild 1.6
Aufspaltung der Energieniveaus des Einzelatoms zu
Energiebändern im Kristall, schematisch

Wenn sie jedoch „miteinander in Wechselwirkung treten", also gekoppelt sind, spaltet die Eigenfrequenz in soviele verschiedene Werte auf wie Pendel in der Anordnung vorhanden sind; je stärker die Kopplung zwischen den einzelnen Pendeln, desto größer die Aufspaltung.

Analoges gilt auch für die Aufspaltung der Energieniveaus im Festkörper. Die tiefergelegenen Niveaus, die den inneren Elektronenschalen des Einzelatoms entsprechen, stören sich gegenseitig nur wenig, so daß hier die Aufspaltung gering ist. Die Elektronen in den äußeren Schalen, die als Valenzelektronen für das chemische Verhalten des Atoms verantwortlich sind, treten stärker in Wechselwirkung, die Energieniveaus spalten demzufolge in breitere Bänder auf.

Wenn bei sämtlichen Einzelatomen die Energieniveaus bis W_1 einschließlich mit Elektronen besetzt sind, werden beim Festkörper die entsprechenden Energieniveaus für $T = 0$ K ebenfalls voll besetzt, die darüberliegenden Niveaus dagegen vollständig leer sein. Bei Halbleitern ist nun das höchste voll besetzte Band und das unmittelbar darüberliegende leere Band von besonderem Interesse. Da im höchstgelegenen vollbesetzten Band die äußeren Elektronen des Atoms, die Valenzelektronen, enthalten sind, wird dieses Band „Valenzband" genannt, das unmittelbar darüberliegende leere Band wird als „Leitungsband"[1] bezeichnet. Den dazwischenliegenden Energiebereich, in welchem in diesem einfachsten Modell keine erlaubten Energiezustände vorhanden sind, nennt man „verbotene Zone", den Energieabstand zwischen Unterkante W_L des Leitungsbandes und Oberkante W_V des Valenzbandes den „Bandabstand" W_{LV},

$$W_{LV} \equiv W_L - W_V .$$

Das ist diejenige Energie, welche erforderlich ist, eine Diamantbindung gerade aufzureißen, wie es in Abschnitt 1.2.1 anschaulich formuliert wurde. Bewegt sich das Elektron mit einer bestimmten Geschwindigkeit im Leitungsband, kommt zu der „potentiellen Energie" W_L noch die kinetische Energie W_{kin} hinzu (Bild 1.7a).

---

[1] Diese Bezeichnung ist etwas unglücklich gewählt, da eine Elektrizitätsleitung, wie in Abschnitt 1.2.1 erläutert, auch ohne Beteiligung des Leitungsbandes zustande kommen kann.

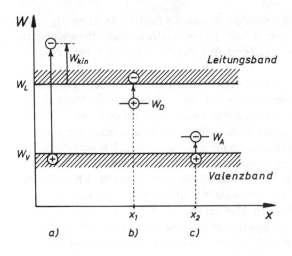

Bild 1.7
Elektronenübergänge im Bändermodell
a) Übergang nach Bild 1.3, im ganzen Kristall möglich
b) Übergang zwischen Donatorniveau an der Stelle x_1 und Leitungsband nach Bild 1.4
c) Übergang zwischen Akzeptorniveau an der Stelle x_2 und Valenzband nach Bild 1.5

Im Gegensatz zu den Energieniveaus in den Bändern, welche räumlich nicht lokalisiert sind, sondern sich über den gesamten Kristall erstrecken, sind die Energieniveaus der an Störstellen gebundenen Elektronen räumlich lokalisiert; sie existieren nur in der unmittelbaren Umgebung derjenigen Raumstelle, an welcher sich ein Störatom befindet. Auch die Lage dieser Energieniveaus im Bändermodell kann man anhand der anschaulichen Diskussion des Abschnittes 1.2.1 plausibel machen. Es wurde festgestellt, daß zur Abtrennung eines Elektrons von einem Donator (Bild 1.4) eine weit geringere Energie erforderlich ist als zum Aufreißen einer Diamantbindung, d.h.

$$W_L - W_D \ll W_{LV} .$$

Das Donatorniveau W_D ist dicht unter die Unterkante des Leitungsbandes in der verbotenen Zone einzuzeichnen (Bild 1.7b).

Eine ähnliche Überlegung gilt auch für die Elektronenniveaus an den Akzeptoren; es ist eine geringe Aktivierungsenergie aufzuwenden, um ein Elektron aus dem Valenzband entgegen der elektrostatischen Anziehung an den Akzeptor anzulagern (Bild 1.5), so daß dieses Niveau W_A dicht oberhalb der Oberkante des Valenzbandes in der verbotenen Zone liegt (Bild 1.7c).

Damit hat man die Möglichkeit, die in Abschnitt 1.2.1 anschaulich diskutierten Vorgänge in einem Energiediagramm darzustellen. Im folgenden wird hiervon weitgehend Gebrauch gemacht.

1.2.3 Zustandsdichte und effektive Masse

Im vorangegangenen wurde bereits von Energiebändern gesprochen. Dies ist zulässig, weil sich in jedem Kristall makroskopischer Größe eine so große Anzahl von Atomen befindet, daß die einzelnen energetisch benachbarten Niveaus sehr eng beieinander liegen. Für alle praktischen Anwendungen kann man daher die erlaubten Energieniveaus innerhalb eines Bandes als kontinuierlich ansehen. Es ist nicht sinnvoll, die absolute Lage eines jeden einzelnen Niveaus anzugeben. Statt dessen faßt man die Zahl der Zustände $D_{L;V}(W)dW$ in einem Energieintervall zwischen W und W + dW für eine mathematische Behandlung zusammen. Die Größen $D_{L;V}(W)$ werden als „Zustandsdichten" des Leitungs- bzw. des Valenzbandes bezeichnet.

Leider kann man den analytischen Ausdruck für diese Funktionen nicht aus dem klassischen Partikelbild gewinnen, sondern muß auf die quantenmechanische Vorstellung von Elektronenwellen zurückgreifen. Um zunächst in einem möglichst einfachen Fall das Prinzip zu erläutern, nach welchem man zur Bestimmung der Zustandsdichte vorgeht[1]), seien die Elektronen des Leitungsbandes als vollständig frei angesehen. Das periodische Gitterpotential, in welchem sich die Elektronen im Kristall bewegen, wird dazu durch einen ortsunabhängigen Mittelwert ersetzt. Der Einfluß des Kristalls macht sich in diesem Modell nur durch „unendlich hohe" Potentialwände bemerkbar, welche verhindern, daß die Elektronen den Kristall verlassen können. Man hat nun lediglich quantenmechanisch zu untersuchen, welche Energiewerte ein Elektron in einem solchen „Potentialtopf" besitzen kann. Das Ergebnis läßt sich plausibel machen, wenn man das Elektron als Welle auffaßt und die Forderung berücksichtigt, daß die Wellenfunktion an den unendlich hohen Potentialwänden verschwinden muß. Es sind − zunächst im eindimensionalen Fall − nur solche Wellenlängen λ möglich, die in den Potentialtopf „hineinpassen" (Bild 1.8). D.h., die Kantenlänge l des Potentialtopfes muß ein ganzzahliges Vielfaches der halben Wellenlänge sein[2]),

$$n\frac{\lambda}{2} = l \quad \text{mit} \quad n = 1, 2, 3, \dots .$$

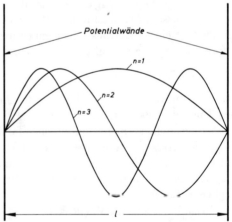

Bild 1.8
Eindimensionaler Potentialtopf mit
Eigenwellen niedrigster Ordnung

Durch diese Forderung werden die möglichen Wellenlängen festgelegt. Führt man die Wellenzahl k ein, definiert durch $k = 2\pi/\lambda$, so kann diese die Werte

$$k = \frac{\pi}{l} n \quad \text{mit} \quad n = 1, 2, 3, \dots$$

annehmen.

---

[1]) Es sei darauf hingewiesen, daß die folgenden Ausführungen nur den Charakter einer Plausibilitätserklärung haben, aber keine strenge Ableitung darstellen sollen.

[2]) Vgl. Randbedingungen bei Rechteckresonatoren in der Hochfrequenztechnik.

Überträgt man diese Ergebnisse auf den dreidimensionalen Fall, betrachtet also ein Elektron in einem würfelförmigen Potentialtopf, so ergeben sich entsprechende diskrete Werte für jede einzelne Komponente des Wellenzahlvektors $\mathbf{k} = (k_x, k_y, k_z)$.

Um nun die möglichen Energiewerte zu bestimmen, ist die Gesamtenergie eines Elektrons, bestehend aus der potentiellen Energie W_0 und der kinetischen Energie $m v^2/2$, mit Hilfe der de Broglie-Beziehung

$$m v = \hbar k$$

durch die Wellenzahl k auszudrücken; hier ist $\hbar \equiv h/2\pi$ das durch 2π dividierte Plancksche Wirkungsquantum h und m die Elektronenmasse. Aus

$$W(k) = W_0 + \frac{\hbar^2 k^2}{2 m} \qquad (1.1)$$

ersieht man, daß die Flächen $k_x^2 + k_y^2 + k_z^2 = \mathrm{const}$ auch Flächen konstanter Energie sind. Dies sind im Dreidimensionalen Kugelschalen. In Bild 1.9 sind die beiden Energieflächen W und W + dW angedeutet. Um die Zahl der Zustände im Energieintervall W, W + dW, also die Zustandsdichte D(W), zu bestimmen, braucht man nur die Zahl der Zustände in dem Teil der Kugelschale mit positiven k_x-, k_y- und k_z-Werten abzuzählen. Das Volumen dieses Bereiches im **k**-Raum ist

$$\frac{4\pi k^2 \, dk}{8}.$$

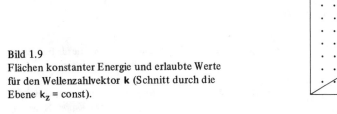

Bild 1.9
Flächen konstanter Energie und erlaubte Werte
für den Wellenzahlvektor **k** (Schnitt durch die
Ebene $k_z = \mathrm{const}$).

Ein einzelner Zustand nimmt das Volumen $(\pi/l)^3$ ein, so daß sich für die Zahl der Zustände

$$D(W) \, dW = \frac{4\pi k^2 \, dk \, V}{8\pi^3}$$

ergibt, wobei das Volumen des Potentialtopfes $V = l^3$ eingeführt wurde. Weiterhin folgt aus (1.1)

$$k \, dk = \frac{m}{\hbar^2} \, dW \quad \text{und} \quad k = \left(\frac{2m}{\hbar^2} (W - W_0) \right)^{1/2},$$

so daß sich mit der als „effektive Zustandsdichte" N bezeichneten Größe

$$N = 2 \left(\frac{2\pi m kT}{h^2} \right)^{3/2} \qquad (1.2)$$

für die Zustandsdichte D(W) der Ausdruck

$$D(W)\,dW = V\,N\,\frac{1}{\sqrt{\pi}}\left(\frac{W-W_0}{kT}\right)^{1/2} d\left(\frac{W}{kT}\right)$$ (1.3)

ergibt. In dieser Schreibweise kann jeder Zustand von zwei Elektronen mit entgegengesetzt gerichtetem Spin besetzt werden. Da diese Gleichungen tatsächlich für beliebig gestaltete Körper gelten, ist für den Fall freier Elektronen die Zustandsdichte bestimmt.[1]

Nun sind aber in einem Kristall die Elektronen nicht frei, da sie sich im periodischen Gitterpotential bewegen. Es ist zu überlegen, wie die obige Betrachtung modifiziert werden muß, um dieser Tatsache Rechnung zu tragen. Die einzige Stelle, an welcher von einer Eigenschaft freier Elektronen quantitativ Gebrauch gemacht wurde, war die durch (1.1) gegebene Beziehung zwischen Energie W und Wellenzahl k. Für die quasifreien Elektronen des Leitungsbandes wird man zunächst keinen solchen Zusammenhang explizite angeben können. Aus der Tatsache, daß eine Unterkante des Leitungsbandes existiert, weiß man lediglich, daß mindestens an einer Stelle die Funktion W(k) ein Minimum haben muß. Es soll nun der einfachste Fall betrachtet werden, daß dieses Minimum ebenso wie bei freien Elektronen bei k = 0 auftritt und daß W nur vom Betrag von k, aber nicht von der Richtung abhängt (Bild 1.10b; Teilbild a zeigt zum Vergleich den W(k)-Verlauf für freie Elektronen).

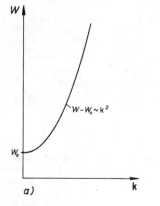
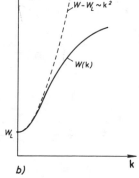

Bild 1.10
Elektronenenergie als Funktion der Wellenzahl k für

a) freies Elektron
b) Elektron des Leitungsbandes; gestrichelte Kurve: Näherung nach (1.4)

Nun kommt es bei einem Halbleiter nur auf die Verhältnisse in der Umgebung des Minimums an, da praktisch alle in das Leitungsband angehobenen Elektronen in die energetisch tiefsten Zustände, also in die Nähe der unteren Bandkante, übergehen. Entwickelt man W(k) in der Umgebung des Minimums in eine Taylor-Reihe und bricht mit dem quadratischen Glied ab, so erhält man den zu (1.1) analogen Ausdruck

$$W(k) = W_L + \frac{1}{2}\left.\frac{d^2 W}{dk^2}\right|_{k=0} k^2 + \dots\,.$$ (1.4)

---

[1] Ergänzend sei darauf hingewiesen, daß die Zustandsdichte (1.3) natürlich temperaturunabhängig ist, wie man durch Einsetzen von (1.2) verifizieren kann.

Anschaulich bedeutet dies, daß man in der Umgebung des Minimums den W(k)-Verlauf durch eine Parabel ersetzen kann; diese Parabel wird im allgemeinen allerdings eine andere Krümmung haben als der W(k)-Verlauf freier Elektronen (Bild 1.10a).

Wie der Vergleich von (1.1) mit (1.4) zeigt, ist für die Übertragung der oben durchgeführten Rechnung auf den vorliegenden Fall nur erforderlich, die Masse m der freien Elektronen formal durch eine „effektive Masse" m_L der Elektronen im Leitungsband zu ersetzen, die durch

$$\frac{1}{m_L} = \frac{1}{\hbar^2} \frac{d^2 W}{dk^2}\bigg|_{k=0}$$

definiert ist. Damit ist der gesamte Einfluß des periodischen Gitterpotentials auf die Leitungselektronen durch einen einzigen Parameter gekennzeichnet; überdies hat man den Vorteil, daß die Modellvorstellung von freien Elektronen beibehalten werden kann und für quantitative Betrachtungen lediglich die Masse durch die effektive Masse zu ersetzen ist. Mit diesen Überlegungen folgt analog zu (1.2) und (1.3) für die Zustandsdichte im Leitungsband

$$D_L(W)\, dW = V\, N_L\, \frac{1}{\sqrt{\pi}} \left(\frac{W - W_L}{kT} \right)^{1/2} d\left(\frac{W}{kT} \right) \tag{1.5}$$

mit der effektiven Zustandsdichte des Leitungsbandes

$$N_L = 2 \left(\frac{2\pi\, m_L\, kT}{h^2} \right)^{3/2} = 2{,}385 \cdot 10^{19} \left(\frac{m_L}{m}\, \frac{T}{T_0} \right)^{3/2} cm^{-3}\ . \tag{1.6}$$

Kennt man die effektive Masse, so ist die Zustandsdichte in der Umgebung der Unterkante des Leitungsbandes explizite bestimmt[1].

Ähnliche Überlegungen können analog für das Valenzband durchgeführt werden. Die Defektelektronen sind auch hier „quasifrei", d.h. sie bewegen sich in einem gitterperiodischen Potential; zwischen Leitungs- und Valenzband besteht in dieser Hinsicht ein quantitativer, aber kein qualitativer Unterschied. Die Überlegungen, die zur Zustandsdichte im Valenzband führen, seien im folgenden kurz skizziert, soweit sie von der obigen Betrachtung abweichen.

Da die elektrischen Eigenschaften durch die *nicht* von Elektronen besetzten Zustände des Valenzbandes bestimmt werden, die sich in der Umgebung der oberen Bandkante befinden, wird man sich in diesem Fall für das Maximum des W(k)-Verlaufs interessieren (Bild 1.11). In seiner Umgebung liefert die Taylor-Entwicklung

$$W(k) = W_V + \frac{1}{2} \frac{d^2 W}{dk^2}\bigg|_{k=0} k^2 + \dots\ ,$$

---

[1] Es sei darauf hingewiesen, daß die Überlegung in dieser Form nur auf Halbleiter angewendet werden kann, da bei Metallen wegen der größeren Elektronendichte auch energetisch höhergelegene Zustände des Leitungsbandes besetzt werden, so daß in der Taylor-Entwicklung (1.4) weitere Glieder berücksichtigt werden müßten.

wobei nun allerdings

$$\frac{d^2 W}{dk^2}\bigg|_{k=0} < 0$$

ist. Zeichnet man in den **k**-Raum die Flächen konstanter Energie ein, so erhält man eine Darstellung analog zu Bild 1.9, wobei in diesem Falle lediglich die Fläche mit der Energie W + dW einen kleineren Radius hat als die Fläche mit der Energie W. Die Zahl der Zustände in dem Teil der Kugelschale mit positiven k_x-, k_y- und k_z-Werten ist wieder

$$\frac{4\pi k^2 |dk|}{8} .$$

Führt man nun eine positive effektive
Masse m_V im Valenzband durch

$$\frac{1}{m_V} = \frac{1}{\hbar^2} \left| \frac{d^2 W}{dk^2} \right|_{k=0}$$

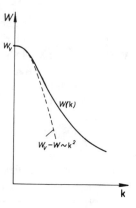

Bild 1.11
Energie als Funktion der Wellenzahl k für ein
Elektron des Valenzbandes; gestrichelte Kurve:
parabolische Näherung

ein, so erhält man mit der effektiven Zustandsdichte des Valenzbandes

$$N_V = 2 \left(\frac{2\pi m_V kT}{h^2} \right)^{3/2} = 2{,}385 \cdot 10^{19} \left(\frac{m_V}{m} \frac{T}{T_0} \right)^{3/2} \text{cm}^{-3} \tag{1.7}$$

für die Zustandsdichte im Valenzband

$$D_V(W)\, dW = V N_V \frac{1}{\sqrt{\pi}} \left(\frac{W_V - W}{kT} \right)^{1/2} d\left(\frac{W}{kT} \right) . \tag{1.8}$$

Die Gleichungen (1.5) und (1.8) geben die Dichte der erlaubten Zustände in der Nähe der Bandkanten explizite an. Damit hat man in völliger Analogie zum Termschema des Einzelatoms die Energieniveaus im Halbleiter soweit festgelegt, wie es für den vorliegenden Zweck erforderlich ist.

1.3 Besetzungswahrscheinlichkeiten

Nach Festlegung der Lage der möglichen Energieniveaus muß anschließend eine Aussage über ihre tatsächliche Besetzung mit Elektronen getroffen werden, d.h. genauer gesagt, über die Besetzungswahrscheinlichkeit im thermodynamischen Gleichgewicht.[1]

---

[1] Zur Definition des thermodynamischen Gleichgewichtes s. Abschnitt 1.6.

Nun wird die Wahrscheinlichkeit f(W), daß ein Niveau der Energie W mit einem Elektron besetzt ist, allgemein durch die Fermistatistik bestimmt.

In dieser Statistik werden für vorgegebene Anzahl von Elektronen und vorgegebene Gesamtenergie die möglichen Elektronenverteilungen unter Berücksichtigung des Pauli-Verbotes untersucht. Eine bestimmte makroskopische Verteilungsfunktion f(W) kann durch eine Anzahl von mikroskopisch verschiedenen Elektronenverteilungen zustande-kommen. Im thermodynamischen Gleichgewicht wird sich nun diejenige makroskopische Verteilungsfunktion einstellen, die durch die *meisten* mikroskopischen Elektronenver-teilungen realisiert wird.

Unter etwas vereinfachenden Annahmen[1]) ergibt sich aus diesen statistischen Über-legungen allgemein für die Besetzungswahrscheinlichkeit die Fermiverteilung

$$f(W) = \frac{1}{1 + \exp\left(\dfrac{W - W_F}{kT}\right)} . \tag{1.9}$$

Die hier auftretende Energie W_F hat folgende Bedeutung: am absoluten Nullpunkt ($T \to 0$) sind sämtliche Energiezustände unterhalb der Fermienergie ($W < W_F$) mit je einem Elek-tron besetzt, da die Exponentialfunktion in diesem Grenzfall gegen null geht. Sämtliche Zustände mit einer Energie oberhalb der Fermienergie ($W > W_F$) sind dagegen unbesetzt, da für diesen Fall die Exponentialfunktion gegen unendlich geht. In Bild 1.12c ist die Fermiverteilung für $T \to 0$ gestrichelt skizziert. Für $T > 0$ ist die Besetzungsgrenze etwas „aufgeweicht", der Übergang von „überwiegend unbesetzt" zu „überwiegend besetzt" er-folgt auf einem Energieintervall von einigen kT. Das Ferminiveau kennzeichnet dann die-jenige Energie, bei welcher die Besetzungswahrscheinlichkeit gerade 1/2 wird.

Kennt man die Lage des Ferminiveaus, kann man die Elektronenkonzentration in den einzelnen Bändern und in den Störstellen berechnen[2]). Das sei anhand des Bildes 1.12 erläutert. Im Teilbild a ist das Bändermodell skizziert, Teilbild b zeigt die Zustandsdichten nach (1.5) und (1.8) als Funktion der Energie. Die Zustandsdichten an den Störniveaus werden durch δ-Funktionen dargestellt, wobei die Gesamtzahl der betreffenden Störstellen als Faktor auftritt. Nun wird innerhalb des Leitungsbandes die Zahl der Elektronen $\breve{n}(W)\,dW$ im Intervall zwischen W und W + dW bestimmt durch die Zahl der Zustände $D_L(W)\,dW$ in diesem Intervall, multipliziert mit der Wahrscheinlichkeit f(W), daß Zustände dieser Energie mit Elektronen besetzt sind, also[3])

$$\breve{n}(W)\,dW = f(W)\,2\,D_L(W)\,dW .$$

---

[1]) Genauer wäre bei lokalisierten Störstellen eine Verteilungsfunktion anzuwenden, welche vor der Exponentialfunktion in (1.9) noch einen Faktor 1/2 bei Donatoren bzw. 2 bei Akzeptoren auf-weisen würde. Das ist darauf zurückzuführen, daß beispielsweise an ein unbesetztes Donatorniveau ein Elektron mit zwei Spinorientierungen angelagert werden kann, also *zwei* Besetzungsmöglich-keiten bestehen. Nach Anlagerung *eines* Elektrons ist jedoch wegen der damit erreichten Elektro-neutralität kein weiterer besetzbarer Platz mehr vorhanden.

[2]) Wie man die Lage des Ferminiveaus ermittelt, wird weiter unten an einem Beispiel gezeigt.

[3]) Der Faktor 2 rührt davon her, daß jeder Zustand mit zwei Elektronen entgegengesetzt gerichteten Spins besetzt werden kann.

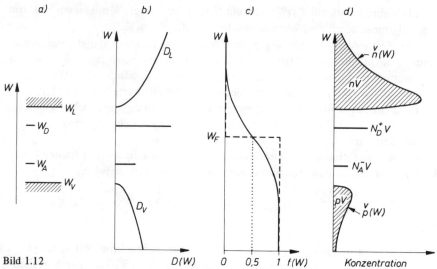

Bild 1.12
a) Bändermodell
b) Zustandsdichten in Bändern und Störniveaus
c) Verteilungsfunktion, nicht maßstabsgerecht
d) Konzentrationsverläufe

Integriert man diesen Ausdruck über das gesamte Leitungsband[1]), erhält man nach Division durch das Volumen V die Elektronendichte n im Leitungsband:

$$n = \frac{1}{V} \int\limits_{W_L}^{\infty} f(W)\, 2\, D_L(W)\, dW .$$ (1.10)

In analoger Weise kann man die Dichte der *nicht* besetzten Zustände im Valenzband berechnen. Nun ist die Zahl der Löcher $\check{p}(W)\, dW$ im Intervall zwischen W und W + dW gegeben durch die Zahl der Zustände $D_V(W)\, dW$ in diesem Intervall, multipliziert mit der Wahrscheinlichkeit $[1 - f(W)]$, daß diese Niveaus nicht von Elektronen besetzt sind. Integration über das gesamte Valenzband und Division durch das Volumen ergibt für die Löcherkonzentration p im Valenzband

$$p = \frac{1}{V} \int\limits_{-\infty}^{W_V} [1 - f(W)]\, 2\, D_V(W)\, dW .$$ (1.11)

---

[1]) Wegen der exponentiellen Abnahme der Verteilungsfunktion kann die Integration näherungsweise bis unendlich erstreckt werden.

Die Besetzungen der diskreten Störniveaus lassen sich sofort explizite angeben. Bezeichnet man mit $N_{D;A}$ die Dichte der Donatoren bzw. Akzeptoren, so gilt für die Dichte N_A^- der mit Elektronen besetzten Akzeptoren

$$N_A^- = N_A\, f(W_A)\,. \tag{1.12}$$

Entsprechend ist die Dichte N_D^+ der *nicht* mit Elektronen besetzten Donatoren

$$N_D^+ = N_D\,[1 - f(W_D)]\,. \tag{1.13}$$

In Bild 1.12 sind diese Verhältnisse noch einmal anschaulich skizziert. Die Verläufe der Elektronenkonzentrationen in Teilbild d sind entstanden, indem jeweils bei einer Energie die Zustandsdichte des Teilbildes b mit der Verteilungsfunktion des Teilbildes c multipliziert wurde; der Verlauf der Löcherkonzentration ergibt sich entsprechend durch Multiplikation der Zustandsdichte mit $[1 - f(W)]$.

Zur quantitativen Bestimmung der Konzentrationen sind die in (1.10) und (1.11) auftretenden Integrale zu berechnen. Einsetzen von (1.5), (1.8) sowie (1.9) in diese Gleichungen führt auf die Ausdrücke

$$n = \frac{2}{\sqrt{\pi}}\, N_L\, F_{1/2}\left(\frac{W_F - W_L}{kT}\right) \tag{1.14}$$

$$p = \frac{2}{\sqrt{\pi}}\, N_V\, F_{1/2}\left(\frac{W_V - W_F}{kT}\right) \tag{1.15}$$

mit dem „Fermiintegral"

$$F_r(s) = \int\limits_0^\infty \frac{\nu^r\, d\nu}{1 + \exp(\nu - s)}\,. \tag{1.16}$$

Diese Integrale lassen sich nicht allgemein durch elementare mathematische Funktionen ausdrücken. In einem praktisch wichtigen Grenzfall ergeben sich jedoch einfache Näherungsformeln. Für $\exp(s) \ll 1$ ist die Exponentialfunktion in (1.16) im gesamten Integrationsbereich groß gegenüber 1, so daß die 1 im Nenner gegenüber der Exponentialfunktion vernachlässigt werden kann:

$$F_{1/2}(s) \simeq \exp(s) \int\limits_0^\infty d\nu\, \sqrt{\nu}\, \exp(-\nu) = \frac{\sqrt{\pi}}{2}\, \exp(s) \quad \text{für} \quad \exp(s) \ll 1\,. \tag{1.17}$$

Die hier verwendete Näherung läuft für das Leitungsband darauf hinaus, daß die Fermiverteilung (1.9) durch die Boltzmannverteilung

$$f(W) = \exp\left(\frac{W_F - W}{kT}\right) \quad \text{für} \quad \exp\left(\frac{W - W_F}{kT}\right) \gg 1$$

ersetzt wird.

Für den allgemeinen Fall liegen numerische Auswertungen von (1.16) vor ([3], [15]), die mit einem Fehler $< 0.5\,\%$ für Zahlenrechnungen durch

$$
\left.
\begin{aligned}
F_{1/2}(s) &\simeq \frac{\sqrt{\pi}}{2}\, \exp(s)\, \frac{1 + 0.1\,\exp(s)}{1 + 0.44\,\exp(s)} \qquad \text{für} \quad s \leqslant 1 \\[2mm]
F_{1/2}(s) &\simeq \frac{2}{3}\, s^{3/2}\, \frac{1.62 + s^2}{0.25 + s^2} \qquad\qquad \text{für} \quad s \geqslant 1
\end{aligned}
\right\}
\tag{1.18}
$$

approximiert werden.

Man sieht am Argument der Fermiintegrale in (1.14) und (1.15), daß man die Näherung (1.17) verwenden darf, solange das Ferminiveau W_F innerhalb der verbotenen Zone liegt und mindestens einen energetischen Abstand von einigen kT (bei Normaltemperatur $kT_0 = 0.025$ eV) von der betreffenden Bandkante hat. In diesem Fall vereinfachen sich (1.14) und (1.15) zu

$$
n = N_L \exp\left(-\frac{W_L - W_F}{kT}\right)
\tag{1.19}
$$

$$
p = N_V \exp\left(-\frac{W_F - W_V}{kT}\right).
\tag{1.20}
$$

Im Gültigkeitsbereich der Gleichungen (1.19) und (1.20), in welchem die Fermistatistik durch die Boltzmannstatistik ersetzt werden konnte, spricht man von „nichtentarteten" Halbleitern[1]), außerhalb des Gültigkeitsbereichs dieser Gleichungen je nach Lage des Ferminiveaus von mehr oder weniger stark entarteten Halbleitern. Im folgenden wird, wenn nicht ausdrücklich Anderes gesagt, stets der einfachere Fall der Nichtentartung zugrunde gelegt werden.

Im vorangegangenen war gezeigt, daß man bei Kenntnis der Lage des Ferminiveaus alle interessierenden Konzentrationen bestimmen kann. Wie läßt sich die Lage des Ferminiveaus ermitteln? Hierzu ist offenbar noch eine weitere physikalische Aussage erforderlich. Es ist dies im einfachsten Fall die Forderung, daß der Halbleiter elektrisch neutral ist, so daß an jeder Stelle die Dichte der positiven Ladungen gleich der Dichte der negativen Ladungen sein muß. Nun setzt sich die Dichte der negativen Ladungen zusammen aus der Elektronenkonzentration n im Leitungsband und der Konzentration N_A^- der mit Elektronen besetzten Akzeptorniveaus; die Dichte der positiven Ladungen ist durch die Löcherkonzentration p im Valenzband und die Dichte N_D^+ der ionisierten Donatoren gegeben. Damit lautet die Bedingung der Elektroneutralität

$$
n + N_A^- = p + N_D^+.
\tag{1.21}
$$

Setzt man in (1.21) die Gleichungen (1.12), (1.13), (1.19) und (1.20) für die betreffenden Konzentrationen ein, sieht man, daß man bei bekannter Dotierung und bekannten Energiedaten eine Bestimmungsgleichung für *eine* Unbekannte, die Fermienergie W_F, gewonnen

---

[1]) Der Ausdruck „Entartung" wird in verschiedener Bedeutung gebraucht. Hier sagt er etwas über die Lage des Ferminiveaus bzw. über die Konzentrationen aus. In der Fußnote auf S. 2 wurde mit „Entartung" das Zusammenfallen von mehreren Energieniveaus bezeichnet.

hat. Mit dem aus (1.21) bestimmten Ferminiveau kann man dann die einzelnen Konzentrationen ermitteln.

Aus den vorangegangenen Überlegungen kann man für nichtentartete Halbleiter im *thermodynamischen Gleichgewicht* noch eine wichtige allgemeine Aussage über die Konzentrationen in den beiden Bändern erhalten. Multipliziert man die Gleichungen (1.19) und (1.20) miteinander,

$$n\,p = N_L\,N_V\,\exp\left(-\frac{W_L - W_V}{kT}\right) = n_i^2\ ,\qquad\qquad (1.22)$$

so sieht man, daß das Produkt aus Elektronen- und Löcherkonzentration unabhängig von der Dotierung bei gegebener Temperatur eine materialspezifische Konstante ist. Dieser Konstanten kann man eine anschauliche Bedeutung geben, wenn man den Spezialfall des nichtdotierten Halbleiters („Intrinsic"- oder „Eigenhalbleiter"), $N_A = N_D = 0$, betrachtet. Dann sind nach (1.21) Elektronen- und Löcherkonzentration gleich,

$$n = p = n_i\ .$$

Diesen Wert n_i bezeichnet man als Intrinsic-, Eigenleitungs- oder Inversionsdichte.

Ist die Elektronenkonzentration wesentlich größer als die Löcherkonzentration (Dotierung mit Donatoren), spricht man von einem Überschuß- oder n-Halbleiter; ist jedoch die Löcherkonzentration wesentlich größer als die Elektronenkonzentration (Dotierung mit Akzeptoren), handelt es sich um einen Löcher-, Defekt- oder p-Halbleiter. Die in der Überzahl vorhandene Konzentration (n im n-Halbleiter, p im p-Halbleiter) wird als Majoritätsdichte, die in der Minderzahl vorhandene Konzentration (n im p-Halbleiter, p im n-Halbleiter) als Minoritätsdichte bezeichnet.

In vielen Fällen sind praktisch alle Störstellen vollständig ionisiert und die Minoritätsträgerkonzentration ist um mehrere Zehnerpotenzen kleiner als die Dotierungskonzentration, so daß sich aus (1.21) unter Berücksichtigung von (1.22) die Näherungsformeln

für einen n-Halbleiter

$$n = N_D\,;\qquad p = \frac{n_i^2}{N_D} \ll n \qquad\qquad (1.23)$$

und für einen p-Halbleiter

$$p = N_A\,;\qquad n = \frac{n_i^2}{N_A} \ll p \qquad\qquad (1.24)$$

ergeben.

1.4 Übergänge zwischen verschiedenen Niveaus

In Abschnitt 1.3 wurde der Zustand des thermodynamischen Gleichgewichtes diskutiert, ohne daß eine Aussage darüber gemacht wurde, durch welche Mechanismen oder wie schnell diese Gleichgewichtseinstellung erfolgt.

Bei der Gleichgewichtseinstellung in Halbleitern hat man zu unterscheiden zwischen der Einstellung des Gleichgewichtes der Elektronen innerhalb eines Bandes, die sehr schnell erfolgt (Größenordnung $\approx 10^{-12}$ s) und der Einstellung des Gleichgewichtes zwischen verschiedenen Bändern, welche weit langsamer (Größenordnung $10^{-7} \ldots 10^{-3}$ s) vor sich geht. Dieser Unterschied sei an einem Beispiel erläutert.

Ein Halbleiter werde mit Licht der Kreisfrequenz ω bestrahlt. Wenn die Energie $\hbar\omega$ der Lichtquanten größer ist als der Bandabstand W_{LV}, wird durch Absorption eines Lichtquantes ein Elektron-Loch-Paar erzeugt („Generation", Bild 1.13a). Bei diesem Vorgang wird einmal die Gesamtzahl der Elektronen im Leitungsband und der Löcher im Valenzband erhöht. Zum anderen wird aber im ersten Augenblick auch die Verteilung der Elektronen und Löcher innerhalb der Bänder gestört (ausgezogene Kurven des Bildes 1.13b). Durch Stöße der Elektronen mit dem Kristallgitter stellt sich jedoch innerhalb der Relaxationszeit ($\approx 10^{-12}$ s) das Gleichgewicht innerhalb eines Bandes wieder her (gestrichelte Kurven des Bildes 1.13b). Diese Einstellung erfolgt für praktische Anwendungen „momentan", so daß Ladungsträger *innerhalb* der einzelnen Bänder stets untereinander im Gleichgewicht stehen.

Damit herrscht jedoch im Gesamtkristall noch kein thermodynamisches Gleichgewicht, da im Leitungsband die Zahl der Elektronen und im Valenzband die Zahl der Löcher gegenüber dem Gleichgewichtswert erhöht ist. Man kann unter diesen Bedingungen die Besetzungswahrscheinlichkeit der Niveaus innerhalb *eines* Bandes durch eine „Quasifermiverteilung" analog zu (1.9) ausdrücken, wobei jetzt allerdings Leitungs- und Valenz-

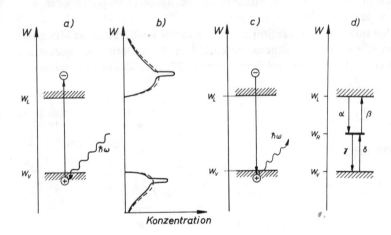

Bild 1.13
Zur Gleichgewichtseinstellung nach Bestrahlung eines Halbleiters, schematisch
a) Generation von Elektron-Loch-Paaren durch Lichtquantenabsorption
b) ———————— momentane Konzentrationsverteilung unmittelbar nach Absorption
     – – – – – Verteilung nach Einstellung des Gleichgewichtes innerhalb der einzelnen Bänder
c) Rekombinationsprozeß, durch den das Gleichgewicht zwischen Leitungs- und Valenzband wiederhergestellt wird: Emission eines Lichtquants
d) Rekombination über ein Zwischenniveau

band verschiedene „Quasifermienergien" W_{Fn} und W_{Fp} haben. Für die Verteilung im Leitungsband gilt

$$f_L(W) = \frac{1}{1 + \exp\left(\dfrac{W - W_{Fn}}{kT}\right)} \qquad (1.25)$$

und entsprechend für die Verteilung im Valenzband

$$f_V(W) = \frac{1}{1 + \exp\left(\dfrac{W - W_{Fp}}{kT}\right)} \,. \qquad (1.26)$$

Die Konzentrationen sind im Falle der Nichtentartung wieder durch die Gleichungen (1.19) und (1.20) gegeben, wobei lediglich W_F durch W_{Fn} bzw. W_{Fp} zu ersetzen ist,

$$n = N_L \exp\left(-\frac{W_L - W_{Fn}}{kT}\right) \qquad (1.27)$$

$$p = N_V \exp\left(-\frac{W_{Fp} - W_V}{kT}\right) \,. \qquad (1.28)$$

Man sieht ferner, daß bei Abweichungen vom Gleichgewicht das Produkt n p nicht mehr gleich n_i^2 ist, (1.22) also ungültig wird.

Damit im oben besprochenen Beispiel wieder thermodynamisches Gleichgewicht zwischen Leitungs- und Valenzband herrscht, ist ein Elektronenübergang vom Leitungs- ins Valenzband erforderlich („Rekombination"), beispielsweise durch Emission eines Lichtquants der Energie $\hbar\omega$ (Bild 1.13c).

Im vorangegangenen waren zunächst Generations- und Rekombinationsprozesse getrennt behandelt worden. Tatsächlich findet aber bereits im thermodynamischen Gleichgewicht ein ständiger Austausch von Elektronen zwischen beiden Bändern statt, wobei im zeitlichen Mittel die Übergänge in beiden Richtungen gleich häufig sind. Diese Übergänge erfolgen in der Regel „strahlungslos" (d.h. unter Wärmeaustausch mit dem Gitter) über lokalisierte Störstellen, deren Energieniveau ganz grob in der Mitte der verbotenen Zone liegt (Bild 1.13d). Solche „Rekombinationszentren" können durch Verunreinigungen gebildet werden. Im Gegensatz zu Donatoren und Akzeptoren treten Fremdatome, die als Rekombinationszentren wirken, mit *beiden* Bändern in Wechselwirkung.

Da dieser als „Shockley-Read-Rekombination" bezeichnete Übergangsmechanismus für viele Bauelemente von Bedeutung ist, soll im folgenden untersucht werden, wie die in Bild 1.13d durch Pfeile gekennzeichneten Elektronenübergänge von den verschiedenen Konzentrationen abhängen. Bezeichnet man mit N_R die Dichte der Rekombinationszentren und mit f_R die Wahrscheinlichkeit, daß sie mit einem Elektron besetzt sind, so gilt für die Dichte der pro Zeiteinheit infolge Rekombination aus dem Leitungsband verschwindenden Elektronen nach dem Massenwirkungsgesetz

$$\frac{\partial n}{\partial t}\bigg|_R = -C_n\, n\, N_R\, (1 - f_R) + C_n'\, N_R\, f_R \,. \qquad (1.29)$$

Der erste Term der rechten Seite sagt aus, daß die Zahl der Übergänge (α) vom Leitungsband ins Rekombinationszentrum proportional ist der Elektronenkonzentration im Leitungsband und der Dichte der nicht mit Elektronen besetzten Zentren. Er kennzeichnet die thermische Rekombination vom Leitungsband zum Rekombinationszentrum. $n\,C_n$ ist die „Einfangwahrscheinlichkeit für Elektronen", d.h. die Wahrscheinlichkeit, daß in der Zeiteinheit ein Elektron von einem nichtbesetzten Zentrum eingefangen wird. Der zweite Term der rechten Seite bringt zum Ausdruck, daß die Zahl der Übergänge (β) vom Rekombinationszentrum zum Leitungsband proportional der Dichte der mit Elektronen besetzten Zentren ist. Genau genommen müßte hier als Proportionalitätsfaktor auch noch die Dichte der freien Plätze des Leitungsbandes auftreten. Da im Fall der Nichtentartung diese Dichte jedoch sehr groß gegenüber der Elektronenkonzentration ist, kann sie als konstant angesehen und in den Proportionalitätsfaktor C_n' mit hineingezogen werden. Dieser zweite Term beschreibt die thermische Generation vom Rekombinationszentrum zum Leitungsband. C_n' ist die „Emissionswahrscheinlichkeit für Elektronen", d.h. die Wahrscheinlichkeit, daß in der Zeiteinheit ein Elektron von einem besetzten Zentrum an das Leitungsband abgegeben wird.

In analoger Weise gilt für die Übergänge γ und δ zwischen Rekombinationszentrum und Valenzband

$$\left. \frac{\partial p}{\partial t} \right|_R = - C_p\, p\, N_R\, f_R + C_p'\, N_R\, (1 - f_R) \,. \tag{1.30}$$

Dabei sind $p\,C_p$ bzw. C_p' die Einfang- bzw. Emissionswahrscheinlichkeiten für Defektelektronen.

Diese Gleichungen gelten allgemein, also unabhängig davon, ob thermodynamisches Gleichgewicht vorliegt oder nicht. Um den Proportionalitätsfaktor C_n' zu eliminieren, wendet man (1.29) auf den Spezialfall des thermodynamischen Gleichgewichtes an: dann sind die Übergänge in beiden Richtungen, α und β, gleich häufig, $\partial n/\partial t\,|_R = 0$; zudem ist n durch die Gleichgewichtskonzentration (1.19) und f_R durch die Fermiverteilung (1.9) $f(W_R)$ gegeben, wobei W_R die energetische Lage des Rekombinationszentrums kennzeichnet. Damit erhält man aus (1.29)

$$C_n' = C_n \cdot n_1 \quad \text{mit} \quad n_1 = N_L \exp\left(- \frac{W_L - W_R}{kT} \right) \,. \tag{1.31}$$

Wie ein Vergleich mit (1.19) zeigt, gestattet die hier zunächst als Abkürzung eingeführte Konzentration n_1 eine anschauliche Deutung: n_1 ist diejenige Konzentration, die sich im Leitungsband einstellen würde, wenn das Ferminiveau auf dem Niveau W_R der Rekombinationszentren läge.

Nach einer analogen Überlegung folgt aus (1.30) die Beziehung

$$C_p' = C_p \cdot p_1 \quad \text{mit} \quad p_1 = N_V \exp\left(- \frac{W_R - W_V}{kT} \right) \,. \tag{1.32}$$

p_1 ist diejenige Löcherkonzentration, die sich einstellen würde, wenn das Ferminiveau auf dem Niveau des Rekombinationszentrums läge; nach (1.22) gilt ferner

$$n_1\, p_1 = n_i^2 \,. \tag{1.33}$$

Geht man nun wieder zum allgemeinen Fall über, der auch Nichtgleichgewichtszustände einschließt, so gilt außer (1.29) und (1.30) noch der Satz von der Ladungserhaltung,

$$N_R \frac{\partial f_R}{\partial t} = \frac{\partial p}{\partial t}\bigg|_R - \frac{\partial n}{\partial t}\bigg|_R .$$ (1.34)

Diese Gleichung sagt aus, daß eine Zunahme in der Besetzung des Rekombinationszentrums dadurch erfolgen kann, daß entweder Elektronen aus dem Valenzband (erster Term) oder aus dem Leitungsband (zweiter Term) auf die Störstellen übergehen. Besonders einfache Verhältnisse ergeben sich, wenn N_R so klein ist, daß die Speicherung der Ladungsträger in den Rekombinationszentren in der obigen Ladungsbilanz vernachlässigt werden kann, d.h., die linke Seite von (1.34) darf näherungsweise null gesetzt werden. Setzt man (1.29) und (1.30) gleich, erhält man mit (1.31) und (1.32) eine Bestimmungsgleichung für f_R. Einsetzen dieses Wertes in (1.29) führt mit (1.33) auf die gesuchte Gleichung für den Rekombinationsüberschuß r_{Th}:

$$r_{Th} = -\frac{\partial n}{\partial t}\bigg|_R = -\frac{\partial p}{\partial t}\bigg|_R = \frac{n\,p - n_i^2}{\tau_p\,(n + n_1) + \tau_n\,(p + p_1)}$$ (1.35)

mit

$$\tau_n = \frac{1}{C_n N_R} ; \qquad \tau_p = \frac{1}{C_p N_R} .$$ (1.36)

Ist beispielsweise $n\,p > n_i^2$, überwiegt die thermische Rekombination über die thermische Generation.

Die anschauliche Bedeutung der Zeitkonstanten τ_n erkennt man, wenn man (1.35) auf einen hinreichend stark dotierten Defekthalbleiter anwendet und nur solche Abweichungen von den Gleichgewichtskonzentrationen betrachtet, die klein gegenüber der Majoritätsträgerkonzentration p sind. Dann kann man die Gleichgewichtskonzentration p_0 näherungsweise gleich p setzen und alle anderen Terme im Nenner gegenüber demjenigen mit p vernachlässigen. Mit (1.22) folgt

$$r_{Th} = \frac{n - n_0}{\tau_n} \quad \text{mit} \quad n_0 = \frac{n_i^2}{N_A} \quad \text{für Defekthalbleiter}$$ (1.37)

und analog

$$r_{Th} = \frac{p - p_0}{\tau_p} \quad \text{mit} \quad p_0 = \frac{n_i^2}{N_D} \quad \text{für Überschußhalbleiter.}$$ (1.38)

Die Gleichgewichtskonzentrationen p_0 bzw. n_0 der Minoritätsträger entsprechen (1.23) bzw. (1.24). τ_n und τ_p (Größenordnung $10^{-7} \ldots 10^{-3}$ s) sind die Zeitkonstanten, mit denen ein Konzentrationsausgleich zwischen den Bändern erfolgt. Sie liegen in einem Bereich, der für die Elektrotechnik bequem zugänglich ist; damit sind sie für praktische Anwendungen der Halbleiter-Bauelemente von grundlegender Bedeutung.

1.5 Mechanismen des Ladungstransportes

Für das elektrische Verhalten von Halbleitern sind naturgemäß alle Fragen, die mit dem Stromtransport zusammenhängen, von besonderem Interesse, zumal sich die Verhältnisse in einem Halbleiter in zwei wesentlichen Punkten von denen im Metall unterscheiden. Es sollen zunächst die wichtigsten Vorgänge, die sich im mikroskopischen Bild beim Stromtransport abspielen, am übersichtlicheren Beispiel des Metalls erläutert werden.

1.5.1 Stromfluß in Metallen

Ein Metall unterscheidet sich von einem Halbleiter dadurch, daß bei ihm das Ferminiveau nicht in der verbotenen Zone liegt, sondern weit im Inneren des Leitungsbandes; damit gibt es nur bewegliche Ladungsträger eines Vorzeichens. Im thermodynamischen Gleichgewicht führen die Leitungselektronen eine ungeordnete Wimmelbewegung mit der thermischen Geschwindigkeit[1] v_{Th} aus (Bild 1.14). Die Elektronen werden an thermischen Gitterschwingungen oder an Störstellen gestreut, in der Zeit τ' zwischen zwei Stoßprozessen durchlaufen sie die „freie Weglänge" λ' geradlinig mit konstanter Geschwindigkeit

$$v_{Th} = \frac{\lambda'}{\tau'}.$$

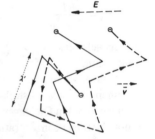

Bild 1.14
Thermische Wärmebewegung
ausgezogen: ohne Feld
gestrichelt: dieselbe Bewegung unter dem Einfluß
des Feldes E

Da diese Bewegung statistisch ungeordnet erfolgt, ist hiermit im zeitlichen Mittel kein Ladungsträgertransport und damit kein elektrischer Strom verbunden.

Bei Anlegen eines elektrischen Feldes werden die Elektronen während der Zeit zwischen zwei Streuprozessen durch das elektrische Feld beschleunigt, so daß sich eine Geschwindigkeitskomponente (Driftgeschwindigkeit $\bar{v}$) entgegen der Feldrichtung der thermisch ungerichteten Geschwindigkeit überlagert. Diese Geschwindigkeit wurde als Mittelwert gekennzeichnet, da sie bei einer zeitlichen Mittelung über die Gesamtgeschwin-

---

[1] Bei Metallen definiert man die Geschwindigkeit der Elektronen auf dem Ferminiveau als „thermische Geschwindigkeit", da nur Elektronen in der Umgebung der Fermienergie für Transportvorgänge eine Rolle spielen. Mit der kinetischen Energie nach (1.1) und der de Broglie-Beziehung erhält man aus (1.6), (1.14) und (1.18) die thermische Geschwindigkeit

$$v_{Th} \simeq \left(\frac{3\,n}{8\,\pi}\right)^{1/3} \frac{h}{m}.$$

Für Kupfer ($n \simeq 8 \cdot 10^{22}$ cm^{-3}) folgt der Zahlenwert $v_{Th} \simeq 1,5 \cdot 10^8$ cm/s.

digkeit als einzige Komponente übrigbleibt. Die hiermit verknüpfte Dichte des elektrischen Stromes („Driftstromes") ist durch

$$\mathbf{J} = - q n \overline{v} \qquad (1.39)$$

gegeben. Das kann man folgendermaßen einsehen: legt man eine Kontrollfläche A senkrecht zur Richtung des Feldes, so passieren in der Zeit dt alle diejenigen Elektronen diese Fläche, welche im schraffierten Volumen des Bildes 1.15 enthalten sind, also

$$n |\overline{v}| dt A$$

Elektronen. Da jedes Elektron die Ladung $-q$ trägt, ergibt sich für die Stromdichte, definiert als Ladung pro Zeit- und Flächeneinheit, der oben angegebene Ausdruck.

Bild 1.15
Zur Ableitung der Stromdichtegleichung (1.39)

Als nächstes ist ein Zusammenhang zwischen der Driftgeschwindigkeit $\overline{v}$ und der Feldstärke E anzugeben. Ein Elektron erfährt durch das Feld während der Zeit τ' zwischen zwei Stößen eine konstante Beschleunigung[1])

$$- \frac{q}{m} \mathbf{E} .$$

Nach den „Fallgesetzen" durchwandert es während dieser Zeit τ' die Strecke

$$\mathbf{x} = - \frac{1}{2} \frac{q}{m} \mathbf{E} \tau'^2 ;$$

damit ergibt sich die mittlere Geschwindigkeit zu

$$\overline{v} = \frac{\mathbf{x}}{\tau'} = - \mu \mathbf{E} \quad \text{mit} \quad \mu = \frac{1}{2} \frac{q}{m} \tau' . \qquad (1.40)$$

Die Driftgeschwindigkeit ist proportional der Feldstärke, die Proportionalitätskonstante μ wird als Beweglichkeit bezeichnet.[2]) Einsetzen von (1.40) in (1.39) führt auf das Ohmsche Gesetz in differentieller Form,

$$\mathbf{J} = \sigma \mathbf{E} \quad \text{mit der spezifischen Leitfähigkeit} \quad \sigma = q \mu n . \qquad (1.41)$$

---

[1]) Hier wird vereinfachend mit der Masse m des freien Elektrons gerechnet.
[2]) Bei Metallen ist μ von der Größenordnung 50 cm²/(Vs).

1.5.2 Stromfluß in Halbleitern

Derselbe Mechanismus, welcher in Metallen vorliegt, ist ebenfalls in Halbleitern wiederzufinden. Auch die quasifreien Elektronen im Leitungsband eines Halbleiters werden unter dem Einfluß eines elektrischen Feldes eine Driftgeschwindigkeit erhalten, die sich der thermisch ungeordneten Bewegung überlagert. Es ergibt sich analog die Stromdichte

$$J_{nF} = \sigma_n \, E \quad \text{mit} \quad \sigma_n = q \, \mu_n \, n \, . \tag{1.42}$$

Dabei deutet der Index n an, daß dieser Anteil sich auf die Elektronen des Leitungsbandes bezieht, der Index F an der Stromdichte besagt, daß dieser Stromanteil durch ein elektrisches Feld hervorgerufen wird.

Wie bereits in Abschnitt 1.2.1 anschaulich erläutert, findet daneben aber auch eine Elektrizitätsleitung durch die Defektelektronen des Valenzbandes statt. Die oben für Elektronen durchgeführten Überlegungen lassen sich auf Defektelektronen übertragen, man erhält für die Feldstromdichte

$$J_{pF} = \sigma_p \, E \quad \text{mit} \quad \sigma_p = q \, \mu_p \, p \, . \tag{1.43}$$

Der erste wesentliche Unterschied zwischen dem Stromtransport in Metallen und dem in Halbleitern besteht also darin, daß im Metall nur bewegliche Ladungsträger eines Vorzeichens vorhanden sind, während es in Halbleitern positiv und negativ geladene bewegliche Ladungsträger gibt. Für die gesamte Feldstromdichte erhält man durch Addition von (1.42) und (1.43)

$$J_F = J_{nF} + J_{pF} = \sigma \, E \quad \text{mit} \quad \sigma = q(\mu_p \, p + \mu_n \, n) \, . \tag{1.44}$$

Daneben kann aber in Halbleitern auch ohne Vorhandensein eines elektrischen Feldes ein Strom fließen, nämlich aufgrund eines Konzentrationsgefälles. Es ist bekannt, daß allgemein eine Ansammlung von Partikeln infolge Diffusion auseinanderläuft, d.h. die Teilchen wandern bei ihrer thermischen Bewegung vorzugsweise in Richtung des Konzentrationsgefälles. Mathematisch ausgedrückt, die Teilchenstromdichte s (Zahl der Teilchen, die pro Zeiteinheit die Flächeneinheit senkrecht zur Bewegungsrichtung durchqueren) ist proportional dem negativen Konzentrationsgradienten. Bezeichnet man die Teilchenkonzentration mit n, so gilt

$$s = - D_n \, \text{grad} \, n \, ,$$

wobei D_n die Diffusionskonstante dieser Teilchen ist. Trägt die einzelne Partikel die Ladung Q, so ist mit der Teilchenstromdichte s auch ein Ladungstransport, also eine elektrische Stromdichte J, verknüpft gemäß

$$J = Q \, s \, .$$

Wendet man diese Überlegungen auf die Elektronen des Leitungsbandes an, ergibt sich für die Diffusionsstromdichte wegen $Q = - q$

$$J_{nD} = q \, D_n \, \text{grad} \, n \, , \tag{1.45}$$

wobei der Index D daran erinnert, daß es sich um einen Diffusionsstrom handelt. In völlig analoger Weise erhält man für die Diffusionsstromdichte der Defektelektronen wegen Q = q

$$\mathbf{J_{pD}} = -q\, D_p\, \mathrm{grad}\, p \ . \tag{1.46}$$

Es gibt noch einige weitere Mechanismen, die einen Einfluß auf den Stromtransport haben wie z.B. ein Temperaturgefälle oder ein Magnetfeld. Da jedoch Bauelemente, die Effekte dieser Art ausnutzen, hier nicht besprochen werden sollen, sei dies nur der Vollständigkeit halber erwähnt.

Somit erhält man für die Gesamtstromdichte $\mathbf{J_n}$ der Elektronen durch Addition von Feld- (1.42) und Diffusionsanteil (1.45) den Ausdruck

$$\mathbf{J_n} = \mathbf{J_{nF}} + \mathbf{J_{nD}} = q\, \mu_n\, n\, E + q\, D_n\, \mathrm{grad}\, n \tag{1.47}$$

und entsprechend für die Defektelektronenstromdichte $\mathbf{J_p}$ durch Addition von (1.43) und (1.46) die Gleichung

$$\mathbf{J_p} = \mathbf{J_{pF}} + \mathbf{J_{pD}} = q\, \mu_p\, p\, E - q\, D_p\, \mathrm{grad}\, p \ . \tag{1.48}$$

Der von Elektronen und Löchern getragene Strom hat dann die Dichte

$$\mathbf{J} = \mathbf{J_n} + \mathbf{J_p} \ . \tag{1.49}$$

Die Gleichungen (1.47) und (1.48) führen in zweifacher Hinsicht zu einem wesentlich verschiedenen elektrischen Verhalten von Halbleitern und Metallen.

Einmal sei die Frage diskutiert, warum es in Halbleitern, aber nicht in Metallen einen Diffusionsstrom gibt. Wenn man beispielsweise durch Lichteinstrahlung im Halbleiter Elektronen- und Löcherkonzentration an einer Stelle um denselben Betrag erhöht, so tritt keine Raumladung auf, da sich die zusätzlich entstandenen Elektronen und Löcher in ihrer Raumladung gegenseitig kompensieren. Damit wird ein Konzentrationsgefälle möglich, ohne daß Raumladungen auftreten. Im Metall gibt es dagegen nur bewegliche Ladungsträger *eines* Vorzeichens, so daß eine Konzentrationsänderung eine Raumladung bedingen würde. Da mit merklichen Raumladungen stets starke Felder verknüpft sind, würde diese Raumladung infolge von Feldströmen sofort wieder auseinanderfließen.

Zum anderen kann infolge der Existenz von Diffusionsströmen der Fall eintreten, daß trotz erheblicher Feldstärken (Größenordnung 10^4 V/cm) und Vorhandenseins von beweglichen Ladungsträgern kein Strom fließt (thermodynamisches Gleichgewicht). Das tritt dann ein, wenn das Konzentrationsgefälle so beschaffen ist, daß sich in (1.47) bzw. (1.48) Feld- und Diffusionsstrom gerade aufheben. Diese Verhältnisse werden bei der Besprechung des pn-Überganges eingehender zu diskutieren sein.

Bei größeren Abweichungen vom thermodynamischen Gleichgewicht und hohen Feldstärken ist die Driftgeschwindigkeit (1.40) nicht mehr proportional der Feldstärke, sondern geht gegen einen Sättigungswert, der in der Größenordnung der thermischen Geschwindigkeit v_{Th} liegt; hierauf wird im späteren Text zurückgegriffen.

Es muß weiterhin untersucht werden, wie ein elektrisches Feld in der Energiebanddarstellung zu berücksichtigen ist. Im Bändermodell ist die Gesamtenergie W der Elektronen aufgetragen. Da diese nur bis auf eine additive Konstante festgelegt ist, kann man z.B. die Unterkante W_L des Leitungsbandes identifizieren mit der Energie des Elektrons im elektrostatischen Potential φ, so daß der Bandverlauf mit Potential φ und Feldstärke $\mathbf{E}$ durch

$$W_L = - q\,\varphi; \quad \operatorname{grad} W_L = \operatorname{grad} W_V = q\,\mathbf{E} \tag{1.50}$$

verknüpft ist. Das bedeutet, daß bei Vorhandensein eines elektrischen Feldes die Bandkanten „gekippt" zu zeichnen sind, wobei Größe und Richtung der Neigung ein Maß für die elektrische Feldstärke $\mathbf{E}$ ist. Bild 1.16 zeigt einen möglichen Fall des thermodynamischen Gleichgewichtes, in welchem Konzentrationsgradient und Feldstärke auftreten. Die Bandkanten sind ortsabhängig, dagegen ist die Fermienergie W_F definitionsgemäß ortsunabhängig. Aus dieser Darstellung kann man in anschaulicher Weise qualitativ unter Heranziehung von (1.50) den Feldverlauf, bzw. mit (1.19) und (1.20) die Konzentrationsverläufe ablesen.

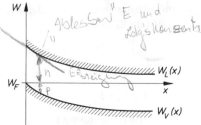

Bild 1.16
Bändermodell bei Vorhandensein von Konzentrationsgefälle und elektrischem Feld, thermodynamisches Gleichgewicht

Die Stromgleichungen (1.47) und (1.48) werden mitunter in etwas anderer Form geschrieben. Berücksichtigt man die für Nichtentartung gültige Einsteinbeziehung [3] zwischen Beweglichkeiten und Diffusionskonstanten,

$$D_{n;\,p} = \frac{kT}{q}\,\mu_{n;\,p}\,, \tag{1.51}$$

so führt Einsetzen von (1.50) in (1.47) unter Verwendung von (1.27) auf

$$\mathbf{J}_n = \mu_n\,n \operatorname{grad} W_{Fn}\,. \tag{1.52}$$

In analoger Weise ergibt sich für die Defektelektronenstromdichte

$$\mathbf{J}_p = \mu_p\,p \operatorname{grad} W_{Fp}\,. \tag{1.53}$$

Man kann formal die Wirkung von Feld- und Diffusionsstrom zusammenfassen. Die Stromdichte wird jedoch nicht mehr wie in Metallen durch den Gradienten des elektrostatischen Potentials φ bestimmt, sondern durch den Gradienten des betreffenden Quasiferminiveaus. Damit wird die Einführung dieser Größen nachträglich gerechtfertigt.

1.6 Gleichgewichte in Halbleitern

Nachdem im Vorangegangenen die wichtigsten in Halbleitern ablaufenden Prozesse beschrieben wurden, können nun die verschiedenen Gleichgewichte definiert werden ([2], [6]).

1.6.1 Räumliches Gleichgewicht

Räumliches Gleichgewicht in einem Halbleiter liegt vor, wenn die verschiedenen Quasiferminiveaus und die Temperatur *ortsunabhängig* sind. Beispiel: homogener, auf konstanter Temperatur befindlicher Halbleiter, der so mit Licht bestrahlt wird, daß die Generationsrate ortsunabhängig ist (von Randeffekten sei abgesehen).

1.6.2 Lokales Gleichgewicht

Man spricht von lokalem Gleichgewicht im Halbleiter, wenn an der betreffenden Stelle ein *einheitliches* Ferminiveau für *alle* Ladungsträger existiert (also für Leitungsband, Valenzband und Störstellen). Beispiel: das Innere eines stromdurchflossenen homogenen Halbleiters.

1.6.3 Thermodynamisches Gleichgewicht

Thermodynamisches (oder statistisches) Gleichgewicht liegt vor, wenn sowohl räumliches als auch lokales Gleichgewicht herrscht. Beispiel: Halbleiter ohne äußere Beeinflussung nach Abklingen von Ausgleichsvorgängen.

Weiterhin ersieht man aus (1.52) und (1.53), daß im thermodynamischen Gleichgewicht nicht nur die Gesamtstromdichte $\mathbf{J}$ gleich null wird, sondern daß Elektronenstromdichte $\mathbf{J_n}$ und Löcherstromdichte $\mathbf{J_p}$ einzeln verschwinden.

1.7 Ausgangsgleichungen zur Berechnung der Halbleiter-Bauelemente

Es mag an dieser Stelle von Interesse sein, die Gleichungen, von denen jede praktische Berechnung von Halbleiter-Bauelementen ausgeht, in einem etwas größeren Rahmen zu betrachten.

Man ist es gewohnt, das gesamte elektrische Verhalten durch die Maxwellschen Gleichungen

$$\operatorname{rot} \mathbf{H} = \frac{\partial \mathbf{D}}{\partial t} + \mathbf{J}; \qquad \operatorname{rot} \mathbf{E} = -\frac{\partial \mathbf{B}}{\partial t}$$

$$\operatorname{div} \mathbf{D} = \rho; \qquad \operatorname{div} \mathbf{B} = 0 \qquad\qquad (1.54)$$

zu beschreiben, die im einfachsten Fall durch die „Materialgleichungen"

$$\mathbf{B} = \mu\mathbf{H}; \quad \mathbf{D} = \epsilon\mathbf{E}; \quad \mathbf{J} = \sigma\mathbf{E} \qquad\qquad (1.55)$$

mit den konstanten Proportionalitätsfaktoren μ, ϵ, σ ergänzt werden. Diese Materialgleichungen sind jedoch nicht von der Allgemeingültigkeit wie die Gleichungen (1.54). So kann z.B. bei magnetischen oder dielektrischen Werkstoffen der Zusammenhang zwischen $\mathbf{B}$ und $\mathbf{H}$ oder zwischen $\mathbf{D}$ und $\mathbf{E}$ wesentlich komplizierter sein als durch (1.55) angegeben. Bei Halbleiter-Werkstoffen ist nun die letzte Gleichung (1.55) ungültig, sie ist durch (1.47) bis (1.49) zu ersetzen. Die Gültigkeit der vier Maxwellschen Gleichungen (1.54) bleibt natürlich unberührt. Es sind jedoch noch Kontinuitätsgleichungen für die einzelnen Trägersorten, für Elektronen und Defektelektronen, aufzustellen.

In Bild 1.17 sind für ein eindimensionales Modell die Mechanismen skizziert, die in einem Volumenelement (A dx) eine Änderung beispielsweise der Elektronenzahl $[(A\,dx)\,dn]$ hervorrufen können. Eine Änderung während der Zeit dt kann einmal dadurch erfolgen, daß in diesem Volumenelement mehr Elektron-Loch-Paare durch thermische Rekombination verschwinden als durch thermische Generation erzeugt werden. Diese Änderung ist durch

$$- r_{Th} (A\,dx)\,dt$$

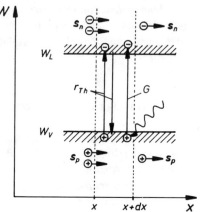

Bild 1.17
Zur Kontinuitätsgleichung für Elektronen und Defektelektronen. Eine zeitliche Änderung der Trägerdichten erfolgt
1. infolge einer Divergenz der Partikelstromdichten $s_{n;p}$,
2. infolge thermischer Rekombination und Generation r_{Th},
3. infolge von außen bedingter Generation (z. B. Lichteinstrahlung) G

gegeben. Weiter kann eine Erhöhung der Elektronenzahl durch Generation infolge eines *äußeren Eingriffes* wie z.B. Lichteinstrahlung erfolgen. Ist G die Zahl der pro Volumen- und Zeiteinheit erzeugten Paare, wird infolge dieses Vorganges die Elektronenzahl in der Zeit dt um

$$G\,(A\,dx)\,dt$$

vergrößert. Schließlich kann noch eine Erhöhung dadurch eintreten, daß von außen mehr Elektronen in das Volumenelement (A dx) hineinströmen als herausfließen. Diese Änderung ist durch

$$A\,[s_n\,(x) - s_n\,(x + dx)]\,dt$$

gegeben, so daß man zusammenfassend für die gesamte Änderung den Ausdruck

$$(A\,dx)\,dn = - r_{Th}\,(A\,dx)\,dt + G\,(A\,dx)\,dt + A\,[s_n\,(x) - s_n\,(x + dx)]\,dt$$

erhält. Entwickelt man hier $s_n\,(x + dx)$ in eine Taylor-Reihe, die man nach dem linearen Gliede abbricht, kann man die Gleichung in der Form

$$\frac{\partial n}{\partial t} = - r_{Th} + G - \frac{\partial s_n}{\partial x}$$

schreiben.

Eine analoge Gleichung läßt sich auch für die Defektelektronen ableiten.

Zusammenfassend ergibt sich mit den vorangegangenen Überlegungen ein System von Differentialgleichungen, auf welchem im Prinzip alle folgenden Rechnungen basieren. Der Stromfluß wird durch die Gleichungen

$$\mathbf{J_n} = q\,\mu_n\,n\,\mathbf{E} + \mu_n\,kT\,\mathrm{grad}\,n \tag{1.47}$$

$$\mathbf{J_p} = q\,\mu_p\,p\,\mathbf{E} - \mu_p\,kT\,\mathrm{grad}\,p \tag{1.48}$$

$$\mathbf{J}\ = \mathbf{J_n} + \mathbf{J_p} \tag{1.49}$$

beschrieben.

Für die Kontinuitätsgleichungen ergeben sich durch eine sinngemäße Erweiterung der vorangegangenen Ableitung auf den dreidimensionalen Fall und nach Einführung der elektrischen Stromdichten die Ausdrücke

$$\frac{\partial n}{\partial t} = \frac{1}{q}\,\mathrm{div}\,\mathbf{J_n} - r_{Th} + G \tag{1.56}$$

$$\frac{\partial p}{\partial t} = -\frac{1}{q}\,\mathrm{div}\,\mathbf{J_p} - r_{Th} + G\,, \tag{1.57}$$

wobei r_{Th} durch (1.35) bzw. (1.37) oder (1.38) gegeben ist.

Da das magnetische Verhalten der Bauelemente nicht diskutiert werden soll, genügt es, die beiden links stehenden Maxwellschen Gleichungen (1.54) heranzuziehen, die in der Form

$$\mathrm{div}\left(\epsilon\,\frac{\partial \mathbf{E}}{\partial t} + \mathbf{J}\right) = 0 \tag{1.58}$$

$$\Delta W_L \equiv q\,\mathrm{div}\,\mathbf{E} = \frac{q\rho}{\epsilon} = \frac{q^2}{\epsilon}\,(N_D^+ + p - N_A^- - n) \tag{1.59}$$

geschrieben werden sollen. (1.59) ist die Poissongleichung, welche den Zusammenhang zwischen Raumladung und Potential vermittelt. (1.58) besagt, daß die Summe von Partikelstromdichte $\mathbf{J}$ und Verschiebungsstromdichte $\epsilon\,\partial \mathbf{E}/\partial t$ divergenzfrei ist.

Eine allgemeine analytische Lösung dieses Gleichungssystems ist völlig indiskutabel. Man wird auf numerische Verfahren angewiesen sein oder aber auf Näherungslösungen, die dadurch entstehen, daß man immer nur diejenigen Gleichungen in vereinfachter Form heranzieht, die zur Beschreibung eines bestimmten Effektes wesentlich sind. Dies wird in den folgenden Kapiteln für die wichtigsten Halbleiter-Bauelemente durchgeführt werden.

2 Der pn-Übergang

Eine naheliegende Erweiterung des in Abschnitt 1 behandelten homogen dotierten Halbleiters besteht darin, daß man im Inneren eines Einkristalles zwei homogen dotierte Bereiche, einen n-leitenden und einen p-leitenden, aneinandergrenzen läßt und den Stromfluß durch einen solchen „pn-Übergang" untersucht (z.B. [16], [17]). Bild 2.1a zeigt das Schema dieser Anordnung, Bild 2.1b das Ergebnis der Strom-Spannungsmessung. Es ergibt sich eine Gleichrichterkennlinie, deren prinzipielles Zustandekommen in diesem Kapitel untersucht werden soll.

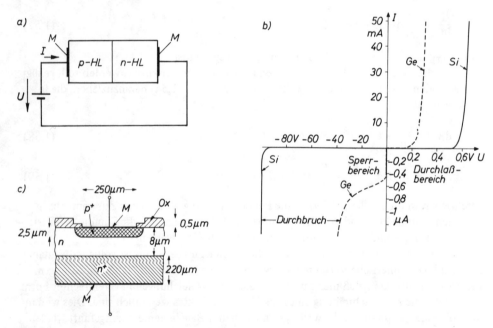

Bild 2.1
a) Schema eines pn-Überganges. Die Metallkontakte M dienen lediglich der Stromzuführung.
b) Stromspannungskennlinien von pn-Übergängen; man beachte die unterschiedlichen Maßstäbe.
c) Beispiel für den Aufbau eines Silicium-Gleichrichters.

Die schematische Darstellung des Bildes 2.1a gibt die bei praktischen Gleichrichtern vorliegenden Geometrieverhältnisse nur sehr verzerrt wieder. Bild 2.1c zeigt als Beispiel den prinzipiellen Aufbau eines Silicium-Epitaxiegleichrichters. Auf ein hochdotiertes

n^+-Substrat [1]) ($\simeq 10^{-2}$ Ωcm) läßt man eine einkristalline n-Schicht ($\simeq 1$ Ωcm) epitaktisch aufwachsen. Durch Eindiffusion von Akzeptoren erzeugt man anschließend eine p^+-Schicht ($\simeq 10^{-2}$ Ωcm), welche mit dem n-Material den für die Gleichrichtung wirksamen pn-Übergang bildet. Die Metallkontakte M und das n^+-Substrat dienen lediglich der Stromzuführung. Die Oxidschicht Ox schützt den Teil des pn-Überganges, der an die Oberfläche kommt, vor Umwelteinflüssen. Da hier das n^+-Substrat wie ein Metallkontakt wirkt, liefert ein senkrechter Schnitt durch die Mitte dieser Anordnung das eindimensionale Modell des Bildes 2.1a, das den folgenden Berechnungen zugrundegelegt wird.

Eine Reihe von Halbleiter-Bauelementen mit nichtlinearen Charakteristiken enthalten solche pn-Übergänge. Man kann alle grundlegenden Effekte, die bei diesen komplizierteren Bauelementen von Bedeutung sind, bereits an dem einfacheren Fall eines einzelnen pn-Überganges untersuchen.

2.1 Stromloser Zustand

Bevor das Zustandekommen der in Bild 2.1b gezeigten Gleichrichterkennlinie gedeutet wird, sei untersucht, wie weit man mit den bisher entwickelten Vorstellungen die Verhältnisse im thermodynamischen Gleichgewicht verstehen kann. Für den pn-Übergang sei im einzelnen folgendes Modell zugrunde gelegt:

Die Dotierungen seien groß gegenüber der Eigenleitungskonzentration, $N_{A;D} \gg n_i$, es liege vollständige Störstellenionisation vor. Ferner sei die Störstellenkonzentration bis zur Dotierungsgrenze auf jeder Seite homogen („abrupter pn-Übergang"). Die Dicken des n- und des p-leitenden Bereiches mögen so groß sein, daß die Stromzuführungskontakte keine Rolle spielen.

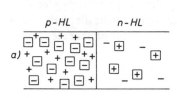

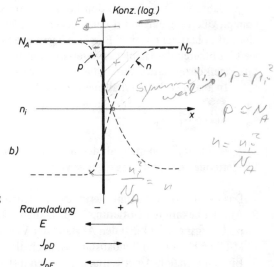

Bild 2.2
Zur Sperrschichtausbildung am pn-Übergang
a) Anschauliches Modell
$\boxminus$ Akzeptor, $\boxplus$ Donator,
+ Defektelektron, − Elektron
b) Konzentrationsverläufe

In Bild 2.2a sind die Dotierungs- und Majoritätskonzentrationen angedeutet, wie man sie im Inneren homogener Halbleiter erwarten würde; Bild 2.2b zeigt als ausgezogene Kurven die zugehörigen Konzentrationsverläufe. Man sieht aber bereits, daß die Anordnung in dieser Form nicht stabil sein kann: An der Dotierungsgrenze herrschen starke Konzentrationsgefälle der Elektronen und Löcher, es müssen also nach (1.45) und (1.46) entsprechend starke Diffusionsströme fließen; das Konzentrationsgefälle sucht sich auszugleichen, beispielsweise mögen sich die gestrichelt gezeichneten Verläufe eingestellt haben. Jetzt wird in der Umgebung der Dotierungsgrenze die ortsfeste Raumladung der Donatoren und Akzeptoren nicht mehr durch die beweglichen Raumladungen, die Elektronen und Löcher, kompensiert; es resultiert eine Raumladung und damit ein elektrisches Feld. Hiermit wiederum ist nach (1.42) und (1.43) ein Feldstrom verbunden. Der Gleichgewichtszustand wird sich nun so einstellen, daß an jeder Stelle der Feldstrom den Diffusionsstrom genau kompensiert, womit sowohl der Gesamtstrom der Löcher als auch derjenige der Elektronen null wird.

Diese Feststellung ermöglicht es, einen quantitativen Zusammenhang zwischen Konzentration und elektrischem Feld − bzw. Elektronenenergie − aufzustellen. Beispielsweise ergibt sich für den eindimensionalen Fall mit $J_p = 0$ aus (1.48) unter Berücksichtigung von (1.50) die Differentialgleichung

$$0 = \mu_p\, p\, \frac{dW_L}{dx} - \mu_p\, kT\, \frac{dp}{dx}, \qquad \hookrightarrow \quad p(x) = h\, e^{\frac{W_L(x)}{kT}}\ \text{noch}$$

(handschriftlich: unbestimmt)

aus welcher durch Integration die Boltzmannverteilung

$$p(x) = N_A \exp\left(\frac{W_L(x) - W_L(-\infty)}{kT} \right) \tag{2.1}$$

folgt. Dabei wurde als Integrationskonstante die Konzentration in sehr großer Entfernung vom pn-Übergang eingeführt entsprechend der Vorstellung, daß der pn-Übergang lediglich eine auf „oberflächennahe" Bereiche begrenzte Störung darstellt, welche die Verhältnisse weit im Inneren des Halbleitermaterials nicht beeinflussen kann. Dort ist aber die Majoritätsträgerkonzentration durch die Dotierung gegeben.

In analoger Weise erhält man aus (1.47) für die Elektronen

$$n(x) = N_D \exp\left(-\frac{W_L(x) - W_L(\infty)}{kT} \right) . \tag{2.2}$$

Weiterhin kann man mit den bisherigen Kenntnissen bereits Aussagen über das Bändermodell des pn-Überganges gewinnen.

1. Das Ferminiveau muß im thermodynamischen Gleichgewicht räumlich konstant sein.
2. Aus der bekannten Dotierung im p-Halbleiter kann man in großer Entfernung vom pn-Übergang mit (1.20) den Abstand der Valenzbandkante vom Ferminiveau bestimmen. Mit dem bekannten Bandabstand ist auch die Lage des Leitungsbandes festgelegt.
3. Eine zu 2 analoge Überlegung gilt für den n-Halbleiter.

In Bild 2.3 ist das sich hieraus ergebende Bändermodell des pn-Überganges skizziert, wobei über den gestrichelt gezeichneten Verlauf in der Umgebung der Dotierungsgrenze

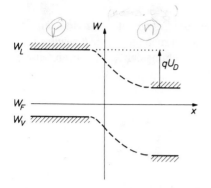

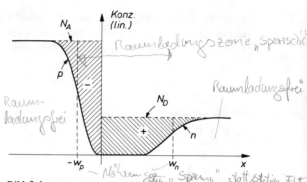

Bild 2.3
Bändermodell des pn-Überganges

Bild 2.4
Zur Einführung der Sperrschichtgrenzen
(schraffiert: Raumladungen)

bisher noch keine Aussage gemacht werden konnte. Dagegen läßt sich bereits die gesamte Höhe qU_D der Bandaufwölbung zwischen n-Halbleiter und p-Halbleiter angeben.

Wendet man (2.1) auf das Innere des n-Halbleiters an ($x \to \infty$) und berücksichtigt (1.23), ergibt sich für die Minoritätsträgerkonzentration p_0

$$p_0 = N_A \exp\left(-\frac{qU_D}{kT}\right) = \frac{n_i^2}{N_D} \quad \text{bzw.} \quad U_D = \frac{kT}{q} \ln\left(\frac{N_D N_A}{n_i^2}\right) . \qquad (2.3)$$

U_D wird als „Diffusionsspannung" bezeichnet, da diese Potentialdifferenz durch die oben diskutierte Diffusion der Ladungsträger hervorgerufen wird.

Zur Bestimmung des Bandverlaufs im Übergangsbereich ist die (eindimensionale) Poissongleichung (1.59)

$$\frac{d^2 W_L}{dx^2} = \frac{q^2}{\epsilon} [N_D^+(x) - N_A^-(x) + p(x) - n(x)] \qquad (2.4)$$

unter Berücksichtigung von (2.1) und (2.2) zu integrieren. Mit dem so bestimmten Bandverlauf lassen sich dann auch die Konzentrationen ermitteln. Bild 2.4 zeigt das Ergebnis einer numerisch durchgeführten Rechnung. Es stellt sich heraus, daß es im Raumladungsgebiet Bereiche gibt, in denen die Konzentration an beweglichen Ladungsträgern um Zehnerpotenzen kleiner ist als im homogenen Material. Damit wird hier der elektrische Widerstand besonders hoch sein, so daß ein Stromfluß durch diese Schicht erschwert wird. Das gesamte Raumladungsgebiet wird daher als „Sperrschicht" bezeichnet.

Es soll nun ein einfaches analytisches Verfahren entwickelt werden, welches gestattet, auch für den Fall des stromdurchflossenen pn-Überganges die Konzentrationen der beweglichen Ladungsträger näherungsweise zu berechnen. Zu diesem Zweck wird das „verwaschene" Einsetzen der Raumladung auf beiden Seiten der Sperrschicht durch scharfe Grenzen w_p und w_n ersetzt und bei der Integration von (2.4) der Beitrag der beweglichen Ladungsträger zur Raumladung vernachlässigt (Bild 2.5a); außerhalb der Sperrschicht sollen keine Raumladungen auftreten. Die Grenzen w_p und w_n werden nachträglich so bestimmt, daß einmal die positiven und die negativen Ladungen gleich groß sind und daß sich zum andern die exakt bestimmbare Energiedifferenz über der Gesamtanordnung ergibt. Mit einem solchen Modell nimmt man naturgemäß gewisse Fehler in Kauf, die man gegen eine beträchtliche Vereinfachung der Rechnung eintauscht.

Damit ergeben sich im Bereich

$$-w_p \leqslant x \leqslant 0 \qquad\qquad 0 \leqslant x \leqslant w_n$$

die Gleichungen

$$\frac{d^2 W_L}{dx^2} = -\frac{q^2}{\epsilon} N_A \qquad\qquad \frac{d^2 W_L}{dx^2} = \frac{q^2}{\epsilon} N_D \; .$$

Da unter den gegebenen Voraussetzungen die Bänder außerhalb der Sperrschicht horizontal verlaufen, muß

$$\left. \frac{dW_L}{dx} \right|_{x=-w_p} = 0 \qquad\qquad \left. \frac{dW_L}{dx} \right|_{x=w_n} = 0$$

sein. Mit diesen Randbedingungen liefert die einmalige Integration

$$\frac{dW_L(x)}{dx} = -\frac{q^2}{\epsilon} N_A (x + w_p) \quad\Big|\quad \frac{dW_L(x)}{dx} = \frac{q^2}{\epsilon} N_D (x - w_n) \; . \qquad (2.5)$$

Nochmalige Integration führt auf

$$
\begin{aligned}
W_L(x) &= W_L(-w_p) \qquad\qquad\qquad W_L(x) = W_L(w_n) \\
&\quad -\frac{q^2}{2\epsilon} N_A (x + w_p)^2 \qquad\qquad +\frac{q^2}{2\epsilon} N_D (x - w_n)^2 \; .
\end{aligned} \qquad (2.6)
$$

Die Bedeutung dieser Integrationen ist in Bild 2.5 veranschaulicht, die Diskussion sei dem Leser überlassen.

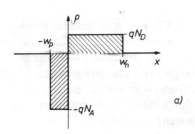

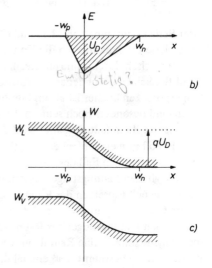

Bild 2.5
Zur Integration der Poissongleichung.
Die sich hieraus ergebenden Konzentrationsverläufe sind bereits in Bild 2.2b gestrichelt
dargestellt.
a) Raumladung,
b) Feldstärke,
c) Bändermodell.

Man erkennt bereits, daß sich auf jeder Seite der Dotierungsgrenze eine parabel-förmige Bandwölbung ergibt, wobei die Krümmung der Parabel durch die Dotierung be-stimmt wird.

Die in (2.5) und (2.6) auftretenden freien Parameter w_p und w_n müssen nachträg-lich berechnet werden, dazu sind zwei weitere Gleichungen erforderlich. Einmal müssen Feldstärke und Potential an der Stelle x = 0 stetig sein.[1] Da bei dem zugrundegelegten Modell die Bänder außerhalb der Sperrschicht horizontal verlaufen, muß zum anderen die gesamte Energiedifferenz qU_D über der Sperrschicht abfallen. Das führt auf die beiden aus den Gleichungen (2.5) und (2.6) folgenden Beziehungen

$$N_A w_p = N_D w_n \qquad\qquad (2.7)$$

und

$$W_L(-w_p) - W_L(w_n) = \frac{q^2}{2\epsilon}(N_D w_n^2 + N_A w_p^2) = qU_D . \qquad (2.8)$$

Die Gleichung (2.7) besagt lediglich, daß sich die gesamten positiven und negativen Ladun-gen in der Sperrschicht gerade aufheben, so daß die schraffierten Flächen in Bild 2.5a gleich groß sein müssen.

Aus (2.7) und (2.8) lassen sich w_n und w_p berechnen, es ist

$$w_p = \sqrt{\frac{2\epsilon N_D U_D}{q N_A (N_A + N_D)}}; \qquad w_n = \sqrt{\frac{2\epsilon N_A U_D}{q N_D (N_A + N_D)}} . \qquad (2.9)$$

Für die gesamte Sperrschichtdicke $w = w_n + w_p$ erhält man

$$w = \sqrt{\frac{2\epsilon U_D}{q}\left(\frac{1}{N_A} + \frac{1}{N_D}\right)} . \qquad (2.10)$$

Schließlich kann man durch Einsetzen von (2.9) in (2.5) auch die an der Dotierungs-grenze bei x = 0 auftretende maximale Feldstärke angeben,

$$|E|_m = -E(0) = \sqrt{\frac{2q N_A N_D U_D}{\epsilon(N_A + N_D)}} = \frac{U_D}{w/2} . \qquad (2.11)$$

Es zeigt sich, daß die eingeführten Näherungen eine einfache Berechnung der Sperr-schicht gestatten; man gelangt für den stromlosen Zustand zu quantitativen Aussagen über alle interessierenden Größen.

Die angegebenen Formeln vereinfachen sich weiter für den Spezialfall eines stark un-symmetrisch dotierten Überganges. So wird beispielsweise für einen p^+n-Übergang (d.h. $N_A \gg N_D$)

$$w \approx w_n = L_D \sqrt{\frac{2q U_D}{kT}} . \qquad (2.12)$$

---

[1] Ein Sprung in der Feldstärke würde eine Flächenladung, ein Sprung im Potential eine elektrische Doppelschicht an der Dotierungsgrenze bedeuten.

Die Sperrschicht dehnt sich also vorzugsweise in das höherohmige Gebiet aus. Die als „Debye-Längen" bezeichneten Größen

weniger dotiertes Gebiet

$$L_{A;D} = \sqrt{\frac{\epsilon kT}{q^2 N_{A;D}}}$$ *gibt Maß der Dotierung an*   (2.13)

stellen eine natürliche Einheit für die Sperrschichtdicke dar: im unbelasteten Zustand ist diese von der Größenordnung einiger Debye-Längen.

2.2 Gleichstromverhalten

Die Aufteilung des Halbleiters in „Sperrschichten" und „sperrschichtfreie Bereiche" („Bahngebiete"), die sich bei der Untersuchung des stromlosen Zustandes bewährt hat, wird auch bei Stromfluß beibehalten.

Wie ändern sich nun die im vorangegangenen diskutierten Verhältnisse, wenn an den Gleichrichter eine Spannung angelegt wird? Qualitativ kann man erwarten, daß der Spannungsabfall überwiegend an demjenigen Teil der Anordnung liegen wird, der den größten Widerstand hat, also an der Raumladungszone.

Damit ergibt sich die *erste,* (außer bei starker Belastung in Durchlaßrichtung) recht gut erfüllte Voraussetzung, daß die angelegte äußere Spannung fast ausschließlich über der Sperrschicht abfällt; die in den Bahngebieten auftretende Feldstärke ist um Zehnerpotenzen kleiner als die maximale Feldstärke in der Sperrschicht.

Zweitens wird angenommen, daß die Bahngebiete auch bei Anliegen einer Spannung praktisch neutral sind („quasineutral"), also als raumladungsfrei angesehen werden können; nur innerhalb der Sperrschicht treten wesentliche Raumladungen auf. Diese Forderung besagt einfach, daß sich ähnlich wie bei Metallen merkliche Raumladungen auf „Randbezirke" beschränken sollen.

Diese Bedingung der Quasineutralität ist näher zu erläutern. Der Term „quasi" wird hier in völlig anderer Bedeutung gebraucht als beim Quasiferminiveau. Er soll hier andeuten, daß es sich „fast" um Neutralität handelt, und zwar in folgendem Sinne: Bei exakter Neutralität gilt beispielsweise in einem Überschußhalbleiter bei vollständiger Störstellenionisation nach (1.21)

$$N_D + p - n = 0 .$$ (2.14)

Das bedeutet aufgrund der Poissongleichung, daß im eindimensionalen Fall die Feldstärke exakt ortsunabhängig sein muß. Wenn jedoch kleinere räumliche Feldstärkeänderungen auftreten, kann die Elektroneutralität nicht streng gültig sein; es werden sich aber die positiven Ladungen ($N_D + p$) und die negativen (n) fast kompensieren,

$$|N_D + p - n| \ll N_D + p \simeq n ,$$

so daß die Poissongleichung (1.59) näherungsweise durch $\rho = 0$ ersetzt werden darf. Damit kann diese Gleichung nicht mehr zur Bestimmung der Feldstärke herangezogen werden, diese ist vielmehr nur noch aus den Stromgleichungen zu ermitteln. *Nachträglich* ist dann zu kontrollieren, inwieweit die Voraussetzung

$$\left| \frac{dE}{dx} \right| \ll \frac{q}{\epsilon} (N_D + p) \tag{2.15}$$

tatsächlich erfüllt war.

Als weitere Einschränkung sollen *drittens* extrem starke Belastungen in Durchlaß-richtung außer Betracht bleiben. Wie sich später zeigen wird, bedeutet dies, daß die Minoritätsträgerdichte stets klein gegenüber der Dotierungskonzentration bleiben soll.

Als *letzte* Voraussetzung wird eingeführt, daß auch im Fall des Stromflusses der Beitrag der beweglichen Ladungsträger zur Raumladung in der Sperrschicht näherungsweise vernachlässigt werden kann.

Durch Einführung der oben diskutierten Voraussetzungen werden wesentliche mathematische Komplikationen bei der nun folgenden Kennlinienberechnung vermieden. Ferner kann die Untersuchung der Sperrschicht (Abschnitt 2.2.1) und der Bahngebiete (Abschnitt 2.2.2) unter den angegebenen Näherungen getrennt durchgeführt werden.

2.2.1 Bänder- und Konzentrationsverlauf in der Sperrschicht

An den pn-Gleichrichter sei zunächst eine äußere Spannung U so angelegt, daß das damit verbundene elektrische Feld E die ursprünglich vorhandene „Diffusionsfeldstärke" E_D teilweise kompensiert, die Energieschwelle also abgebaut wird (Bild 2.6). Die Höhe der Energieschwelle wird gegenüber dem stromlosen Zustand um den Betrag qU verringert, da die gesamte äußere Spannung U voraussetzungsgemäß an der Sperrschicht abfallen soll. Damit ist das gesamte Bändermodell auf der linken Seite um den Betrag qU gegenüber dem stromlosen Zustand abgesenkt worden.

Der Bandverlauf kann nun ebenso wie in Abschnitt 2.1 berechnet werden, wenn man nur berücksichtigt, daß U_D durch $(U_D - U)$ zu ersetzen ist (Bild 2.6b). Die Gleichungen (2.6) lauten dann

$$\left. \begin{aligned} W_L(x) &= q(U_D - U) - \frac{q^2}{2\epsilon} N_A (x + w_p)^2 && \text{für} \quad -w_p \leqslant x \leqslant 0 \\ W_L(x) &= \frac{q^2}{2\epsilon} N_D (x - w_n)^2 && \text{für} \quad 0 \leqslant x \leqslant w_n \,, \end{aligned} \right\} \tag{2.16}$$

wobei $W_L(w_n) = 0$ als Bezugsniveau eingeführt wurde.

Für die Sperrschichtausdehnungen erhält man analog zu (2.9) und (2.10)

$$w_p = \sqrt{\frac{2\epsilon N_D (U_D - U)}{q N_A (N_A + N_D)}} \,; \qquad w_n = \sqrt{\frac{2\epsilon N_A (U_D - U)}{q N_D (N_A + N_D)}} \,; \tag{2.17}$$

$$w = \sqrt{\frac{2\epsilon (U_D - U)}{q}} \left(\frac{1}{N_A} + \frac{1}{N_D} \right) \,. \tag{2.18}$$

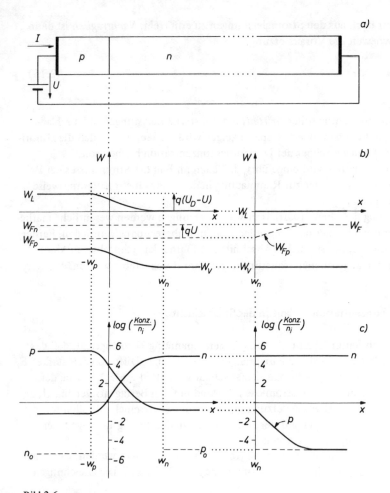

Bild 2.6
In Durchlaßrichtung belasteter pn-Übergang
a) Polarität der angelegten Spannung; b) Bandverlauf; c) Konzentrationsverlauf
In den rechten Teilbildern von b) und c) wurde der x-Maßstab um den Faktor 200 gestaucht, um die
Einstellung der Gleichgewichtskonzentration p_0 im Bahngebiet des n-Halbleiters darstellen zu können;
analoge Verhältnisse liegen im p-Halbleiter vor.

Die Sperrschichtdicken haben sich gegenüber dem stromlosen Zustand verringert, weil die
von der Sperrschicht aufzubauende Energiedifferenz kleiner geworden ist. Ferner hat die
maximale Feldstärke in der Sperrschicht einen kleineren Wert angenommen,

$$|E|_m = -E(0) = \sqrt{\frac{2q\,N_A\,N_D\,(U_D - U)}{\epsilon\,(N_A + N_D)}} = \frac{U_D - U}{w/2} \,. \tag{2.19}$$

Durch Anlegen einer Spannung in der angegebenen Richtung wird die Energieschwelle sowohl in ihrer Dicke als auch in ihrer Höhe abgebaut. Für $U \rightarrow U_D$ (in diesem Fall müßte jedoch der Spannungsabfall in den Bahngebieten außerhalb der Sperrschicht berücksichtigt werden!) wäre die Potentialschwelle und damit die Sperrschicht völlig verschwunden, bei relativ niedrigen Spannungen ($U < U_D$) können somit hohe Ströme fließen, es liegt Durchlaßrichtung vor.

Für die Berechnung der Bahngebiete (Abschnitt 2.2.2) müssen noch Beziehungen für die Konzentrationen der beweglichen Ladungsträger an den Sperrschichträndern aufgestellt werden. Dazu sind die (eindimensionalen) Gleichungen (1.47) und (1.48) zu integrieren. Unter der Voraussetzung, daß in der Sperrschicht keine Rekombination stattfindet, sind nach (1.56) und (1.57) J_n und J_p ortsunabhängig. Mit den Bezeichnungen des Bildes 2.6b und den eingangs aufgeführten Voraussetzungen erhält man unter Verwendung von (1.50) allgemein

$$
\left.
\begin{aligned}
n(x) &= \exp\left(-\frac{W_L(x)}{kT}\right)\left[N_D - \frac{J_n}{\mu_n kT}\int_x^{w_n} d\xi \exp\left(\frac{W_L(\xi)}{kT}\right)\right] \\[2em]
p(x) &= \exp\left(\frac{W_L(x)}{kT}\right)\left[N_A \exp\left(-\frac{q(U_D - U)}{kT}\right) - \frac{J_p}{\mu_p kT}\int_{-w_p}^{x} d\xi \exp\left(-\frac{W_L(\xi)}{kT}\right)\right].
\end{aligned}
\right\} \quad (2.20)
$$

Die Konzentrationen setzen sich also additiv zusammen aus einer „Quasiboltzmannverteilung" (erster Term der eckigen Klammer), die — ebenso wie im stromlosen Fall — exponentiell von der Elektronenenergie abhängt, und einem „Stromterm", dessen Wert zusätzlich durch die Integrale bestimmt wird.

Zur Ermittlung der Minoritätsträgerkonzentrationen an den Sperrschichträndern sind die Integrale über die gesamte Sperrschicht zu erstrecken. Aus dem Bandverlauf des Bildes 2.6b ersieht man, daß in dem Integral der ersten Gleichung (2.20) der Integrand in der Umgebung der Stelle $x \simeq -w_p$ den größten Beitrag liefert. Einsetzen von (2.16) und näherungsweise Erstreckung des Integrals bis ∞ führt mit (2.13) wegen

$$
\int_0^\infty d\xi \exp(-\xi^2) = \frac{\sqrt{\pi}}{2}
$$

auf [1])

$$
n(-w_p) = N_D \exp\left(-\frac{q(U_D - U)}{kT}\right) - \sqrt{\frac{\pi}{2}}\frac{J_n L_A}{\mu_n kT}. \qquad (2.21)
$$

Durch eine analoge Überlegung erhält man

$$
p(w_n) = N_A \exp\left(-\frac{q(U_D - U)}{kT}\right) - \sqrt{\frac{\pi}{2}}\frac{J_p L_D}{\mu_p kT}. \qquad (2.22)
$$

[1]) Dies setzt voraus, daß der Energieabfall über jedem der beiden Sperrschichtteile mindestens einige kT beträgt.

Die Diskussion dieser Gleichungen kann ebenso wie eine Berechnung der Konzentrationsverläufe (Bild 2.6c) erst durchgeführt werden, wenn in Abschnitt 2.2.2 die Stromdichten J_n und J_p ermittelt sind.

Legt man die Spannung in der entgegengesetzten Richtung an, ergeben sich die in
Bild 2.7 skizzierten Verhältnisse. Die Überlegungen verlaufen analog, es ist lediglich U als

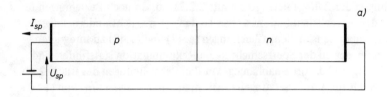

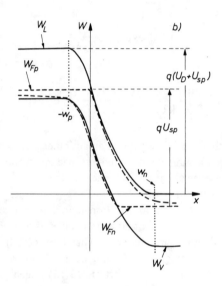

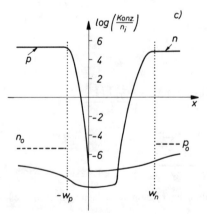

Bild 2.7
In Sperrichtung belasteter
pn-Übergang
a) Polarität der angelegten
   Spannung
b) Bandverlauf
c) Konzentrationsverlauf

negative Größe aufzufassen, $U_{sp} = -U$. Die oben abgeleiteten Gleichungen gelten auch
für diesen Fall. Die Sperrschichtdicke nimmt ebenso wie die Höhe der Potentialbarriere
mit zunehmender Spannung U_{sp} zu. Im Rahmen des vorliegenden Modells ist keine obere
Grenze für die angelegte Spannung U_{sp} vorhanden, es handelt sich um den Sperrbereich.[1]

2.2.2 Berechnung der Bahngebiete

Um zu einer Kennliniengleichung zu gelangen, sind als nächstes die Bahngebiete zu
untersuchen. Dabei wird es sich als zweckmäßig erweisen, speziell die Minoritätsträger-
stromdichten an den Sperrschichträndern, also $J_p(w_n)$ und $J_n(-w_p)$, zu berechnen.
Die Gesamtstromdichte J erhält man dann, indem J_n und J_p an *ein und derselben* Stelle,
beispielsweise bei $x = w_n$, addiert werden. Da in diesem einfachsten Modell die Sperrschicht als rekombinationsfrei angenommen wurde, ändern sich nach (1.56) und (1.57)
J_n und J_p innerhalb der Sperrschicht nicht; es gilt

$$J = J_p(w_n) + J_n(-w_p) . \tag{2.23}$$

Zur Berechnung von $J_p(w_n)$ sind die Stromgleichungen (1.47) und (1.48) sowie die
Kontinuitätsgleichung (1.57) mit (1.38) im Überschußhalbleiter $x > w_n$ zu lösen. Um zunächst die Feldstärke aus (1.48) zu eliminieren, addiert man unter Berücksichtigung der
Quasineutralität (2.14) die beiden Gleichungen (1.47) und (1.48) und löst nach der Feldstärke auf, wobei man gemäß der dritten Voraussetzung $p \ll N_D$ vernachlässigt[2]:

$$E = \frac{J - kT(\mu_n - \mu_p)\dfrac{dp}{dx}}{q\,\mu_n\,N_D} . \tag{2.24}$$

Einsetzen dieses Wertes in (1.48) führt unter den angegebenen Voraussetzungen auf

$$J_p = \frac{\mu_p}{\mu_n}\,\frac{p}{N_D}\,J - \mu_p\,kT\,\frac{dp}{dx} . \tag{2.25}$$

Diese Gleichung enthält zwei ortsabhängige Funktionen, J_p und p. Um eine Gleichung
für nur eine Unbekannte zu erhalten, wird (2.25) differenziert und in die Kontinuitätsgleichung (1.57) eingesetzt, wobei r_{Th} durch (1.38) gegeben sei:

$$\frac{d^2 p}{dx^2} - \frac{J}{\mu_n\,kT\,N_D}\,\frac{dp}{dx} = \frac{p - p_0}{L_p^2} \quad \text{mit} \quad L_p^2 = \frac{\mu_p\,kT}{q}\,\tau_p = D_p\,\tau_p . \tag{2.26}$$

Diese Gleichung kann durch einen Exponentialansatz gelöst werden. Zur Festlegung der
beiden Integrationskonstanten sind zwei Randbedingungen erforderlich.

---

[1] Der in Bild 2.1b angedeutete Durchbruchsbereich wird erst durch die in Abschnitt 2.4 vorzu-
nehmende Erweiterung dieses einfachsten Modells erfaßt.

[2] Die hierbei implizite gestellte Forderung, daß μ_n etwa in derselben Größenordnung wie μ_p liegen
soll, ist praktisch immer erfüllt.

Einmal müssen sich in sehr großer Entfernung vom pn-Übergang, also formal für $x \to \infty$, wieder die Verhältnisse des homogenen ungestörten Halbleiters einstellen,[1] $p(\infty) = p_0$. Die zweite Randbedingung ist durch die Konzentration am Sperrschichtrand (2.22) gegeben. Zur Vereinfachung der Rechnung sei zunächst vorausgesetzt, daß

$$\frac{J L_p}{\mu_n kT N_D} \ll 1 \tag{2.27}$$

gelte; die Bedingungen, unter denen diese Voraussetzung zutrifft, sind nachträglich festzu-legen.[2] Damit liefert die Integration von (2.26)

$$p(x) - p_0 = [p(w_n) - p_0] \exp\left(-\frac{x - w_n}{L_p}\right). \tag{2.28}$$

Am Sperrschichtrand auftretende Abweichungen von der Gleichgewichtskonzentra-tion p_0 nehmen also zum Halbleiterinneren hin exponentiell ab. Die durch (2.26) defi-nierte Abklingkonstante L_p wird als „Diffusionslänge" der Defektelektronen bezeichnet. L_p ist, anschaulich formuliert, etwa diejenige Strecke, welche die Defektelektronen wäh-rend ihrer Lebensdauer τ_p infolge Diffusion zurücklegen.

Die oben eingeführte Randbedingung für $x \to \infty$ wird in der Praxis nach (2.28) dann erfüllt sein, wenn die Dicke des Bahngebietes groß gegenüber der Diffusionslänge ist; in diesem Fall spricht man von „langen Bahngebieten".

Die mit dieser Diffusion verbundene Stromdichte erhält man durch Einsetzen von (2.28) in (2.25) unter Berücksichtigung von (2.27):

$$J_p(x) = \frac{\mu_p kT}{L_p} [p(x) - p_0]. \tag{2.29}$$

Der Minoritätsträgerstrom fließt unter den angegebenen Voraussetzungen demnach voll-ständig als Diffusionsstrom.

Anwendung von (2.29) auf den Sperrschichtrand führt mit (2.22) unter Verwendung von (2.3) auf

$$\left.\begin{array}{l} J_p(w_n) = J_{p0} \left[\exp\left(\frac{qU}{kT}\right) - 1\right] \left[1 + \sqrt{\frac{\pi}{2}} \frac{L_D}{L_p}\right]^{-1}, \\[3mm] J_{p0} = \frac{\mu_p kT}{L_p} \frac{n_i^2}{N_D}. \end{array}\right\} \tag{2.30}$$

Nun ist bei pn-Gleichrichtern das Verhältnis von Debyelänge L_D zu Diffusionslänge L_p klein gegenüber eins, so daß man die letzte Klammer weglassen darf. Setzt man die so ver-einfachte Gleichung in (2.22) ein, erkennt man mit (2.3), daß im Durchlaßbereich $U > 0$

---

[1] In praktischen Fällen muß man jedoch die endliche Länge des Bahngebietes berücksichtigen und als einfachste Randbedingung $p = p_0$ an der Stelle des Metallkontaktes ansetzen.

[2] Diese Kennlinienberechnung ist gleichzeitig ein einfaches Demonstrationsbeispiel für eine Rechen-methodik, mit welcher man mitunter eine komplizierte Gleichung näherungsweise lösen kann: man führt zunächst Voraussetzungen so ein, daß sich die Rechnungen leicht durchführen lassen und legt nachträglich die Bedingungen fest, unter denen die Voraussetzungen gültig sind.

die Randkonzentration – und damit der gesamte Konzentrationsverlauf (2.20) innerhalb der Sperrschicht – durch den Quasiboltzmannterm allein bestimmt wird:

$$p(w_n) \simeq N_A \exp\left(-\frac{q[U_D - U]}{kT}\right) = \frac{n_i^2}{N_D} \exp\left(\frac{qU}{kT}\right). \tag{2.31}$$

Das Quasiferminiveau ist ortsunabhängig, Bild 2.6b. Die Minoritätsträgerkonzentration $p(w_n)$ ist am Sperrschichtrand gegenüber dem Gleichgewichtsfall um den Faktor $\exp(qU/kT)$ angehoben, zum Innern des Bahngebietes hin klingt sie gemäß (2.28) exponentiell ab. Beim Anlegen einer Durchlaßspannung fließen infolge des Abbaues der Energiebarriere Defektelektronen vom p-Halbleiter in den n-Halbleiter; man spricht daher von einer „Injektion" von Minoritätsladungsträgern. Da das Bahngebiet quasineutral sein soll, muß die Ladung der injizierten Defektelektronen durch Elektronen kompensiert werden, die vom Metallkontakt am Überschußhalbleiter nachgeliefert werden. Minoritäts- und Majoritätskonzentrationen werden also um den gleichen *Absolut*betrag erhöht, dagegen ist die *relative* Konzentrationsänderung der *Majoritäts*träger unter den eingeführten Voraussetzungen zu vernachlässigen.

Im Sperrbereich $U < 0$, wo die spannungsabhängigen Terme exponentiell gegen null gehen, muß jedoch sowohl in (2.20) als auch in (2.22) bei einer *Konzentrationsberechnung* der Stromterm berücksichtigt werden. Die Konzentrationsverläufe und Quasiferminiveaus in Bild 2.7 wurden durch numerische Auswertung von (2.20) gewonnen. Für die Majoritätsträger gilt in der Umgebung des Sperrschichtrandes noch Quasiboltzmannverteilung, Abweichungen machen sich erst im Innern der Sperrschicht bemerkbar. Andererseits kommt es für die Berechnung des Rückstromes nach (2.29) nur darauf an, daß die Randkonzentration klein gegenüber der Gleichgewichtskonzentration bleibt; der genaue Wert ist ohne Interesse. Damit macht man bei der *Kennlinienberechnung* keinen wesentlichen Fehler, wenn man im ganzen Sperrschichtbereich Quasiboltzmannverteilung zugrundelegt.

Weiterhin kann man sich durch Einsetzen von (2.24) und (2.28) in (2.15) davon überzeugen, daß die Bedingung der Quasineutralität unter den angegebenen Voraussetzungen erfüllt ist.

Die hier für Defektelektronen durchgeführten Überlegungen lassen sich analog auf die Elektronen im Bahngebiet des Defekthalbleiters $x < -w_p$ übertragen. An der Stelle $-w_p$ gilt analog zu (2.31) für die Elektronenkonzentration

$$n(-w_p) \simeq N_D \exp\left(-\frac{q(U_D - U)}{kT}\right) = \frac{n_i^2}{N_A} \exp\left(\frac{qU}{kT}\right) \tag{2.32}$$

und für die Elektronenstromdichte

$$J_n(-w_p) = J_{n0}\left[\exp\left(\frac{qU}{kT}\right) - 1\right], \quad J_{n0} = \frac{\mu_n kT}{L_n}\frac{n_i^2}{N_A}, \quad L_n^2 \equiv D_n \tau_n ; \tag{2.33}$$

(2.23) liefert dann die Kennliniengleichung in der Form

$$J(U) = J_0\left[\exp\left(\frac{qU}{kT}\right) - 1\right], \quad J_0 = J_{p0} + J_{n0}. \tag{2.34}$$

In Durchlaßrichtung ergibt sich ein exponentieller Anstieg des Stromes mit der Spannung, in Sperrichtung sollte der Strom gegen einen Sättigungswert gehen (Bild 2.8). Wie ein Vergleich von J_{n0} mit J_{p0} zeigt, braucht bei einem sehr stark unsymmetrisch dotierten pn-Übergang (z. B. p^+n-Übergang, $N_A \gg N_D$) nur das Bahngebiet des schwächer dotierten Halbleiters betrachtet zu werden. Praktisch injiziert nur der stark dotierte Halbleiter seine Majoritätsträger in das schwächer dotierte Gebiet, wo sie als Minoritätsträger weiterlaufen.

Nachdem damit die Gesamtstromdichte bestimmt ist, kann nun auch festgelegt werden, unter welchen Bedingungen der Feldstrom der Minoritätsträger vernachlässigt werden durfte: Einsetzen von (2.34) in (2.27) zeigt, daß dies der Fall ist, solange die beiden Diffusionslängen L_n und L_p ganz grob in derselben Größenordnung liegen und auf jeder Seite des pn-Überganges die Minoritätsträgerkonzentration klein gegenüber der Dotierungskonzentration bleibt. Diese Forderung grenzt praktisch den Gültigkeitsbereich der gewonnenen Ergebnisse zu hohen Stromdichten hin ab.

Die bisherigen Ergebnisse sollen noch durch eine anschauliche Interpretation der Stromflußmechanismen ergänzt werden. Es wurde eingangs angenommen, daß die Sperrschicht den größten Widerstand im Stromkreis darstellt, so daß der Spannungsabfall zum überwiegenden Teil dort erfolgt. Das Letztere ist auch richtig. Dagegen wird der Stromfluß – bei gegebener Spannung – nicht durch die Sperrschichtdaten bestimmt, sondern gemäß (2.30) bis (2.34) durch die Daten der angrenzenden Bahngebiete. Die Sperrschicht sorgt nur dafür, daß an ihren Rändern infolge der angelegten Spannung eine bestimmte Konzentration an beweglichen Ladungsträgern „angeboten" wird. Die Stromdichte wird dann bestimmt durch die Fähigkeit der Bahngebiete, die angebotenen Ladungsträger durch Diffusion abzutransportieren. Infolge der endlichen Lebensdauer der Minoritätsträger versickern diese Ströme zum Innern des Bahngebietes hin, der Minoritätsträgerstrom wird von Majoritätsträgern übernommen, so daß die Gesamtstromdichte konstant bleibt. Damit läßt sich die in Bild 2.9 dargestellte anschauliche Deutung des Stromflusses geben.

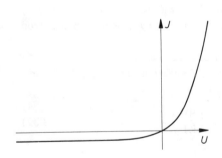

Bild 2.8
Gleichrichterkennlinie nach (2.34)

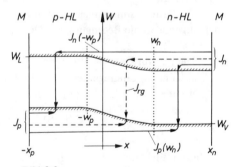

Bild 2.9
Zur anschaulichen Deutung des Stromflusses bei Durchlaßbelastung. Die Strompfade sind lediglich symbolisch dargestellt. Die gestrichelten Verläufe beziehen sich auf den erst in Abschnitt 2.2.4 behandelten Stromanteil I_{rg}, der durch Rekombination bzw. Generation in der Sperrschicht zustandekommt.

Weiter kann eine Aussage über die Temperaturabhängigkeit der Kennlinie gewonnen werden, also über einen Effekt, der bei allen Halbleiter-Bauelementen für praktische Anwendungen von entscheidender Bedeutung ist. Die Temperaturabhängigkeit von Beweglichkeiten, Diffusionskonstanten und Lebensdauern ist oft von untergeordneter Bedeutung. Entscheidend ist einmal der Temperaturfaktor, der in dem Term

$$\exp\left(\frac{qU}{kT}\right)$$

explizite auftritt, und zum anderen die Temperaturabhängigkeit der Eigenleitungskonzentration, die nach (1.22) im wesentlichen durch

$$n_i^2 \sim \exp\left(-\frac{W_{LV}}{kT}\right)$$

gegeben ist.

Schließlich kann man noch am Beispiel des in Durchlaßrichtung belasteten pn-Überganges die Definition der (mit einem Instrument meßbaren) „Spannung" in Halbleiter-Bauelementen plausibel machen. Wie das Auftreten der Diffusionsspannung, die ja nicht unmittelbar mit einem Voltmeter meßbar ist, zeigt, kann man die „Spannung" nicht mehr als Linienintegral der Feldstärke oder als Potentialdifferenz definieren, wenn sich die Konzentration der Ladungsträger ändert. In Abschnitt 1.5.2 wurde bereits darauf hingewiesen, daß nicht mehr der Gradient des elektrostatischen Potentials die treibende Kraft für den Strom ist, sondern daß an seine Stelle die Gradienten der Quasifermipotentiale treten, (1.52) und (1.53). Als Spannung zwischen zwei Punkten muß man bei Halbleitern die Differenz der Fermipotentiale definieren [10], vgl. Bild 2.6b. Das setzt streng genommen voraus, daß man Spannungen nur zwischen Punkten angeben kann, an denen lokales Gleichgewicht herrscht.

2.2.3 Vereinfachte Kennlinienberechnung

Die in den vorangegangenen Abschnitten diskutierten Näherungen gestatten eine vereinfachte Berechnung der Kennlinie eines pn-Überganges; von diesem Verfahren wird im Folgenden weitgehend Gebrauch gemacht werden.

Bei der Untersuchung der Bahngebiete konnte der Feldstrom der Minoritätsträger vernachlässigt werden. Führt man z.B. für den Überschußhalbleiter diese Voraussetzung bereits in (1.48) ein, ergeben sich mit (1.57) und (1.38) die beiden Gleichungen

$$J_p = -\mu_p kT \frac{dp}{dx} \; ; \quad \frac{1}{q}\frac{dJ_p}{dx} = -\frac{p - p_0}{\tau_p} \; , \tag{2.35}$$

aus denen durch Elimination von J_p für die Löcher die Differentialgleichung

$$\frac{d^2 p}{dx^2} = \frac{p - p_0}{L_p^2} \tag{2.36}$$

folgt. Eine Randbedingung ist durch die Konzentration am Sperrschichtrand gegeben; da im vorliegenden Fall Boltzmannverteilung über der Sperrschicht angenommen werden darf, wird $p(w_n)$ durch (2.31) bestimmt. Die zweite Randbedingung wird dadurch festgelegt, daß an der Stelle des Metallkontaktes $x = x_n$ (Bild 2.9) die Konzentration p gleich der Gleichgewichtskonzentration p_0 sein soll:

$$p(x_n) = p_0 \ . \tag{2.37}$$

Damit hat (2.36) die Lösung

$$p(x) - p_0 = [p(w_n) - p_0] \ \frac{\sinh\left(\dfrac{x_n - x}{L_p}\right)}{\sinh\left(\dfrac{x_n - w_n}{L_p}\right)} \ . \tag{2.38}$$

Einsetzen in die erste Gleichung (2.35) führt mit (2.31) auf

$$J_p(w_n) = \frac{\mu_p\,kT}{L_p \tanh\left(\dfrac{x_n - w_n}{L_p}\right)} [p(w_n) - p_0] = J_{p0} \left[\exp\left(\frac{qU}{kT}\right) - 1\right]$$

mit

$$J_{p0} = \frac{\mu_p\,kT}{L_p \tanh\left(\dfrac{x_n - w_n}{L_p}\right)} \frac{n_i^2}{N_D} \ . \tag{2.39}$$

Der Stromanteil proportional

$$p(w_n) = p_0 \exp\left(\frac{qU}{kT}\right)$$

rührt von denjenigen Defektelektronen her, die vom p-Halbleiter kommend die Sperrschicht überwinden können und im n-Halbleiter als Diffusionsstrom weiterfließen; der Stromanteil proportional p_0 wird von den in entgegengesetzter Richtung laufenden Defektelektronen verursacht, welche sich vom n-Halbleiter durch die Sperrschicht zum p-Halbleiter bewegen.

Für „lange" Bahngebiete $(x_n - w_n)/L_p \gg 1$ erhält man für J_{p0} wieder (2.30). Im entgegengesetzten Grenzfall „kurzer" Bahngebiete $(x_n - w_n)/L_p \ll 1$ tritt in (2.30) die Dicke des Bahngebietes $(x_n - w_n)$ an die Stelle der Diffusionslänge L_p; der Konzentrationsverlauf wird nach (2.38) linear.

Da sich diese Überlegungen analog auf den Defekthalbleiter übertragen lassen, ist damit zugleich die Kennlinie für beliebige Längen der Bahngebiete bestimmt.

2.2.4 Sperrschichtrekombination

Wie ein Vergleich des Bildes 2.8 mit gemessenen Kennlinien zeigt, gibt die Gleichung (2.34) die tatsächlichen Verhältnisse insbesondere in Sperrichtung nur sehr unvollkommen wieder. Das ist darauf zurückzuführen, daß eine Rekombination innerhalb der Sperrschicht vernachlässigt wurde. Wie bereits in Bild 2.9 angedeutet, erreichen die am

Sperrschichtrand bei $-w_p$ startenden Löcher gar nicht alle den rechten Sperrschichtrand w_n, sondern rekombinieren zum Teil vorher. Mathematisch bedeutet dies, daß bei
der Integration der Kontinuitätsgleichung (1.56) über die Sperrschicht der Term r_{Th}
nicht mehr vernachlässigt werden darf, wie es bei der Ableitung der Gleichung (2.23)
geschah. Integriert man nun (1.56) über die Sperrschicht, erhält man einen Zusammenhang zwischen der Majoritätsträgerstromdichte $J_n(w_n)$, der Sperrschichtrekombinations-
stromdichte J_{rg} und der Minoritätsträgerstromdichte $J_n(-w_p)$:

$$\left.\begin{array}{l} J_n(w_n) - J_n(-w_p) = q \int\limits_{-w_p}^{w_n} dx\, r_{Th} \equiv J_{rg}\,, \\[2em] J = J_n(w_n) + J_p(w_n) = J_n(-w_p) + J_p(w_n) + J_{rg}\,. \end{array}\right\} \qquad (2.40)$$

In (2.23) kommt auf der rechten Seite der Stromterm J_{rg} additiv hinzu. Zu seiner Berechnung darf man allerdings nicht mehr die Näherungsformeln (1.37) und (1.38) verwenden,
da die Voraussetzung, daß eine der Konzentrationen n oder p groß gegenüber allen anderen
in (1.35) auftretenden Konzentrationen ist, innerhalb der Sperrschicht nicht mehr zutrifft.
Es ist daher das mit (1.35) folgende Integral

$$J_{rg} = q \int\limits_{-w_p}^{w_n} dx\, \frac{n\,p - n_i^2}{\tau_p(n + n_1) + \tau_n(p + p_1)} \qquad (2.41)$$

zu berechnen. Das soll im folgenden lediglich für den p^+n-Übergang geschehen, da an diesem einfacheren Beispiel bereits alles wesentliche zu ersehen ist. Wegen $w_p \ll w_n$ braucht
man das Integral nur über die Sperrschicht im Überschußhalbleiter $0 \leqslant x \leqslant w_n$ zu erstrecken. Weiterhin hatte sich gezeigt (Bild 2.6b und 2.7b), daß innerhalb der Sperrschicht
für n und p Quasiboltzmannverteilung angesetzt werden darf: In den Bereichen, wo dies
nicht mehr zutrifft, sind n und p gegenüber den anderen in (2.41) auftretenden Konzentrationen so klein, daß ihr genauer Wert ohne Bedeutung ist. Damit darf man in (2.20) die
Integralterme weglassen und erhält aus (2.41) mit (2.3) zunächst

$$J_{rg} = q n_i^2 \left[\exp\left(\frac{qU}{kT}\right) - 1\right] \int\limits_0^{w_n} \frac{dx}{\tau_p[N_D \exp(-\eta) + n_1] + \tau_n\left[\dfrac{n_i^2}{N_D}\exp\left(\dfrac{qU}{kT} + \eta\right) + p_1\right]}$$

mit

$$\eta \equiv \frac{W_L(x)}{kT}\,.$$

Da $W_L(x)$ nach wie vor durch (2.16) gegeben ist, läßt sich die Integration unter Berücksichtigung von (2.17) im Prinzip durchführen, indem man mit der aus (2.13) und (2.16)
folgenden Beziehung

$$\frac{d\eta}{dx} = \frac{x - w_n}{L_D^2} = -\frac{\sqrt{2\eta}}{L_D}$$

zur Integrationsvariablen η übergeht:

$$J_{rg} = q n_i^2 L_D \left[\exp\left(\frac{qU}{kT} \right) - 1 \right] \int_0^{\eta_0} \frac{d\eta}{\sqrt{2\eta} \left\{ \tau_p \left[N_D \exp(-\eta) + n_1 \right] + \tau_n \left[\frac{n_i^2}{N_D} \exp\left(\frac{qU}{kT} + \eta \right) + p_1 \right] \right\}}$$

mit

$$\eta_0 = \frac{q(U_D - U)}{kT} . \tag{2.42}$$

Dieses Integral läßt sich allgemein nicht in geschlossener Form auswerten. Die analytischen Näherungslösungen, die für Durchlaßbelastung angegeben werden, geben den durch (2.42) beschriebenen Verlauf $J_{rg}(U)$ nur sehr schlecht wieder, so daß es hier angebracht erscheint, für Durchlaßbelastung und schwache Sperrbelastung ($U_{sp} \lesssim 1 \ldots 2$ V) die Gleichung (2.42) unmittelbar numerisch zu integrieren. Dagegen kann man für höhere Sperrbelastungen eine einfache Näherungsformel angeben, deren Werte sich recht gut an die Ergebnisse der numerischen Auswertung anschließen. Bei hinreichend hoher Sperrbelastung sind die Dichten der beweglichen Ladungsträger fast im gesamten Sperrschichtbereich sehr klein gegenüber allen anderen in (2.41) auftretenden Konzentrationen, so daß man in (2.42) die von n und p herrührenden Terme vernachlässigen darf. Lediglich in der Umgebung der Sperrschichtgrenze w_n (bzw. in der Umgebung von $\eta = 0$) trifft dies für die Elektronendichte nicht zu. Das kann man näherungsweise dadurch berücksichtigen, daß man in (2.42) die Integration nicht von null an erstreckt, sondern von dem Wert η_{gr}, der dadurch gegeben ist, daß der von den Elektronen herrührende Term gerade ebenso groß ist wie die Summe aller anderen Terme im Nenner:

$$\tau_p N_D \exp(-\eta_{gr}) = \tau_p n_1 + \tau_n p_1 \quad \text{oder} \quad \eta_{gr} = \ln\left(\frac{\tau_p N_D}{\tau_p n_1 + \tau_n p_1} \right); \tag{2.43}$$

dabei wurde die Löcherkonzentration bereits als klein gegenüber den anderen Termen vernachlässigt. In dem verbleibenden Teil des Integrals werden dann n und p vernachlässigt, so daß man für hinreichend hohe Sperrbelastung

$$J_{rg} = - \frac{q n_i^2 \sqrt{2} L_D}{\tau_p n_1 + \tau_n p_1} \left[\sqrt{\frac{q(U_D - U)}{kT}} - \sqrt{\eta_{gr}} \right] \tag{2.44}$$

erhält. In Bild 2.10 ist als Beispiel die Kennlinie (2.40) eines p^+n-Siliciumgleichrichters unter Berücksichtigung von (2.42) bis (2.44) dargestellt.[1] Das Verhalten bei Sperrbelastung wird vollständig durch Sperrschichtrekombination bestimmt, die Diffusionsströme in den Bahngebieten spielen eine untergeordnete Rolle. Für $U_{sp} \gg U_D$ sollte der Rückstrom nach (2.44) mit der Wurzel aus der Sperrspannung ansteigen; diese Abhängigkeit ist punktiert eingezeichnet.

Bei Belastung in Durchlaßrichtung ergibt sich für die Diffusionsströme in den Bahngebieten nach (2.34) in der halblogarithmischen Auftragung eine Gerade mit der Steigung q/kT. Bei kleineren Strömen macht sich der Einfluß der Sperrschichtrekombination

---

[1]) Der im Bild ebenfalls berücksichtigte Durchbruch wird erst in Abschnitt 2.4 behandelt.

nach (2.42) in einer geringeren Steigung bemerkbar. Man stellt für diesen Bereich der Kennlinie oft die halbempirische Formel

$$J \sim \exp\left(\frac{qU}{nkT}\right) \quad \text{mit} \quad 1 < n \leqslant 2 \tag{2.45}$$

auf.

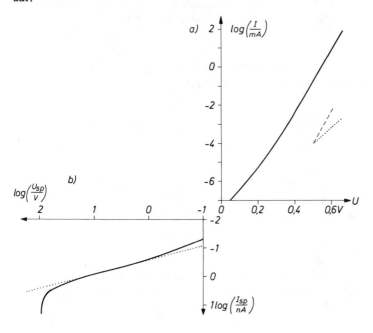

Bild 2.10
Nach (2.40) berechnete Kennlinie eines Silicium-p^+n-Gleichrichters
a) Durchlaßrichtung $- - - \sim qU/kT$
  $\ldots\ldots \sim qU/2kT$
b) Sperrichtung $\ldots\ldots I_{sp} \sim \sqrt{U_{sp}}$

Weiter zeigt sich, daß bei Germanium-Gleichrichtern der Einfluß der Sperrschichtrekombination sowohl für Durchlaßbelastung als auch für schwache Sperrbelastung meist vollständig vernachlässigt werden kann und selbst bei starker Sperrbelastung der Rückstrom in der Größenordnung der Diffusionsströme in den Bahngebieten liegt.

2.3 Wechselstrom- und Schaltverhalten

Die vorangegangene Diskussion des Gleichstromverhaltens führte auf die Strom-Spannungskennlinie des pn-Überganges. Bei Wechselspannungsbelastung und bei Schaltvorgängen treten außerdem kapazitive Effekte auf, die im folgenden zu untersuchen sind.

Dabei werden nur die spezifisch mit dem pn-Übergang verknüpften Kapazitäten diskutiert; Störkapazitäten wie Leitungs- und Gehäusekapazitäten sind zwar technisch wichtig, bleiben hier aber außer Betracht. Ferner wird der Einfluß von Sperrschichtrekombination vernachlässigt.

Für diese Diskussion sei der Begriff der „differentiellen Kapazität" eingeführt. Der Zusammenhang zwischen Ladung Q auf einer Platte eines Kondensators und Spannung U über dem Kondensator wird durch die „integrale" Kapazität C gegeben,

$$Q = C U .$$

Bei nichtlinearen Kapazitäten verwendet man zweckmäßigerweise die „differentielle" Kapazität c, welche den Zusammenhang zwischen Ladungsänderung dQ und Spannungsänderung dU angibt:

$$dQ = c(U) dU . \qquad (2.46)$$

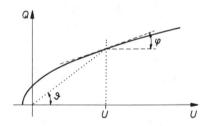

Bild 2.11
Zur Definition von integraler und differentieller Kapazität
$C(U) = \tan \vartheta; \quad c(U) = \tan \varphi$

Während die integrale Kapazität im Q(U)-Diagramm durch die durch den Nullpunkt gehende Sekante dargestellt wird (Bild 2.11), kennzeichnet die differentielle Kapazität den Anstieg der Tangente in dem betreffenden Punkt.

2.3.1 Sperrschichtkapazität

In Bild 2.5a wurde die idealisierte Raumladungsverteilung in der Sperrschicht skizziert. Da die Sperrschichtweiten w_n und w_p nach (2.17) von der angelegten Spannung abhängen, ist mit einer Spannungsänderung über der Sperrschicht auch eine Ladungsänderung verbunden. Diese Verhältnisse sind nochmals in Bild 2.12 dargestellt. Bei einer vorgegebenen Sperrspannung U_{sp} möge die Sperrschicht die angedeutete Ausdehnung haben. Wird die Sperrspannung um den Betrag ΔU_{sp} erhöht, dehnt sich die Sperrschicht weiter aus, damit wird auch die gesamte in der Sperrschicht enthaltene Ladung größer; d.h., die Sperrschicht muß prinzipiell wie ein Kondensator wirken.[1] Um eine Gleichung für die differentielle Sperrschichtkapazität c_s zu finden, wird zunächst die in der Sperrschicht enthaltene Ladung Q eines Vorzeichens als Funktion der Sperrspannung U_{sp} hingeschrieben,

$$Q(U_{sp}) = q A w_n N_D ,$$

---

[1] Im Gegensatz zum Plattenkondensator trägt hier das gesamte Kondensatorvolumen Ladungen; diese rühren von den (nicht von beweglichen Ladungsträgern kompensierten) ortsfesten Raumladungen her.

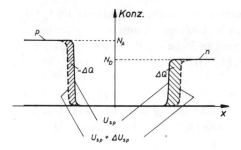

Bild 2.12
Zur anschaulichen Deutung der differentiellen Sperrschichtkapazität c_s bei Belastung eines pn-Überganges in Sperrichtung

wobei A die Sperrschichtfläche bedeutet. Nach (2.46) ergibt sich für die differentielle Kapazität

$$\frac{dQ}{dU_{sp}} = c_s = q A N_D \frac{dw_n}{dU_{sp}} .$$

Unter Verwendung von (2.17) führt dies wegen $U_{sp} = -U$ auf die Beziehung

$$c_s = A \sqrt{\frac{\epsilon q N_A N_D}{2 (N_A + N_D) (U_D + U_{sp})}} . \qquad (2.47)$$

Dieser Größe kann man eine unmittelbar anschauliche Bedeutung geben, wenn man mit (2.18) die Dicke w der gesamten Sperrschicht einführt,

$$c_s = \epsilon \frac{A}{w} ; \qquad (2.48)$$

das ist die Formel für die Kapazität eines Plattenkondensators der Fläche A und des Plattenabstandes w. Wenn man also den pn-Übergang mit einer Gleichvorspannung $U_{\parallel}$ belastet und eine Wechselspannung geringer Amplitude [1] $\hat{U}$ überlagert,

$$U(t) = U_{\parallel} + \text{Re} (\sqrt{2} \, \vec{U} \, \exp{(j\omega t)}) , \qquad (2.49)$$

verhält sich der Gleichrichter in Bezug auf seine Kapazität wie ein Plattenkondensator. Das ist aufgrund des Bildes 2.12 unmittelbar verständlich, da es bei der differentiellen Kapazität nur auf die Ladungs*änderungen* ankommt. Allerdings ist zu berücksichtigen, daß gemäß (2.18) der „Plattenabstand" w (das ist der Abstand, in welchem die Ladungsänderung erfolgt) und damit die Kapazität c_s von der Gleichvorspannung $U_{\parallel}$ abhängen.

Die Zulässigkeit dieser anschaulichen Deutung der Sperrschichtkapazität kann man durch eine von den Maxwellschen Gleichungen (1.54) ausgehende strengere Ableitung zeigen. Aus

$$\text{div rot } \mathbf{H} = \text{div} \left(\frac{\partial \mathbf{D}}{\partial t} + \mathbf{J} \right) = 0$$

---

[1] Die Amplitude darf nur so groß sein, daß in dem von der Wechselspannung ausgesteuerten Bereich die Kapazität praktisch als konstant anzusehen ist

folgt, daß im eindimensionalen Fall erst die Summe von Teilchenstromdichte $J = J_n + J_p$ und Verschiebungsstromdichte $\partial D/\partial t$ konstant ist. Um eine ortsunabhängige Gesamt-stromdichte J_{ges} zu erhalten, ist an ein und derselben Stelle – z.B. bei $x = 0$ – zu der Elektronen- und Löcherstromdichte $J(0)$ (vgl. (2.34)) die Verschiebungsstromdichte $\epsilon\,\partial E(0)/\partial t$ hinzuzufügen.

Zur Bestimmung der Verschiebungsstromdichte differenziert man (2.19) nach der Zeit, wobei die Zeitabhängigkeit der Spannung durch (2.49) gegeben ist. Es zeigt sich, daß der Verschiebungsstrom demjenigen eines Kondensators mit der durch (2.47) gegebenen Kapazität c_s entspricht.

2.3.2 Diffusionskapazität

Bei Belastung eines pn-Überganges in Durchlaßrichtung tritt neben der Sperrschicht-kapazität ein weiterer Speichermechanismus auf. Das Prinzip sie anhand des Bildes 2.13 erläutert. Es ist der Konzentrationsverlauf der Minoritätsträger im Bahngebiet dargestellt für die beiden Fälle, daß einmal die Durchlaßspannung U_f, das andere Mal die Durchlaß-spannung $U_f + \Delta U$ anliegt. Bei Erhöhung der Spannung um ΔU wird die Zahl der Minori-tätsträger im Bahngebiet um den schraffiert angedeuteten Betrag vergrößert. Das entspricht einer Ladungsspeicherung und damit einem kapazitiven Verhalten.

Nachdem die anschauliche Berechnung der Sperrschichtkapazität in einfacher Weise zu einem Erfolg geführt hat, kann man auch hier *versuchsweise* ein ähnliches Verfahren einführen.

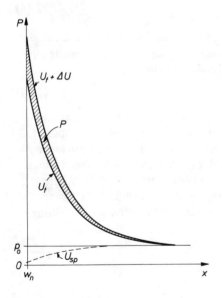

Bild 2.13
Zur anschaulichen Deutung der
Diffusionskapazität. U_f: Belastung
in Durchlaß-, U_{sp}: Belastung in
Sperrichtung

Die Minoritätsträgerkonzentration ist durch (2.28) und (2.31) als Funktion des Ortes gegeben. Integration über x führt auf die Gesamtzahl P der Defektelektronen pro Flächeneinheit, die sich zusätzlich im Bahngebiet befinden,

$$P = \int_{w_n}^{\infty} dx \, [p(x) - p_0] = p_0 L_p \left[\exp\left(\frac{qU}{kT}\right) - 1 \right].$$

Mit dieser spannungsabhängigen Ladung kann man eine Kapazität verknüpfen[1]) durch

$$c_D = \frac{dQ}{dU} = \frac{q^2}{kT} A L_p p_0 \exp\left(\frac{qU}{kT}\right) \quad (Versuch!).$$

Falsch! um Faktor $\frac{1}{2}$ siehe 2.55

Diese „Diffusionskapazität" hängt exponentiell von der Spannung ab, also in weit stärkerem Maße als die Sperrschichtkapazität c_s. Bei Belastung in Sperrichtung (U < 0) verschwindet c_D. Das ist plausibel, da in diesem Falle die Randkonzentration praktisch spannungsunabhängig nahezu gleich null ist (Bild 2.13), also bei Spannungsänderungen nicht mehr variiert.

Diese anschauliche Überlegung ist wieder durch eine strengere Rechnung zu überprüfen, welche von den in Abschnitt 1.7 zusammengestellten Gleichungen ausgeht. Es sei der Fall zugrunde gelegt, daß an einen p^+n-Gleichrichter mit langen Bahngebieten eine Gleichvorspannung und eine Wechselspannung geringer Amplitude angelegt wird (2.49). Dann können alle variablen Größen ebenfalls in einen zeitunabhängigen Anteil und in einen zeitabhängigen Anteil geringer Amplitude zerlegt werden,

$$J_p(t) = J_{p\parallel} + \mathrm{Re}\,(\sqrt{2}\,\vec{J}_p \exp(j\omega t));$$
$$p(t) = p_\parallel + \mathrm{Re}\,(\sqrt{2}\,\vec{p}\,\exp(j\omega t)). \tag{2.50}$$

Unter diesen Bedingungen sind die Strom- und Kontinuitätsgleichungen im Bahngebiet zu lösen. (1.48) und (1.57) vereinfachen sich nach dem Berechnungsverfahren des Abschnittes 2.2.3 unter Berücksichtigung von (1.38) zu

$$J_p = -\mu_p kT \frac{\partial p}{\partial x}; \qquad \frac{\partial p}{\partial t} = -\frac{1}{q}\frac{\partial J_p}{\partial x} - \frac{p - p_0}{\tau_p}. \tag{2.51}$$

Diese partiellen Differentialgleichungen lassen sich leicht nach Einführung der Ansätze (2.50) lösen. Durch Aufspalten jeder Gleichung in einen zeitunabhängigen und einen zeitabhängigen Anteil erhält man die beiden unabhängigen Gleichungssysteme

$$J_{p\parallel} = -\mu_p kT \frac{\partial p_\parallel}{\partial x} \qquad\qquad \vec{J}_p = -\mu_p kT \frac{\partial \vec{p}}{\partial x}$$

$$0 = -\frac{1}{q}\frac{\partial J_{p\parallel}}{\partial x} - (p_\parallel - p_0)\frac{1}{\tau_p} \qquad 0 = -\frac{1}{q}\frac{\partial \vec{J}_p}{\partial x} - \vec{p}\left(\frac{1}{\tau_p} + j\omega\right).$$

---

[1]) Hierbei wendet man den Kapazitätsbegriff allerdings sehr großzügig an: tatsächlich tritt keine Ladungsänderung auf, da wegen der Quasineutralität die Defektelektronen durch Majoritätsträger kompensiert werden; demzufolge kann es auch an keiner Stelle eine Ladungsänderung entgegengesetzten Vorzeichens geben. Hier handelt es sich nicht um einen Verschiebungsstrom, sondern um einen Partikelstrom, der wegen der Phasenverschiebung kapazitiven Charakter annimmt.

Die Berechnung des links stehenden zeitunabhängigen Gleichungssystems wurde bereits in Abschnitt 2.2.3 durchgeführt (vgl. (2.35)), es ergab sich (2.39) mit (2.31).

Man sieht, daß das zeitunabhängige Gleichungssystem formal in das zeitabhängige übergeht, wenn man

$$p_\parallel(x) - p_0 \to \vec{p}; \quad J_{p\parallel} \to \vec{J}_p; \quad \frac{1}{\tau_p} \to \frac{1}{\tau_p}(1 + j\omega\tau_p)$$

setzt.[1] Führt man diese Substitution in die auf lange Bahngebiete spezialisierte Gleichung (2.39) ein, kann man die Lösung für die zeitabhängige Stromdichte bei Berücksichtigung von (2.26) sofort hinschreiben:

$$\vec{J}_p(w_n) = q\sqrt{\frac{D_p}{\tau_p}}\sqrt{1 + j\omega\tau_p}\,\vec{p}(w_n).$$

Es ist lediglich noch $\vec{p}(w_n)$ zu berechnen, aus (2.31) folgt mit (2.49) und (2.50)

$$p(w_n) = p_0 \exp\left(\frac{qU_\parallel}{kT} + \mathrm{Re}\left(\sqrt{2}\,\frac{q\vec{U}}{kT}\exp(j\omega t)\right)\right).$$

Da hier der Exponentialfaktor nochmals im Exponenten auftritt, ergibt sich zunächst kein reiner Sinusverlauf, in dieser Darstellung sind Oberschwingungen enthalten. Wenn jedoch die Wechselamplitude hinreichend klein ist,

$$\frac{q\hat{U}}{kT} \ll 1,$$

kann man die Entwicklung der Exponentialfunktion nach dem linearen Glied abbrechen und erhält

$$p(w_n) = p_0 \exp\left(\frac{qU_\parallel}{kT}\right)\left[1 + \mathrm{Re}\left(\sqrt{2}\,\frac{q\vec{U}}{kT}\exp(j\omega t)\right)\right],$$

also

$$\vec{p}(w_n) = p_0 \frac{q\vec{U}}{kT}\exp\left(\frac{qU_\parallel}{kT}\right).$$

Damit ergibt sich für die Stromdichte

$$\vec{J}_p(0) = \vec{J}_p(w_n) = q\sqrt{\frac{D_p}{\tau_p}}\sqrt{1 + j\omega\tau_p}\,p_0\exp\left(\frac{qU_\parallel}{kT}\right)\frac{q\vec{U}}{kT}. \tag{2.52}$$

Um aus dieser Gleichung auf differentielle Kapazität c_D und differentiellen Widerstand r schließen zu können, geht man von der für eine Parallelschaltung gültigen Beziehung

$$\vec{I} = \left(\frac{1}{r} + j\omega c_D\right)\vec{U} \tag{2.53}$$

---

[1] Man überzeuge sich davon, daß dies nicht nur für das Gleichungssystem, sondern auch für die Randbedingungen gilt.

aus. Multipliziert man (2.52) mit der Gleichrichterfläche A, liefert der Vergleich mit (2.53) den Zusammenhang

$$\frac{1}{r} + j\omega c_D = \frac{q^2}{kT} A \frac{D_p}{L_p} \sqrt{1 + j\omega\tau_p}\, p_0 \exp\left(\frac{qU_\parallel}{kT}\right) . \tag{2.54}$$

Im Prinzip kann man die rechte Seite zwar allgemein in Real- und Imaginärteil zerlegen, im folgenden sollen jedoch nur zwei einfache Grenzfälle untersucht werden.

1. $\omega\tau_p \ll 1$

In diesem Fall niedriger Frequenzen wird

$$\left.\begin{aligned}\frac{1}{r} &= \frac{q^2}{kT} A \frac{D_p}{L_p} p_0 \exp\left(\frac{qU_\parallel}{kT}\right) \qquad \neq f(\omega) \\[2mm] \omega c_D &= \frac{1}{2} \frac{q^2}{kT} A L_p\, p_0 \exp\left(\frac{qU_\parallel}{kT}\right) \omega \end{aligned}\right\} \tag{2.55}$$

[handschriftlich: mit $L_p^2 = D_p \tau_p$]

Der differentielle Widerstand hat denjenigen Wert, der sich durch Differenzieren der Gleichstromkennlinie [(2.39) für lange Bahngebiete] ergibt,

$$\frac{1}{r} = A \frac{dJ}{dU} .$$

Die Kapazität unterscheidet sich dagegen durch den Faktor $1/2$ von dem aus der Anschauung berechneten Wert. Damit sei zugleich die Warnung ausgesprochen, sich auf eine anschauliche Betrachtung allein zu verlassen, zumal – wie ein Vergleich mit (2.56) zeigt – auch die Frequenzabhängigkeit der Kapazität nicht erfaßt wurde.

2. $\omega\tau_p \gg 1$

In diesem Grenzfall hoher Frequenzen erhält man

$$\frac{1}{r} + j\omega c_D = \frac{q^2}{kT} A \sqrt{D_p\,\omega}\, p_0 \exp\left(\frac{qU_\parallel}{kT}\right) \frac{1+j}{\sqrt{2}} . \tag{2.56}$$

Die Lebensdauer ist aus dieser Gleichung verschwunden, Kapazität und Widerstand sind sowohl frequenz- als auch spannungsabhängig.

2.3.3 Kapazitätsdioden

Ein Bauelement, welches die spannungsabhängige Sperrschichtkapazität eines pn-Überganges ausnutzt, ist die Kapazitätsdiode (Varactor). Es hatte sich gezeigt (Abschnitt 2.3.1), daß ein in Sperrichtung belasteter pn-Übergang für eine Wechselspannung geringer Amplitude eine Kapazität darstellt, deren Wert von der Gleichvorspannung abhängt (2.47). Die Größe der Kapazität kann durch einen Parameter, die Gleichvorspannung, gesteuert werden; man spricht daher von parametrischen Dioden. Solche spannungsabhängigen Kapazitäten werden z.B. in parametrischen Verstärkern (s. Band II) oder zur automatischen Abstimmung von Schwingkreisen verwendet.

Man möchte bei einer vorgegebenen Spannungsänderung eine möglichst große Kapazitätsänderung erzielen. Bisher wurde lediglich der Fall konstanter Störstellenkonzentration auf jeder Seite des pn-Überganges behandelt (abrupter pn-Übergang). An dieser Stelle taucht nun die Frage auf, ob man durch eine geeignete ortsabhängige Störstellenverteilung eine stärkere Spannungsabhängigkeit der Kapazität als die durch (2.47) gegebene erzielen kann[1]. Im folgenden sei untersucht, wie für den allgemeinen Fall einer ortsabhängigen Störstellenkonzentration (Bild 2.14) eine Aussage über die Spannungsabhängigkeit der Sperrschichtkapazität gewonnen werden kann. Zugleich mag dies als Beispiel für die Übertragung der im vorangegangenen verwendeten Näherungsmethoden auf kompliziertere Fälle dienen.

Die folgenden Überlegungen schließen sich eng an die Sperrschichtberechnung des abrupten pn-Überganges an, insbesondere werden dieselben Näherungen zugrunde gelegt. Darüber hinaus sei die Diskussion auf den Spezialfall beschränkt, daß die angelegte Sperrspannung U_{sp} groß gegenüber der Diffusionsspannung U_D ist.[2]

Man hat wieder von der Poissongleichung (1.59) auszugehen, die mit der in Bild 2.14 skizzierten Störstellenverteilung in der Form

$$\frac{d^2 W_L}{dx^2} = \frac{q^2}{\epsilon} N(x)$$

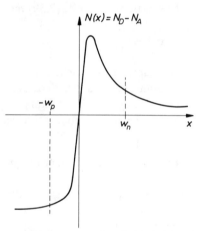

Bild 2.14
Ortsabhängige Störstellenverteilung in einem
pn-Übergang. Der Nullpunkt der Ortskoordinate
wird durch $N(0) = 0$ festgelegt

geschrieben werden kann. Die Feldstärke an den Sperrschichträndern $x = -w_p$ und $x = w_n$ ist klein gegenüber der Feldstärke in der Raumladungszone. Sie wird näherungsweise null gesetzt. Damit gilt am linken Sperrschichtrand

$$\frac{dW_L(-w_p)}{dx} = 0 \, ,$$

---

[1] Weiter besteht die praktisch sehr wichtige Möglichkeit, durch eine geeignet gewählte Geometrie eine stärkere Spannungsabhängigkeit zu erreichen; da Überlegungen dieser Art jedoch über das hier behandelte eindimensionale Modell hinausgehen, soll darauf nicht näher eingegangen werden.

[2] Man kann diese Bedingung fallenlassen, wenn man als Randbedingung an den Sperrschichträndern Stetigkeit von Potential und Feldstärke einführt. Dies wirkt sich lediglich in einer geringfügigen Änderung von w_n und w_p aus, Gleichung (2.60) bleibt nach wie vor gültig.

so daß einmalige Integration der Poissongleichung

$$\frac{dW_L(x)}{dx} = \frac{q^2}{\epsilon} \int\limits_{-w_p}^{x} N(\xi)\, d\xi$$

liefert. Wegen der Randbedingung bei $x = w_n$ ergibt sich zusätzlich

$$0 = \int\limits_{-w_p}^{w_n} N(\xi)\, d\xi \ . \tag{2.57}$$

Nochmalige Integration führt auf

$$W_L(x) - W_L(-w_p) = \frac{q^2}{\epsilon} \int\limits_{-w_p}^{x} d\eta \int\limits_{-w_p}^{\eta} N(\xi)\, d\xi \ .$$

Wendet man diese Gleichung auf den rechten Sperrschichtrand an, kann man das Doppelintegral durch partielle Integration unter Berücksichtigung von (2.57) auf ein Einfachintegral zurückführen und erhält

$$W_L(-w_p) - W_L(w_n) = \frac{q^2}{\epsilon} \int\limits_{-w_p}^{w_n} d\eta \, \eta \, N(\eta) \approx q\, U_{sp} \ . \tag{2.58}$$

Aus (2.57) und (2.58) lassen sich bei gegebener Dotierung prinzipiell die Sperrschichtgrenzen w_p und w_n als Funktion der angelegten Spannung U_{sp} berechnen. Um aus diesen Werten die Sperrschichtkapazität c_s zu ermitteln, wird zunächst die in der Sperrschicht vorhandene Ladung eines Vorzeichens hingeschrieben,

$$Q = q\, A \int\limits_{0}^{w_n} N(\eta)\, d\eta \ . \tag{2.59}$$

Damit nimmt die differentielle Sperrschichtkapazität die Form

$$c_s = \frac{dQ}{dU_{sp}} = \frac{dQ/dw_n}{dU_{sp}/dw_n}$$

an. Wegen

$$\frac{dQ}{dw_n} = q\, A\, N(w_n)$$

und der aus (2.58) folgenden Beziehung

$$\frac{dU_{sp}}{dw_n} = \frac{q}{\epsilon} \left[w_n\, N(w_n) - w_p\, N(-w_p) \frac{dw_p}{dw_n} \right]$$

ergibt sich mit dem aus (2.57) gewonnenen Zusammenhang

$$N(w_n)\,dw_n + N(-w_p)\,dw_p = 0$$

für die Sperrschichtkapazität

$$c_s = \frac{\epsilon\,A}{w_p + w_n}\,, \tag{2.60}$$

also wieder die Kapazitätsformel eines „Plattenkondensators", (2.48). Das war anschaulich aufgrund des Bildes 2.14 auch zu erwarten.

Bei gegebenem Störstellenverlauf kann man mit Hilfe der Gleichungen (2.57), (2.58) und (2.60) die Spannungsabhängigkeit der Sperrschichtkapazität berechnen.

2.3.4 Schaltverhalten

Neben dem Wechselstromverhalten interessieren auch die Schalteigenschaften von Gleichrichtern. Wird beispielsweise ein pn-Übergang vom Durchlaß- in den Sperrbereich geschaltet, müssen erst die in den Bahngebieten gespeicherten Minoritätsladungsträger abfließen, bevor der stationäre Sperrzustand erreicht ist (vgl. ausgezogene und gestrichelte Kurve des Bildes 2.13). Die hierdurch verursachten Trägheitseffekte werden nicht nur durch die physikalischen Vorgänge im Inneren des Gleichrichters, sondern auch durch die Schaltungselemente im äußeren Stromkreis bestimmt. Könnte man beispielsweise die Spannung über der Sperrschicht sprunghaft von U_f auf U_{sp} ändern (Bild 2.13), würde damit sprunghaft die Randkonzentration auf null abgesenkt, so daß im ersten Augenblick der Konzentrationsgradient am Sperrschichtrand und damit der Strom in Sperrichtung beliebig groß sein würde. Tatsächlich wird in einem solchen Fall der Strom durch den Spannungsabfall am Widerstand des Bahngebietes („Bahnwiderstand") bestimmt, der Spannungsabfall an der Sperrschicht ändert sich nicht sprunghaft.

Man kann im Prinzip das Schaltverhalten aus dem physikalischen Modell berechnen, indem man die zeitabhängigen Ausgangsgleichungen des Abschnittes 1.7 unter Berücksichtigung der in Abschnitt 2.2 eingeführten Näherungen integriert. Das ist jedoch für praktische Anwendungen ein viel zu aufwendiges Verfahren. Man führt daher Näherungslösungen ein, welche die (zeitabhängigen) Zusammenhänge zwischen Strömen und Spannungen in so einfacher Form beschreiben, daß man die zugehörigen mathematischen Gleichungen für Schaltungsanwendungen durch ein Ersatzschaltbild darstellen kann. Damit werden die einzelnen physikalischen Effekte zwar qualitativ, aber nicht quantitativ richtig wiedergegeben. Die hierdurch entstehenden Ungenauigkeiten muß man zugunsten der einfacheren Handhabung in Kauf nehmen[1]. Als Beispiel für die Anwendung dieses Verfahrens soll untersucht werden, wie die Speicherung der Minoritätsladungsträger im Bahngebiet in einem Ersatzschaltbild für die Schaltdiode berücksichtigt werden kann.

---

[1]) Häufig geht man in praktischen Fällen so vor, daß man die *Struktur* des Ersatzschaltbildes vom physikalischen Modell her bestimmt, die *Größen* der einzelnen Elemente des Ersatzschaltbildes jedoch empirisch ermittelt.

Legt man einen p^+n-Übergang mit langen Bahngebieten zugrunde, so gelten mit den in den vorangegangenen Abschnitten eingeführten Voraussetzungen nach wie vor die Gleichungen (2.51). Einsetzen der ersten in die zweite Gleichung führt auf

$$\frac{\partial p}{\partial t} = D_p \frac{\partial^2 p}{\partial x^2} - \frac{p - p_0}{\tau_p} \,. \tag{2.61}$$

Zur Beschreibung des Schaltverhaltens sei angenommen, daß für $t < 0$ ein stationärer Zustand vorliegt. Kennzeichnet $J^- = J_p(w_n)$ die hierbei auftretende Stromdichte, so ist der Konzentrationsverlauf nach (2.28) und (2.29) durch

$$p(x, 0) - p_0 = \frac{J^-}{q} \sqrt{\frac{\tau_p}{D_p}} \exp\left(-\frac{x - w_n}{L_p}\right) \tag{2.62a}$$

gegeben. Prägt man für $t > 0$ dem Gleichrichter eine beliebige Stromdichte $J(t)$ auf, ist nach der ersten Gleichung (2.51) der Gradient an der Stelle w_n als Randbedingung festgelegt,

$$J(t) = -qD_p \frac{\partial p(x, t)}{\partial x}\bigg|_{w_n} . \tag{2.62b}$$

Als zweite Randbedingung wird wegen der langen Bahngebiete

$$p(\infty, t) = p_0$$

verlangt.

Um (2.61) unter diesen Anfangs- und Randbedingungen zu lösen, führt man die Laplacetransformierte (siehe z.B. [14], [18] bis [22])

$$\mathcal{L}(p) = \int\limits_0^\infty dt \, e^{-st} [p(x, t) - p_0] \equiv P(x, s)$$

ein, wodurch die gewöhnliche Differentialgleichung

$$-\frac{1}{D_p} [p(x, 0) - p_0] = \frac{d^2 P}{dx^2} - \frac{P}{l^2}, \quad \frac{1}{l^2} = \frac{1}{D_p} \left(s + \frac{1}{\tau_p}\right) \tag{2.63}$$

entsteht. Mit den Randbedingungen für die Bildfunktion

$$P(x, s)\big|_{w_n} = P(w_n, s) \quad \text{und} \quad P(x \to \infty, s) = 0$$

kann man die Lösung in der Form [78]

$$P(x, s) = \frac{l}{D_p} \sinh\left(\frac{x - w_n}{l}\right) \int\limits_{w_n}^\infty d\xi \, [p(\xi, 0) - p_0] \exp\left(-\frac{\xi - w_n}{l}\right)$$

$$+ P(w_n, s) \exp\left(-\frac{x - w_n}{l}\right) - \frac{l}{D_p} \int\limits_{w_n}^x d\xi \, [p(\xi, 0) - p_0) \sinh\left(\frac{x - \xi}{l}\right)$$

schreiben. Um die Laplacetransformierte der Stromdichte (2.62b)

$$\mathcal{L}(J) = -qD_p \left. \frac{\partial P(x, s)}{\partial x} \right|_{w_n}$$

zu bestimmen, muß man $P(x, s)$ nach x ableiten. Setzt man dabei die Anfangskonzentration nach (2.62a) ein, ergibt sich

$$\mathcal{L}(J) = -\sqrt{\frac{\tau_p}{D_p}} \frac{J^-}{\frac{1}{L_p} + \frac{1}{l}} + \frac{qD_p P(w_n, s)}{l}.$$

Diese Beziehung gibt im Bildbereich den Zusammenhang zwischen Stromdichte und Randkonzentration bzw. nach (2.31) zwischen Stromdichte und Spannung an. Löst man diese Gleichung nach $P(w_n, s)$ auf und führt die Rücktransformation unter Berücksichtigung von (2.26) und (2.63) aus, so kann man für die Löcherkonzentration am Sperrschichtrand

$$q \sqrt{\frac{D_p}{\tau_p}} [p(w_n, t) - p_0] = \frac{1}{\sqrt{\pi \tau_p}} \int_0^t \frac{dt'}{\sqrt{t'}} \exp\left(-\frac{t'}{\tau_p}\right) J(t - t') \left. \atop \right\}$$

$$\left. + \frac{J^-}{\sqrt{\pi \tau_p}} \int_t^\infty \frac{dt'}{\sqrt{t'}} \exp\left(-\frac{t'}{\tau_p}\right) \right\} \quad (2.64)$$

schreiben. Ist $U_{g1}(t)$ die über der Sperrschicht abfallende Spannung, so gibt (2.64) unter Berücksichtigung von (2.31),

$$p(w_n, t) = p_0 \exp\left(\frac{qU_{g1}}{kT}\right),$$

einen Zusammenhang zwischen der aufgeprägten Stromdichte $J(t)$ und $U_{g1}(t)$ an. Führt man analog zu (2.34) die Strom-Spannungsbeziehung

$$J_{g1}(t) = J_0 \left[\exp\left(\frac{qU_{g1}(t)}{kT}\right) - 1\right], \quad J_0 = q \sqrt{\frac{D_p}{\tau_p}} p_0 \quad (2.65)$$

ein, dann steht auf der linken Seite von (2.64) die Stromdichte $J_{g1}(t)$. Sie charakterisiert anschaulich diejenige Stromdichte, welche im *stationären* Fall fließen würde, wenn der Spannungsabfall über der Sperrschicht gerade den Wert $U_{g1}(t)$ hätte. Man erkennt weiter, daß man in einem Ersatzschaltbild für das Schaltverhalten eines Halbleitergleichrichters neben der Diode mit der Kennlinie (2.65) (vgl. Bild 2.8) noch weitere Elemente benötigt, die im folgenden zu bestimmen sind.

Bis zu diesem Punkt verlief die Rechnung noch exakt. Die einzuführende Approximation besteht nun darin, daß auf der rechten Seite von (2.64) in den beiden Integralen die Wurzel im Nenner näherungsweise durch eine Konstante ζ ersetzt wird, deren Wert nachträglich zu bestimmen ist.

Damit geht (2.64) in

$$
J_{gl}(t) = \frac{1}{\zeta \sqrt{\pi \tau_p}} \int\limits_0^t dt' \exp\left(-\frac{t'}{\tau_p}\right) J(t - t') + \frac{J^-}{\zeta} \sqrt{\frac{\tau_p}{\pi}} \exp\left(-\frac{t}{\tau_p}\right)
$$

über. Das Integral kann man eliminieren, indem man zunächst zur Integrationsvariablen $t'' = t - t'$ übergeht und anschließend die Gleichung nach t differenziert. Dies führt auf

$$
\frac{dJ_{gl}(t)}{dt} = -\frac{1}{\tau_p} J_{gl}(t) + \frac{J(t)}{\zeta \sqrt{\pi \tau_p}} \, .
$$

Zur Festlegung der noch offen gebliebenen Konstanten ζ geht man von der Überlegung aus, daß der stationäre Zustand richtig wiedergegeben werden muß: im stationären Fall muß die aufgeprägte Stromdichte J gleich der Stromdichte J_{gl} sein, also $\zeta = \sqrt{\tau_p / \pi}$. Mit dieser Festlegung gilt im Rahmen der eingeführten Näherungen

$$
J(t) = J_{gl}(t) + \tau_p \frac{dJ_{gl}(t)}{dt} \, . \tag{2.66}
$$

Diese Gleichung ist ihrem Aufbau nach in Bild 2.15a durch eine Ersatzschaltung dargestellt, wobei das Gleichrichtersymbol den Zusammenhang (2.65) zwischen I_{gl} und U_{gl} beschreibt; lediglich die Lebensdauer τ_p wurde durch eine allgemeine Zeitkonstante τ ersetzt, welche gegebenenfalls empirisch zu bestimmen ist.[1] Dieser Term kennzeichnet den Einfluß der Diffusionskapazität.

Um eine Vorstellung von dem durch die Näherung entstandenen Fehler zu vermitteln, sei als Beispiel ein Einschaltvorgang behandelt, bei welchem ausgehend vom stromlosen Zustand $J^- = 0$ eine konstante Stromdichte J = const für $t > 0$ aufgeprägt wird. Bild 2.15b zeigt die Spannung als Funktion der Zeit, und zwar einmal die exakte Lösung nach (2.64) mit (2.65), und zum andern die Näherung (2.66).

Für den technischen Gleichrichter ist die Ersatzschaltung des Bildes 2.15a zu ergänzen, indem weitere physikalische Effekte berücksichtigt werden (Bild 2.15c).

Die Kapazität C_s kennzeichnet die Sperrschichtkapazität nach (2.47).[2] In dem Widerstand R_b sind Zuleitungs- und bei langen Bahngebieten auch Bahnwiderstände enthalten.

Die Ladungen, welche eine Umladung der Sperrschichtkapazität bewirken, müssen jedoch als Majoritätsträgerstrom und damit als Feldstrom zugeführt werden. Das bedeutet einen Spannungsabfall am Bahnwiderstand innerhalb der Diffusionslänge, welcher durch R_b' berücksichtigt wird.

Die Änderung in der Ladung der gespeicherten Minoritätsträger wird zwar durch einen Minoritätsträgerstrom durch die Sperrschicht bedingt, verursacht also keinen Span-

---

[1] Durch die Wahl dieser Zeitkonstanten kann man für konkrete Schaltvorgänge nicht nur die bei der explizite eingeführten Näherung entstandenen Fehler teilweise kompensieren, sondern z.B. auch den Einfluß endlich langer Bahngebiete berücksichtigen.

[2] Im einfachsten Fall kann man auch hier wieder eine Näherung einführen, indem man die Spannungsabhängigkeit von U_{gl} durch einen geeignet gewählten Mittelwert ersetzt.

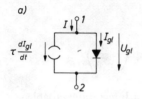

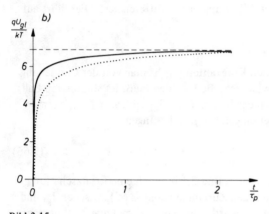

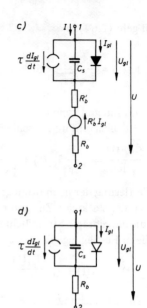

Bild 2.15
Ersatzschaltbild für Schaltdiode
a) Gleichrichtung und Ladungsspeicherung im Bahngebiet
b) Spannungsverlauf bei Aufprägen eines Stromsprunges
    − − − − − Grenzwert für t → ∞
    ———— exakt nach (2.64) und (2.65)
    . . . . . . Näherung nach (2.66)
c) vollständiges Ersatzschaltbild
d) vereinfachtes Ersatzschaltbild

nungsabfall an einem Bahnwiderstand; jedoch muß wegen der Quasineutralität des Bahngebietes auch dieselbe Änderung in der Konzentration der Majoritätsträger erfolgen. Diese
fließen als Feldstrom, verursachen also einen Spannungsabfall, der ebenfalls in R_b' enthalten ist.

Der Strom I_{gl} durch den Gleichrichter fließt in dem hier behandelten Modell innerhalb der Diffusionslänge als reiner Diffusionsstrom. Das bedeutet, daß er in diesem Bereich
keinen Spannungsabfall hervorruft: Der Spannungsabfall des Gleichrichterstromes I_{gl} an
R_b' wird durch die gesteuerte Spannungsquelle $R_b' I_{gl}$ wieder aufgehoben.

Damit ergibt sich die in Bild 2.15c dargestellte Ersatzschaltung [23]. Häufig ist es
ausreichend, die vereinfachte Schaltung des Bildes 2.15d zu verwenden; hier kennzeichnet
das Gleichrichtersymbol einen „idealen" Gleichrichter ($I_{gl} = 0$ für $U_{gl} \leqslant 0$ und $U_{gl} = 0$
für $I_{gl} \geqslant 0$).

Als Beispiel soll das Schaltverhalten vom Durchlaß- in den Sperrbereich untersucht
werden. Die Spannungsquelle in Bild 2.16a möge für $t < 0$ den konstanten Wert $U_B = U_{Bf}$
liefern, so daß ein konstanter Strom $I = I_f$ in der Anordnung fließt. Bei $t = 0$ wird auf

die konstante Spannung $U_B = -U_{Bsp}$ umgeschaltet. Der technische Gleichrichter ist zwischen den Klemmen 1 und 2 durch die vereinfachte Ersatzschaltung des Bildes 2.15d zu ersetzen. Für $t \geqslant 0$ sind die zeitlichen Verläufe $U(t)$ und $I(t) = -I_{sp}(t)$ zu bestimmen. Dazu ist zunächst festzulegen, wie man bei der Berechnung von Schaltungen mit idealen Gleichrichtern prinzipiell vorzugehen hat.

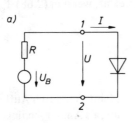

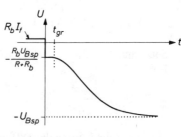

Bild 2.16
Verhalten einer Diode beim Schalten vom
Durchlaß- in den Sperrbereich
a) Schaltung
b) zeitlicher Verlauf von Strom und Spannung

Als erstes ist zu untersuchen, in welchem Zustand sich der Gleichrichter befindet: „Gleichrichter schließt kurz" ($U_{g1} = 0$) oder „Gleichrichter sperrt" ($I_{g1} = 0$). Da sich der Strom I_{g1} nach (2.66) beim Schaltvorgang nicht sprunghaft ändern kann, muß als Anfangsbedingung die Stetigkeit von I_{g1} verlangt werden, $I_{g1}(0) = I_f$. Damit bleibt der Gleichrichter zunächst kurzgeschlossen, $U_{g1} = 0$. Dieser Zeitbereich wird als erstes untersucht.

1. $U_{g1} = 0$, solange $I_{g1} \geqslant 0$.
   In diesem Zeitabschnitt ist C_s wirkungslos, so daß man aus dem Ersatzschaltbild die Gleichungen

$$-U_{Bsp} = (R + R_b)\, I, \qquad I = I_{g1} + \tau \frac{dI_{g1}}{dt} \tag{2.67}$$

abliest. Die Integration liefert unter Berücksichtigung der Anfangsbedingung

$$I_{g1}(t) = -\frac{U_{Bsp}}{R + R_b} + \left[I_f + \frac{U_{Bsp}}{R + R_b} \right] \exp\left(-\frac{t}{\tau} \right). \tag{2.68}$$

Aus der ersten Gleichung (2.67) sieht man sofort, daß in diesem Zeitabschnitt ein konstanter Rückstrom fließt,

$$I = -\frac{U_{Bsp}}{R + R_b} = -I_{sp} .$$

Der Spannungsabfall U über der Gleichrichteranordnung ergibt sich einfach durch den Spannungsteiler:

$$U = - \frac{R_b}{R + R_b} U_{Bsp} \; .$$

Die Grenze t_{gr} dieses ersten Abschnittes ist erreicht, wenn in (2.68) $I_{gl}(t_{gr}) = 0$ wird:

$$t_{gr} = \tau \ln \left(1 + \frac{I_f}{I_{sp}} \right) .$$

2. $I_{gl} = 0$ für $t > t_{gr}$.

In diesem Zeitbereich sperrt der Gleichrichter, es baut sich durch Aufladung der Kapazität C_s von null beginnend eine Spannung U_{gl} auf; als Anfangsbedingung ist $U_{gl}(t_{gr}) = 0$ zu setzen. Das Ersatzschaltbild liefert nun die Gleichungen

$$- U_{Bsp} = (R + R_b) I - U_{sp}, \quad I = - C_s(U_{sp}) \frac{dU_{sp}}{dt}, \quad U_{sp} = - U_{gl} \; . \tag{2.69}$$

Setzt man hier für C_s nach (2.47) bei Vernachlässigung der Diffusionsspannung die Form

$$C_s(U_{sp}) = \frac{K}{\sqrt{U_{sp}}}$$

ein, lautet die Lösung der Differentialgleichung

$$U_{Bsp} = (R + R_b) \frac{K}{\sqrt{U_{sp}}} \frac{dU_{sp}}{dt} + U_{sp}$$

unter Berücksichtigung der Anfangsbedingung [78]

$$U_{sp}(t) = U_{Bsp} \tanh^2 \left(\frac{t - t_{gr}}{\tau_0} \right) , \quad \tau_0 = 2 (R + R_b) C_s(U_{Bsp}) \; .$$

Da sich für den Strom nach der ersten Gleichung (2.69) der Wert

$$I = - \frac{U_{Bsp}}{R + R_b} \left[1 - \tanh^2 \left(\frac{t - t_{gr}}{\tau_0} \right) \right]$$

ergibt, gilt für den Spannungsabfall U über der Gleichrichteranordnung

$$U(t) = - \frac{U_{Bsp}}{R + R_b} \left[R_b + R \tanh^2 \left(\frac{t - t_{gr}}{\tau_0} \right) \right] \; .$$

Damit erhält man für den zeitlichen Verlauf von Strom und Spannung für diesen Schaltvorgang die in Bild 2.16b skizzierten Kurven. Man sieht, daß unmittelbar nach dem Umschalten erhebliche Ströme in Sperrichtung fließen können. Der Gleichrichter gewinnt seine Sperrfähigkeit erst nach einiger Zeit, wenn nämlich die in den Bahngebieten gespeicherten Ladungsträger abgeflossen sind. Dieser unerwünschte Effekt tritt natürlich auch bei Belastung mit einer sinusförmigen Wechselspannung auf.

Während sich die Ladungsträgerspeicherung bei Schaltvorgängen und Gleichrichtung störend auswirkt, nutzt man sie bei Speicherdioden technisch aus. Solche Speicherdioden sind geeignet dimensionierte pn-Strukturen, auf deren Aufbau im einzelnen nicht näher eingegangen werden soll. Man kann ihr Verhalten in elektronischen Kreisen hinreichend genau durch die in Bild 2.15d gezeigte Ersatzschaltung beschreiben. Sie werden beispielsweise zur Frequenzvervielfachung und zur Impulserzeugung und -regeneration verwendet.

2.4 Durchbruchsmechanismen

In den vorangegangenen Abschnitten wurde das Verhalten eines pn-Überganges nur außerhalb des Durchbruchsbereichs (vgl. Bild 2.1b) diskutiert. Bei hinreichend hoher Belastung in Sperrichtung treten weitere Effekte auf, welche die Sperrfähigkeit eines Gleichrichters begrenzen. In diesem Kapitel sollen die drei wichtigsten Mechanismen erläutert werden.

2.4.1 Ladungsträgermultiplikation

Bei sehr hoch dotierten pn-Übergängen, also in dünnen Sperrschichten, wird die Sperrfähigkeit durch den quantenmechanischen Tunneleffekt begrenzt; in schwach dotierten Übergängen, also in dicken Sperrschichten, durch das Einsetzen von Ladungsträgermultiplikation. In diesem Abschnitt soll der letztere Effekt zunächst qualitativ-anschaulich diskutiert und anschließend für die ingenieurmäßige Behandlung mathematisch formuliert werden.

Bild 2.17 zeigt das Bändermodell eines stark in Sperrichtung belasteten pn-Überganges. Die Elektronen des Defekthalbleiters bewegen sich auf die Sperrschicht zu, sie gewinnen im elektrischen Feld der Sperrschicht kinetische Energie (diese entspricht dem

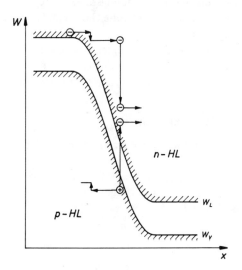

Bild 2.17
Zum Mechanismus der Ladungsträgermultiplikation, stark schematisierte Darstellung

Abstand des Elektrons von der Bandkante, vgl. Bild 1.7a). Im Energiediagramm bleibt die Gesamtenergie des Elektrons bei diesem Vorgang konstant (horizontale Pfeile). Außerdem können die Elektronen aber durch Anregung von Gitterschwingungen Energie an das Kristallgitter abgeben (Joulesche Wärme, kurzer senkrechter Pfeil); die Energie, die ein Elektron bei einem solchen Stoß an das Gitter abgeben kann, liegt in der Größenordnung von kT. Bei sehr hohen Feldstärken gewinnt nun ein Elektron zwischen zwei Stößen im elektrischen Feld mehr Energie als es bei dem nachfolgenden Stoß abgeben kann, so daß schließlich seine kinetische Energie merklich größer wird als der Bandabstand. Dann reicht diese Energie aus, ein Elektron (des Valenzbandes) aus einer Bindung herauszuschlagen und ins Leitungsband anzuheben (langer senkrechter Pfeil); der Gitterbaustein wird durch Elektronenstoß ionisiert („Stoßionisation"). Das neu entstandene Elektron-Loch-Paar kann seinerseits nach demselben Mechanismus wieder Stoßionisation hervorrufen, so daß sich eine Ladungsträgerlawine und damit ein entsprechend hoher Stromfluß ausbildet („Lawinendurchbruch"). Die vom Überschußhalbleiter in die Sperrschicht hineinlaufenden Defektelektronen tragen nach demselben Mechanismus zur Ladungsträgererzeugung bei.

Zur phänomenologischen mathematischen Beschreibung dieses Effektes führt man Ionisierungsraten $\widetilde{A}_n(E)$ und $\widetilde{A}_p(E)$ ein, die folgendermaßen definiert werden: $\widetilde{A}_n(E)\,dx$ ist die Zahl derjenigen Elektron-Loch-Paare, die ein Elektron erzeugt, wenn es den Weg dx entgegen der Richtung des Feldes E zurücklegt. Entsprechend ist $\widetilde{A}_p(E)\,dx$ die Zahl der Elektron-Loch-Paare, die ein Defektelektron erzeugt, wenn es den Weg dx in Feldrichtung durchläuft. Es ist plausibel, daß diese Ionisierungsraten primär als Funktionen der Feldstärke (d.h. der Neigung des Bändermodells) angesetzt werden und nicht als Funktionen der Spannung; denn an einer bestimmten Stelle im pn-Übergang, an welcher Multiplikation stattfindet, ist nur die Feldstärke in diesem Bereich, nicht aber der Spannungsabfall über der gesamten Sperrschicht maßgebend. Eine Berechnung dieser Funktionen würde hier zu weit führen, es werden später lediglich empirische Formeln angegeben.

Wie sind diese Ionisierungsraten in das System der in Abschnitt 1.7 aufgestellten Ausgangsgleichungen einzubauen? Da durch diese Vorgänge neue Ladungsträgerpaare entstehen, handelt es sich um einen Generationsprozeß, der in der Größe G der Kontinuitätsgleichungen (1.56) und (1.57) zu berücksichtigen ist.

G ist allgemein die Zahl der pro Zeit- und Volumeneinheit erzeugten beweglichen Träger. Nun ist im vorliegenden Fall $\widetilde{A}_n\,dx$ die Zahl der Paare, die ein Elektron auf der Strecke dx erzeugt. Führt man statt des Weges dx die Zeit dt ein, in welcher diese Strecke zurückgelegt wird, ergibt sich wegen

$$dx = |\bar{v}_n|\,dt \quad (\bar{v}_n = \text{mittlere Geschwindigkeit der Elektronen})$$

für die Zahl der pro Zeit- und Volumeneinheit von allen Elektronen erzeugten Paare der Wert

$$\widetilde{A}_n \cdot |\bar{v}_n| \cdot n\,.$$

Nach Einführung der Elektronenstromdichte (vgl. (1.39))

$$|J_n| = q \cdot |\bar{v}_n| \cdot n$$

erhält man

$$\frac{1}{q} \widetilde{A}_n |J_n| .$$

Ein analoger Term kommt durch die von den Defektelektronen erzeugten Paare hinzu, so daß

$$G = \frac{1}{q} (\widetilde{A}_n |J_n| + \widetilde{A}_p |J_p|)$$

wird. Im folgenden seien vereinfachend die Ionisierungsraten der Elektronen und Defektelektronen als gleich angenommen,

$$\widetilde{A}_n (E) = \widetilde{A}_p (E) = \widetilde{A}(E) ,$$

so daß für diesen Spezialfall die Generationsrate in der Form

$$G = \frac{1}{q} |J| \widetilde{A}(E) \tag{2.70}$$

geschrieben werden kann.

Es ist weiter zu untersuchen, wie sich die Berücksichtigung dieser Generationsrate im Sperrschichtbereich auf die Kennlinie eines pn-Überganges auswirkt. Dabei kann man sich von vornherein auf die Sperrichtung beschränken. Es seien dieselben Voraussetzungen eingeführt wie sie den Rechnungen des Abschnittes 2.2 zugrunde gelegt wurden. Damit brauchen an dieser Stelle nur diejenigen Teile der Ableitung wiederholt zu werden, in denen sich eine Änderung gegenüber den früheren Ergebnissen ergibt.

Aus der Untersuchung der Bahngebiete erhält man wieder die Stromdichten der Minoritätsträger an den Sperrschichträndern $J_n(-w_p)$ und $J_p(w_n)$ analog zu (2.30) und (2.33). Bei der Integration der Kontinuitätsgleichung (1.56) über die Sperrschicht ist jetzt nicht nur wie bei der Ableitung von (2.40) die Sperrschichtrekombination zu berücksichtigen, sondern auch die durch (2.70) gegebene Generationsrate. Wegen $J < 0$ gilt für die Elektronenstromdichte in der Sperrschicht

$$\frac{dJ_n}{dx} = q\, r_{Th} + J \widetilde{A}(E) . \qquad \text{mit} \quad \frac{\partial}{\partial t} = 0$$

Integriert man diesen Ausdruck unter Berücksichtigung von (2.40) über die Sperrschicht von $-w_p$ bis w_n,

$$J_n(w_n) = J_n(-w_p) + J_{rg} + J \int_{-w_p}^{w_n} dx\, \widetilde{A}(E) ,$$

kann man die ortsunabhängige Gesamtstromdichte erhalten, indem man Elektronen- und Löcherstromdichte an der Stelle w_n addiert,

$$J = J_p(w_n) + J_n(w_n) = J_p(w_n) + J_n(-w_p) + J_{rg} + J \int_{-w_p}^{w_n} dx\, \widetilde{A}(E) .$$

Löst man diese Gleichung nach J auf, kann man das Ergebnis in der Form

$$J = M \, \widetilde{J} \tag{2.71}$$

schreiben, wobei

$$\widetilde{J} = J_p(w_n) + J_n(-w_p) + J_{rg}$$

diejenige Stromdichte ist, die man ohne Berücksichtigung der Trägermultiplikation nach (2.40) erhalten würde. Der „Multiplikationsfaktor"

$$M = \cfrac{1}{1 - \displaystyle\int\limits_{-w_p}^{w_n} dx \, \widetilde{A}(E)} \tag{2.72}$$

gibt an, um welchen Faktor diese Stromdichte $\widetilde{J}$ infolge Stoßionisation in der Sperrschicht vervielfacht wird. Wenn sich das Integral in (2.72) dem Wert 1 nähert, geht der Multiplikationsfaktor gegen unendlich, die Stromdichte J wächst formal über alle Grenzen, die Durchbruchsspannung ist erreicht.

Zur weiteren Berechnung der Durchbruchseigenschaften muß die Funktion $\widetilde{A}(E)$ festgelegt werden. Die vorliegenden Meßkurven dieser Größe kann man für qualitative Betrachtungen hinreichend genau approximieren durch einen Ausdruck der Form

$$\widetilde{A}(E) = K \, |E|^{\nu} \, , \tag{2.73}$$

z.B. für Silicium[1]) bei $T = 300 \, K$:

$$\widetilde{A} \simeq 10^{-32} \, |E|^{6,46}$$

$\widetilde{A}$	E
cm^{-1}	V/cm

Da der Feldstärkeverlauf in der Sperrschicht aus den Überlegungen des Abschnittes 2.2.1 bekannt ist,[2]) läßt sich das in (2.72) auftretende Integral berechnen. Das sei im folgenden lediglich für einen abrupten p^+n-Übergang durchgeführt. Dann ist die Integration nur von $x = 0$ bis $x = w_n$ zu erstrecken, wobei die Feldstärke nach (1.50) und (2.5) durch

$$E(x) = \frac{q}{\epsilon} N_D (x - w_n)$$

gegeben ist und die Sperrschichtgrenze nach (2.17) den Wert

$$w_n = \sqrt{\frac{2\epsilon(U_D + U_{sp})}{qN_D}}$$

---

[1]) Im interessierenden Bereich ist mit diesen Werten $\widetilde{A}_p < \widetilde{A} < \widetilde{A}_n$. Die hiermit berechneten Durchbruchsspannungen stimmen im Bereich oberhalb von 10 V mit genaueren Rechnungen [7] hinreichend gut überein.

[2]) Es wird auch hier angenommen, daß in der Raumladungsbilanz die Konzentration der beweglichen Ladungsträger in der Sperrschicht gegenüber den Dotierungskonzentrationen zu vernachlässigen ist.

annimmt. Die Ausführung des in (2.72) auftretenden Integrals führt unter Berücksichtigung von (2.73) und bei Vernachlässigung der Diffusionsspannung $U_D \ll U_{sp}$ auf

$$M = \frac{1}{1 - \left(\dfrac{U_{sp}}{U_{DB}}\right)^{(v+1)/2}} , \qquad (2.74)$$

wobei als Kürzung die Größe

$$U_{DB} = \frac{1}{2} \left(\frac{v+1}{K}\right)^{2/(v+1)} \left(\frac{\epsilon}{qN_D}\right)^{(v-1)/(v+1)} \qquad (2.75)$$

eingeführt wurde. Man sieht, daß U_{DB} die Durchbruchsspannung ist; für $U_{sp} \rightarrow U_{DB}$ geht $M \rightarrow \infty$. Mit (2.71) und (2.74) hat man die Möglichkeit, die Kennlinie bis in das Durchbruchsgebiet hinein zu berechnen. Weiterhin kann man mit (2.75) für abrupte, stark unsymmetrisch dotierte Übergänge die Durchbruchsspannung in Abhängigkeit von der Dotierung angeben und damit im Idealfall durch gezielte Dotierung Durchbruchsspannungen definiert einstellen. Aus der Formel für die Sperrschichtausdehnung (2.17) kann man weiter bestimmen, welche Dicke die niedrig dotierte Zone mindestens haben muß, um die so berechnete Spannungsfestigkeit tatsächlich voll auszunutzen.

2.4.2 Tunneleffekt

Neben der Stoßionisation kann prinzipiell auch der quantenmechanische Tunneleffekt die Sperrfähigkeit eines pn-Überganges begrenzen. Bild 2.18a zeigt das Prinzip. Wenn ein freies Elektron der Energie W_t auf eine Energieschwelle der Dicke l und der Höhe $W_S > W_t$ auftrifft, sollte nach klassischen Vorstellungen das Elektron durch diese Energieschwelle am Weiterfliegen gehindert werden, es sollte Reflexion stattfinden. In der Quantenmechanik (s. z.B. [24]) ergibt sich jedoch bei hinreichend dünnen Energieschwellen eine endliche Wahrscheinlichkeit P_t dafür, daß das Elektron unter Beibehaltung seiner Energie die Schwelle „durchtunneln" kann [50]. Näherungsweise gilt

$$P_t \simeq \exp\left(-2\int_{z_1}^{z_2} |k_z| \, dz\right) , \qquad (2.76)$$

wobei k_z die imaginäre Wellenzahl (d.h. die „Dämpfungskonstante") im Bereich der zu durchtunnelnden Energieschwelle ist und aus der Energiegleichung

$$W_t = W_S + \frac{\hbar^2 k_z^2}{2m_{eff}}$$

bestimmt werden kann. z_1 und z_2 sind die klassischen Umkehrpunkte $[k_z(z_{1,2}) = 0]$ für Elektronen dieser Energie.

Ein analoger Effekt ist auch in Sperrschichten möglich. Bild 2.18b zeigt das Bändermodell eines in Sperrichtung belasteten pn-Übergangs. Vereinfachend wurde in der Sperrschicht eine konstante Feldstärke vorausgesetzt. Die Elektronen des Valenzbandes sind

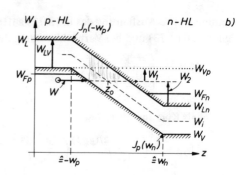

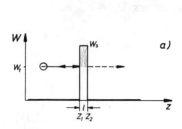

Bild 2.18
Zur anschaulichen Interpretation des Tunneleffektes
a) Tunneleffekt eines freien Elektrons an einer Energieschwelle
b) Übergang eines Elektrons (Energie W) aus dem Valenzband in das Leitungsband durch Tunneleffekt.
Aus der Lage der Quasiferminiveaus erkennt man, daß in diesem Beispiel n- und p-Halbleiter
entartet sind.

durch die verbotene Zone von den erlaubten Zuständen des Leitungsbandes getrennt;
das entspricht etwa den Verhältnissen an der Energieschwelle des Bildes 2.18a. Links
waren Elektronen der Energie W_t, die durch die „verbotene Zone", die Energieschwelle,
von den erlaubten Zuständen rechts der Energieschwelle getrennt waren. Man wird also
erwarten, daß auch im pn-Übergang Elektronen des Valenzbandes die verbotene Zone
durchtunneln und im Leitungsband unter Beibehaltung ihrer Energie weiterlaufen können.

Der Einfluß dieses Stromflusses auf die Kennlinie soll näher untersucht werden
(s. z.B. auch [7], [9]). Zunächst ist k_z im Bereich der verbotenen Zone zu bestimmen.
Das geschieht im einfachsten Fall, indem für gleiche effektive Massen $m_L = m_V = m_{eff}$
der in Abschnitt 1.2.3 in Leitungs- und Valenzband berechnete $k^2(W)$-Verlauf für den
dazwischenliegenden Bereich der verbotenen Zone interpoliert wird (Bild 2.19). Dabei
soll $k^2(W) \leqslant 0$ bei $W = W_L$ und $W = W_V$ stetig und mit gleicher Steigung an die in den
Bändern berechneten Verläufe anschließen. Die einfachste Interpolationsformel, welche
diese Bedingungen erfüllt, lautet

$$k^2 = \frac{2m_{eff}}{\hbar^2 W_{LV}} \left[(W - W_i)^2 - \frac{W_{LV}^2}{4} \right] \quad \text{mit} \quad W_i = \frac{W_V + W_L}{2} . \tag{2.77}$$

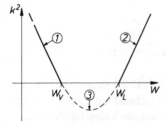

Bild 2.19
Interpolation des $k^2(W)$-Verlaufs
① $k^2 = (W_V - W) \, 2m_{eff}/\hbar^2$ im Valenzband
② $k^2 = (W - W_L) \, 2m_{eff}/\hbar^2$ im Leitungsband
③ nach der Interpolationsformel (2.77) in der
verbotenen Zone

Berechnung erfolgt micht (handwritten annotation)

Läßt man auch noch eine Bewegung senkrecht zur Tunnelrichtung zu, wobei die kinetische Energie in dieser Richtung

$$W_\rho = \frac{\hbar^2 k_\rho^2}{2 m_{eff}} = \frac{m_{eff} v_\rho^2}{2}$$

ist, so wird

$$|k_z| = \sqrt{k_\rho^2 - k^2} = \sqrt{\frac{2 m_{eff}}{\hbar^2} \left(W_\rho + \frac{W_{LV}}{4} \right)} \ \sqrt{1 - \frac{(W - W_i)^2}{W_{LV} \left(W_\rho + \frac{W_{LV}}{4} \right)}} \ . \tag{2.78}$$

Bei der ortsunabhängig vorausgesetzten Feldstärke liegen die Nullstellen von k_z für ein Elektron mit der Energie W wegen (Bild 2.18b)

$$W_i = W - q \, |E| \, (z - z_0)$$

bei

$$z_{1,2} - z_0 = \pm \frac{1}{q \, |E|} \sqrt{W_{LV} \left(W_\rho + \frac{W_{LV}}{4} \right)} \ .$$

Einsetzen von (2.78) in (2.76) liefert dann die gesuchte Tunnelwahrscheinlichkeit:

$$P_t \simeq \exp\left(- \frac{1}{W_0} \left[W_\rho + \frac{W_{LV}}{4} \right] \right) \quad \text{mit} \quad W_0 = \frac{q \, |E| \, \hbar}{\pi \, \sqrt{2 m_{eff} W_{LV}}} \ . \tag{2.79}$$

Als Nächstes ist die Tunnelstromdichte zu bestimmen.

Für die Stromdichte in $-z$-Richtung (d.h. die Elektronen laufen vom Valenzband des p-Halbleiters zum Leitungsband des n-Halbleiters), soweit sie von Elektronen im Geschwindigkeitsintervall zwischen $\mathbf{v}$ und $\mathbf{v} + d^3 \mathbf{v}$ herrühren, gilt

$$J_{-z}(\mathbf{v}) \, d^3 \mathbf{v} = - 2q \, \frac{D(\mathbf{v})}{V} \, v_z \, d^3 \mathbf{v} \, f_V(W) \, [1 - f_L(W)] \, P_t(W_\rho) \ .$$

Dabei ist $D(\mathbf{v}) \, d^3 \mathbf{v}$ die Zahl der Zustände im Geschwindigkeitsintervall zwischen $\mathbf{v}$ und $\mathbf{v} + d^3 \mathbf{v}$ und $f_V(W)$ die Wahrscheinlichkeit, daß diese Zustände mit Elektronen besetzt sind; der Faktor 2 rührt ebenso wie in Abschnitt 1.3 vom Elektronenspin her. Somit gibt

$$2 \, \frac{D(\mathbf{v})}{V} \, d^3 \mathbf{v} \, f_V(W)$$

die Dichte der Elektronen im Geschwindigkeitsintervall $\mathbf{v}, \mathbf{v} + d^3 \mathbf{v}$ an. Der Term in der eckigen Klammer berücksichtigt, daß Tunneln nur möglich ist, wenn entsprechende freie Plätze im Leitungsband des Überschußhalbleiters vorhanden sind. $P_t(W_\rho)$ ist durch (2.79) gegeben.

Für die entsprechende Stromdichte in $+z$-Richtung gilt analog

$$J_{+z}(\mathbf{v}) \, d^3 \mathbf{v} = 2q \, \frac{D(\mathbf{v})}{V} \, v_z \, d^3 \mathbf{v} \, f_L(W) \, [1 - f_V(W)] \, P_t(W_\rho) \ .$$

Der resultierende Beitrag der Elektronen dieser Geschwindigkeitsbereiche zur Tunnel-stromdichte ergibt sich aus der Summe beider Gleichungen zu

$$J_z(v)\, d^3v = 2q\, \frac{D(v)}{V}\, v_z\, d^3v\, (f_L(W) - f_V(W))\, P_t(W_\rho)\, .$$ (2.80)

Als Nächstes ist die Zahl der Zustände im Geschwindigkeitsbereich v, $v + d^3v$ zu ermitteln. In Abschnitt 1.2.3 wurde gezeigt, daß die Zahl der Zustände im Bereich zwischen k und $k + dk$ durch

$$\frac{V}{8\pi^3}\, (4\pi\, k^2\, dk)$$

gegeben ist. Mit Hilfe der deBroglie-Beziehung folgt hieraus für die Zahl der Zustände im Geschwindigkeitsintervall v, $v + dv$

$$\frac{V\, m_{eff}^3}{8\pi^3\, \hbar^3}\, (4\pi\, v^2\, dv)\, .$$

Da keine Geschwindigkeitsrichtung ausgezeichnet ist, gilt

$$D(v)\, d^3v = \frac{V\, m_{eff}^3}{8\pi^3\, \hbar^3}\, d^3v\, .$$ (2.81)

Geht man in (2.80) mit

$$W_z = \frac{1}{2}\, m_{eff}\, v_z^2\, ; \qquad W_\rho = \frac{1}{2}\, m_{eff}\, v_\rho^2$$

zu einer Integration über W_z und W_ρ über, so folgt aus

$$v_z\, d^3v = v_z\, dv_x\, dv_y\, dv_z \rightarrow 2\pi\, v_\rho\, dv_\rho\, v_z\, dv_z = \frac{2\pi}{m_{eff}^2}\, dW_\rho\, dW_z\, ,$$

wenn man über die Variable $v_\varphi = v_\rho\, d\varphi$ integriert. Wegen

$$\left. \begin{array}{ll} W = W_{Vp} - W_z - W_\rho & \text{im p-Halbleiter} \\ W = W_{Ln} + W_z + W_\rho & \text{im n-Halbleiter} \end{array} \right\}$$ (2.82)

kann man die Integration statt über W_ρ und W_z auch über W_ρ und W durchführen. Sie ist über den gesamten Bereich $W_{Ln} \leqslant W \leqslant W_{Vp}$ zu erstrecken, in welchem ein Tunneln stattfinden kann (Bild 2.18b):

$$J_t = \int J_z(v)\, d^3v = \frac{q\, m_{eff}}{2\pi^2\, \hbar^3} \int\limits_{W_{Ln}}^{W_{Vp}} dW\, [f_L(W) - f_V(W)] \int\limits_0^{W_{\rho m}} dW_\rho\, P_t(W_\rho)\, .$$ (2.83)

Die Integrationsgrenze $W_{\rho m}$ wird dabei durch folgende Überlegung bestimmt: Neben der Konstanz der Gesamtenergie W bleiben in dem hier behandeltem einfachen Modell auch die Geschwindigkeitskomponenten senkrecht zur Tunnelrichtung erhalten. In dem Beispiel des Bildes 2.18b kann ein Elektron mit der Energie W nur von links nach rechts tunneln, wenn W_ρ kleiner als die gesamte kinetische Energie W_1 ist. $W_\rho = 0$ entspricht einem senkrechten Auftreffen der tunnelnden Elektronen. Die gesamte kinetische Energie ist gemäß (2.82) in W_z enthalten. $W_\rho = W_1$ kennzeichnet einen streifenden Einfall der tunnelnden Elektronen, $W_z \to 0$. Bei umgekehrter Tunnelrichtung muß W_ρ ebenfalls kleiner als W_1 sein, damit das tunnelnde Elektron gerade noch die Sperrschicht mit $W_z \to 0$ im p-Halbleiter verlassen kann. Damit ist ein Tunneln für $W_1 < W_\rho < W_2$ nicht möglich. Die Grenze für W_ρ wird also durch das Minimum der beiden Werte W_1 und W_2 bestimmt,

$$W_{\rho m} = \begin{cases} W_{Vp} - W \equiv W_1 & \text{für } W \geqslant \\ W - W_{Ln} \equiv W_2 & \text{für } W \leqslant \end{cases} \bigg\} \; \frac{1}{2} \left(W_{Ln} + W_{Vp} \right) . \tag{2.84}$$

Führt man schließlich noch die Integration über W_ρ durch, ergibt sich

$$J_t = J_{t0} \frac{P_0}{W_0} \int\limits_{W_{Ln}}^{W_{Vp}} dW \left(f_L(W) - f_V(W) \right) \left[1 - \exp\left(-\frac{W_{\rho m}}{W_0} \right) \right]$$

mit $\hspace{9cm}$ (2.85)

$$J_{t0} = \frac{q \, m_{eff} \, W_0^2}{2 \, \pi^2 \, \hbar^3} \; ; \quad P_0 = \exp\left(-\frac{W_{LV}}{4 \, W_0} \right) .$$

Bei der Integration über W ist $W_{\rho m}$ dann abschnittsweise durch (2.84) zu ersetzen.

Der Faktor J_{t0} wurde allerdings durch eine zu stark vereinfachte Rechnung gewonnen, so daß in der Praxis erhebliche Abweichungen von dem durch die Formel gegebenen Zahlenwert auftreten können.

Es bleibt die Frage zu diskutieren, wie der Tunnelstrom in das in Abschnitt 1.7 aufgestellte System der Ausgangsgleichungen einzubauen ist. Im Prinzip handelt es sich hier ebenfalls um einen Generationsvorgang, jedoch wurde nicht wie bisher eine *ortsab-hängige* Generationsrate definiert; vielmehr muß man die Kontinuitätsgleichungen (1.56) und (1.57) zunächst über die Sperrschicht integrieren und dann den durch den Tunneleffekt bedingten Generationsanteil durch (2.85) ausdrücken. Das wird anschaulich anhand des Bildes 2.18b klar: die Teilchenstromdichte an der Stelle w_n setzt sich aus der Löcherstromdichte $J_p(w_n)$ und aus der Elektronenstromdichte $J_n(w_n) = J_n(-w_p) + J_t$ zusammen.

Die folgenden Abschnitte enthalten Anwendungsbeispiele, in denen (2.85) zur Kennlinienberechnung herangezogen wird.

2.4.3 Z-Dioden

Das Einsetzen des Durchbruchs bei einer durch die Dotierung einstellbaren Spannung wird zur Gleichspannungsstabilisierung ausgenutzt. Die Durchbruchsspannungen können etwa zwischen[1] 2 und 200 V liegen. Wesentlich für die technische Ausnutzung ist, daß beide Effekte, Lawinendurchbruch und Tunneleffekt, nicht zu einer Zerstörung des Elementes führen, also reversible Vorgänge sind; solange man für eine Strombegrenzung sorgt,

---

[1]) Zur Stabilisierung kleinerer Spannungen verwendet man in Durchlaßrichtung belastete Gleichrichter.

können Z-Dioden stationär im Durchbruchsbereich betrieben werden. Die Silicium-Sperr-
kennlinie des Bildes 2.1b, welche unter Berücksichtigung von (2.71) bis (2.75) berechnet
wurde, kann als Beispiel für eine im Multiplikationsbereich arbeitende Z-Diode aufgefaßt
werden.

Die Ermittlung der durch Tunneleffekt bedingten Kennlinie geht von (2.84) und
(2.85) aus. Der pn-Übergang soll nicht entartet sein. Die Bandaufwölbung über der Sperrschicht liest man aus Bild 2.7b ab, für die Feldstärke E in W_0 setzt man näherungsweise
den Maximalwert (2.19) ein. Die Quasifermiverteilungen werden vereinfachend durch
Sprungfunktionen ersetzt, d.h. durch ihre Werte für $T \to 0$ (vgl. Bild 1.12c). Unter diesen
Bedingungen liefert die Integration von (2.85) die Stromdichte

$$J_t = -J_{t0} P_0 \left\{ \frac{W_{Vp}}{W_0} - 2 \left[1 - \exp\left(-\frac{W_{Vp}}{2W_0} \right) \right] \right\} \qquad (2.86)$$

mit

$$W_{Ln} = 0 ; \qquad W_{Vp} = q(U_D + U_{sp}) - W_{LV} .$$

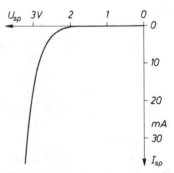

Bild 2.20
Sperrkennlinie einer Silicium-Z-Diode,
berechnet nach (2.86).

Bild 2.20 zeigt eine nach (2.86) berechnete Sperrkennlinie. Unter praktischen Bedingungen ist hier $W_{Vp}/W_0 \gg 1$, so daß nur der erste Term der geschweiften Klammer
berücksichtigt zu werden braucht. Die Spannungsabhängigkeit des Stromes wird im
wesentlichen durch die Übergangswahrscheinlichkeit P_0 bestimmt. Im Gegensatz zum
Lawinendurchbruch wird hier die Stromdichte nicht bei einer definierten Spannung formal unendlich groß, sondern wächst nur wegen der in P_0 enthaltenen exponentiellen
Abhängigkeit sehr stark an. Um eine „Durchbruchspannung" definieren zu können, gibt
man diejenige Spannung an, bei welcher eine willkürlich vorgegebene, im technisch interessierenden Bereich liegende Stromdichte auftritt. In Bild 2.21 wurde $J = 10 \text{ mA/cm}^2$
gewählt. Damit wird ein Vergleich der beiden Durchbruchsmechanismen möglich. Da der
Durchbruch bei gegebener Dotierung jeweils bei der niedrigeren der beiden Spannungen
einsetzt, ist etwa unterhalb von 6 V, also bei hohen Dotierungen und dünnen Sperrschichten, der Tunneleffekt („Zener-Durchbruch") und etwa oberhalb 6 V, bei niedrigen Dotierungen und dicken Sperrschichten, der Lawinendurchbruch maßgebend.

Auf diese zwei verschiedenen Mechanismen ist es auch zurückzuführen, daß sich
oberhalb und unterhalb dieser Grenzspannung verschiedene Temperaturabhängigkeiten
ergeben. Beim Zenereffekt wird die Durchbruchsspannung mit zunehmender Temperatur
kleiner, beim Lawinendurchbruch nimmt sie mit zunehmender Temperatur zu.

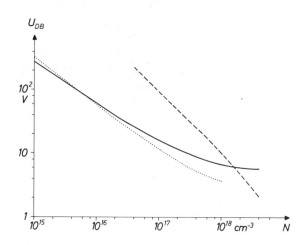

Bild 2.21
Vergleich der Durchbruchs-
mechanismen beim abrupten
Si-pn-Übergang,
$N = N_A N_D / (N_A + N_D)$.
Da die Näherungsformel (2.73)
im Bereich $U_{DB} \lesssim 10\,V$ versagt,
werden für die Multiplikation
Literaturdaten herangezogen.
——— Multiplikation nach [9]
.... Multiplikation nach [7].
Für $U_{DB} \gtrsim 10\,V$ ergibt sich prak-
tisch Übereinstimmung mit (2.75).
— — — Tunneleffekt nach (2.86).

2.4.4 Tunneldioden

Tunneldioden [25] sind bis zur Entartung dotierte pn-Übergänge. Ihre Kennlinie
zeichnet sich durch das Auftreten eines negativen differentiellen Widerstandes aus (Bild
2.22), der zur Schwingungserzeugung, Verstärkung (Entdämpfung) oder eventuell auch
als schneller Schalter (Schaltzeiten unter 1 ns) verwendet werden kann. Der Vorteil der
Tunneldioden gegenüber anderen Halbleiter-Bauelementen liegt darin, daß die physikalischen Vorgänge, welche die Kennlinie bestimmen, sehr schnell verlaufen, so daß die Grenzfrequenz durch die Schaltung und durch die unvermeidliche Sperrschichtkapazität bestimmt wird. Speichereffekte, wie sie etwa durch die Lebensdauer der Minoritätsträger
in Gleichrichtern oder Bipolar-Transistoren bedingt sind, spielen keine Rolle. Außerdem
ist der negative Kennlinienteil relativ temperaturunempfindlich.

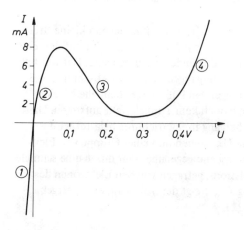

Bild 2.22
Schematische Kennlinie einer
Tunneldiode

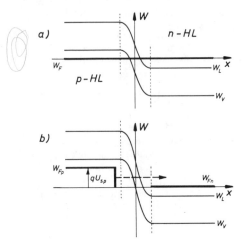

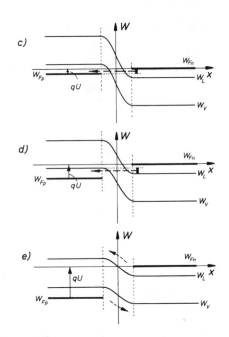

Bild 2.23
Bändermodell einer Tunneldiode unter
verschiedenen Belastungen, Erläuterungen
im Text

Das prinzipielle Zustandekommen dieser Kennlinienform sei anhand des Bildes 2.23 diskutiert. Teilbild a zeigt das Bändermodell eines pn-Überganges im thermodynamischen Gleichgewicht. Dieser Übergang ist auf beiden Seiten so stark dotiert, daß n- und p-Halbleiter entartet sind, das Ferminiveau W_F liegt im p-Halbleiter im Valenzband, im n-Halbleiter im Leitungsband; die Diffusionsspannung ist größer als dem Bandabstand entspricht. Durch diese hohe Dotierung ergibt sich eine sehr schmale Raumladungszone, welche von den Elektronen mit einer merklichen Wahrscheinlichkeit durchtunnelt werden kann.

Für die folgende qualitative Diskussion sei vereinfachend angenommen, daß *alle* Niveaus unterhalb der Fermienergie von Elektronen besetzt, *alle* Niveaus oberhalb der Fermienergie unbesetzt sind. Das ist für den absoluten Temperaturnullpunkt exakt richtig, bei höheren Temperaturen wird diese scharfe Grenze durch die thermische Energie lediglich etwas „aufgeweicht" (Größenordnung kT).

Nun ist zum Einsetzen des Tunneleffektes nicht nur eine hinreichend kleine Breite der zu durchtunnelnden Energiebarriere erforderlich, sondern ebenfalls, daß auf der anderen Seite der Energieschwelle *unbesetzte* erlaubte Zustände vorhanden sind. Das war bei hinreichend stark in Sperrichtung belasteten pn-Übergängen, wie sie in Abschnitt 2.4.3 behandelt wurden, automatisch erfüllt. Im vorliegenden Fall, in welchem alle Niveaus unterhalb der Fermienergie besetzt sind, kann jedoch kein Tunneleffekt auftreten. Diese Verhältnisse ändern sich aber, wenn der pn-Übergang in Sperrichtung belastet wird (Bild 2.23b). Je nach Höhe der Sperrspannung U_{sp} stehen nun einer Gruppe von Elektronen des Valenzbandes freie Plätze im Leitungsband gegenüber, nur durch eine schmale verbotene Zone getrennt. Es fließt ein Tunnelstrom, getragen von den Elektronen des Valenzbandes; mit wachsender Sperrspannung U_{sp} steigt der Strom an, ein Sperrgebiet besteht nicht (Kennlinienteil ① des Bildes 2.22).

Bild 2.23c zeigt das Bändermodell für eine relativ schwache Belastung in Durchlaß-richtung. Hier haben sich die Verhältnisse umgekehrt: Durch die Absenkung des Bänder-modells auf der linken Seite stehen nun Elektronen des Leitungsbandes freien Plätzen des Valenzbandes gegenüber, so daß ein Tunnelstrom fließt, der von Elektronen des Lei-tungsbandes getragen wird. Dies sind die im Kennlinienteil ② des Bildes 2.22 vorliegen-den Verhältnisse. Mit steigender Durchlaßspannung wächst die Zahl der Elektronen, welche freien Plätzen gegenüberstehen, also tunneln können; daher wird mit zunehmen-der Spannung der Strom größer.

Bei weiterer Erhöhung der Spannung, wenn die Unterkante des Leitungsbandes im Überschußhalbleiter höher liegt als das Ferminiveau der defektleitenden Seite (Bild 2.23d), wird die Zahl derjenigen Elektronen im Leitungsband, denen freie Plätze im Valenzband gegenüberstehen, wieder abnehmen. Das führt zum Kennlinienteil ③ des Bildes 2.22.

Geht man zu noch größeren Durchlaßspannungen über, werden schließlich allen Elektronen des Leitungsbandes Zustände in der verbotenen Zone gegenüberstehen (Bild 2.23e); in diesem Fall kann kein Tunnelstrom fließen. Daher macht sich jetzt ein Mecha-nismus für den Stromfluß bemerkbar, der prinzipiell auch schon bei niedrigeren Spannun-gen vorhanden war, nämlich die Injektion von Elektronen und Defektelektronen über die Energieschwelle hinweg (Kennlinienteil ④ des Bildes 2.22). Das ist derjenige Mechanis-mus, der bei nichtentarteten pn-Übergängen den Gleichrichtereffekt bedingt.

Damit sei die qualitative Diskussion der Kennlinienform abgeschlossen. Die durch den Tunneleffekt bedingten Teile der Kennlinie können im Prinzip durch numerische Integration von (2.85) berechnet werden. Hier sei vereinfachend angenommen, daß die durch (1.25) und (1.26) gegebenen Verteilungen um die zugehörigen Quasiferminiveaus in Potenzreihen entwickelt werden können, die jeweils nach dem linearen Glied abge-brochen werden dürfen. Mit diesen z.T. recht groben Näherungen hat man es erreicht, daß (2.85) wieder in geschlossener Form integriert werden kann:

$$J_t = J_{t0}\, P_0\, \frac{qU}{4\,kT} \left\{ \frac{W_{Vp}}{W_0} + 2 \left[\exp\left(-\frac{W_{Vp}}{2\,W_0} \right) - 1 \right] \right\} \qquad (2.87)$$

mit

$$W_{Ln} = 0, \quad W_{Vp} = q\,(U_D - U) - W_{LV}, \quad W_{Fn} - W_{Fp} = qU\,.$$

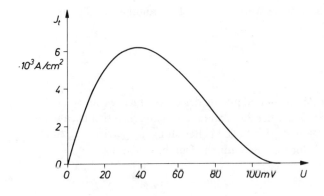

Bild 2.24
Kennlinie einer Tunneldiode
nach (2.87)

Bild 2.24 zeigt, daß (2.87) diese Kennlinienteile einschließlich des Bereichs mit negativem differentiellem Widerstand qualitativ richtig wiedergibt.

Um das Verhalten von Tunneldioden in elektronischen Kreisen in einfacher Weise zu beschreiben, kann man — sofern die Aussteuerung auf den negativen Kennlinienast beschränkt bleibt — ein übersichtliches Ersatzschaltbild angeben. Neben dem negativen (differentiellen) Widerstand − r muß hierin auf jeden Fall die Sperrschichtkapazität c_s aufgenommen werden. Daneben sind aber auch Induktivität L der Zuleitungen und Bahnwiderstand R zu berücksichtigen (Bild 2.25). Während Sperrschichtkapazität und negativer Widerstand stark vom Arbeitspunkt abhängen können, sind Bahnwiderstand und Induktivität naturgemäß konstante Größen.

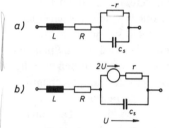

Bild 2.25
Wechselstrom-Ersatzschaltbilder der Tunneldiode
bei Aussteuerung innerhalb des negativen Kennlinienteils

Der komplexe Widerstand der in Bild 2.25a gezeigten Anordnung ist

$$Z = R - \frac{r}{1 + \omega^2 c_s^2 r^2} + j\omega \left[L - \frac{c_s r^2}{1 + \omega^2 c_s^2 r^2} \right].$$

Die Tunneldiode kann zur Verstärkung (Entdämpfung) verwendet werden, solange Re(Z) < 0 ist; daraus ergibt sich die Grenzfrequenz für den Verstärkerbetrieb zu

$$\omega_{gr} - \frac{1}{c_s r} \sqrt{\frac{r}{R} \; 1} \; .$$

Bei technischen Tunneldioden liegt dieser Wert in der Größenordnung von Gigahertz.

2.4.5 Rückwärtsdiode

Wenn man bei einer Tunneldiode n- und p-Seite des pn-Überganges nur so hoch dotiert, daß das Ferminiveau gerade auf der Bandkante liegt, kann man sich nach demselben Verfahren klarmachen, daß in diesem Falle bei Belastung in Sperrichtung zwar ein Tunneleffekt auftritt, nicht jedoch bei Belastung in Durchlaßrichtung

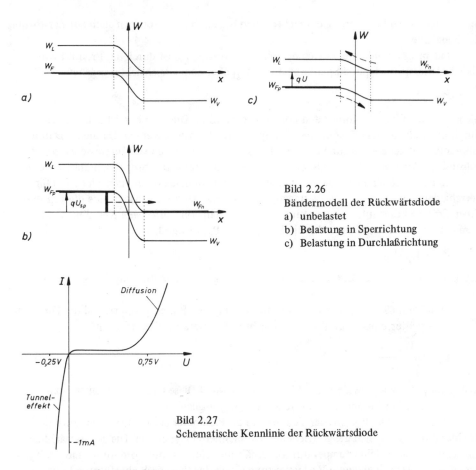

Bild 2.26
Bändermodell der Rückwärtsdiode
a) unbelastet
b) Belastung in Sperrichtung
c) Belastung in Durchlaßrichtung

Bild 2.27
Schematische Kennlinie der Rückwärtsdiode

(Bild 2.26). Es ergibt sich damit die in Bild 2.27 gezeigte Kennlinie. In der konventionellen Sperrichtung zeigt dieses Bauelement eine bessere Flußkennlinie als normale Gleichrichter in der Durchlaßrichtung, in konventioneller Durchlaßrichtung sperrt es dagegen nur bis etwa 0,5 V („Rückwärtsdiode").

Hiermit hat man einmal die Möglichkeit, kleine Spannungen gleichzurichten oder aber die Krümmung der Kennlinie in der Umgebung des Nullpunktes auszunutzen. Der wesentliche Vorteil liegt darin, daß der durch den Tunneleffekt bedingte Kennlinienteil nur geringe Frequenz- und Temperaturabhängigkeit aufweist und ein Betrieb bis zu recht hohen Frequenzen technisch sinnvoll ist.

2.4.6 Thermische Instabilität

Neben den in den vorangegangenen Abschnitten behandelten „Generationsprozessen" Lawinenmultiplikation und Tunneleffekt kann eine Begrenzung der Sperrfähigkeit von Halbleiter-Bauelementen auch durch thermische Selbstaufheizung eintreten. Das führt nicht nur zu einer Verschlechterung der elektrischen Eigenschaften, sondern auch zur Zerstörung des Bauelementes.

Die pro Zeiteinheit entstehende Joulesche Wärme P_{el} ist durch das Produkt von Gleichrichterstrom I_{gl} und Spannungsabfall U_{gl} über dem Gleichrichter gegeben,

$$P_{el} = I_{gl} U_{gl} \ .$$

Sie kann einmal durch hinreichend hohen Stromfluß im Durchlaßbereich, zum andern durch hinreichend hohe Spannungen im Sperrbereich erzeugt werden. Da die im Durchlaßbereich entstehende Wärme nur bei Starkstromanwendungen von Interesse ist, soll die folgende Diskussion auf die im Sperrbereich erzeugte Verlustleistung beschränkt werden.

In Bild 2.28 sind die Sperrkennlinien eines Siliciumgleichrichters nach (2.71) für verschiedene Temperaturen aufgetragen (dünn ausgezogene Kurven); da jede dieser Kennlinien für eine konstante Temperatur gilt, spricht man von *isothermen* Kennlinien. Die dem Gleichrichter zugeführte elektrische Leistung P_{el} ist durch

$$P_{el} = I_{sp} U_{sp}$$

gegeben. Im stationären Betrieb muß diese Leistung wieder an die Umgebung abgeführt werden.

Man kann näherungsweise die abgeführte Leistung P_{ab} als proportional der Differenz von Gleichrichtertemperatur T_{gl} und Umgebungstemperatur T_{um} ansehen,

$$P_{ab} = \frac{T_{gl} - T_{um}}{R_{Th}} \ , \tag{2.88}$$

wobei R_{Th} als ,,Wärmewiderstand" bezeichnet wird.[1]) Diese Größe wird häufig vom Elementehersteller für eine bestimmte Kühlungsart angegeben.

In Bild 2.28 ist P_{ab} mit der Temperatur als Parameter aufgetragen: bei konstanter Temperatur ergeben sich die gestrichelt eingezeichneten Hyperbeln. Die sich tatsächlich einstellende Gleichrichtertemperatur T_{gl} erhält man nun aus der Forderung, daß bei T_{gl} gerade die elektrisch erzeugte Verlustleistung gleich der thermisch abgeführten Leistung sein muß, d.h. aus dem Schnittpunkt der isothermen Kennlinie mit der zur selben Temperatur gehörenden Verlusthyperbel (Punkte in Bild 2.28). Damit läßt sich die *statische* Kennlinie (dick ausgezogene Kurve) Punkt für Punkt konstruieren.

Mit zunehmender Sperrspannung am Gleichrichter ergibt sich zunächst infolge Selbstaufheizung ein relativ geringer Anstieg des Rückstromes. Bei einer bestimmten Spannung — in Bild 2.28 etwa bei 290 V — erfolgt jedoch wegen der negativen Charakteristik der statischen Kennlinie im Gegensatz zu den bisher besprochenen Durchbruchsmechanismen *schlagartig* ein Stromsprung zu beliebig hohen Werten, der zu einer Zerstörung des Gleichrichters führt. Um solche thermischen Instabilitäten zu vermeiden, ist man bestrebt, den Wärmewiderstand durch gute Wärmekontakte und gegebenenfalls durch forcierte Kühlung möglichst niedrig zu halten.

---

[1]) Die Bezeichnung ,,Wärmewiderstand" ist auf eine Analogie zum elektrischen Widerstand zurückzuführen. Mit der Zuordnung

$$P_{ab} \to I; \ T_{gl} - T_{um} \to U; \ R_{Th} \to R$$

stellt (2.88) das ,,Ohmsche Gesetz der Wärmeleitung" dar.

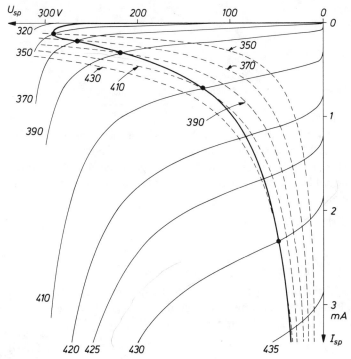

Bild 2.28
Zur thermischen Instabilität eines Gleichrichters
        Parameter: Temperatur in K
———— isotherme Kennlinie
– – – – Hyperbeln konstanter Verlustleistung
———— statische Kennlinie

2.5 Sperrschicht-Photoelemente

Ein weiteres Bauelement, in welchem die elektrischen Eigenschaften eines pn-Überganges technisch ausgenutzt werden, ist das Sperrschicht-Photoelement. Bild 2.29 zeigt
den prinzipiellen Aufbau. In eine n-leitende Halbleiterscheibe wird eine dünne p^+-Schicht
eindiffundiert, so daß der p^+n-Übergang möglichst nahe an der Oberfläche liegt. Um die
Anordnung beleuchten zu können, werden streifenförmige Metallkontakte aufgedampft.
Im übrigen entspricht der schematische Aufbau dem eines Gleichrichters, vgl. Bild 2.1c.

Um die Strom-Spannungskennlinie eines solchen Photoelementes berechnen zu
können, muß zunächst eine Aussage über den Mechanismus der Lichtabsorption im Halbleiter gemacht werden. Es sei vereinfachend angenommen, daß die Absorption eines Lichtquantes nur durch einen „Band-Band-Übergang" erfolgen kann, wie es in Bild 1.13a schematisch dargestellt ist. Da bei diesem Vorgang ein Elektron-Loch-Paar entsteht, handelt
es sich um einen Generationsprozeß, der in den Kontinuitätsgleichungen (1.56) und (1.57)
zu berücksichtigen ist. Dabei ist die Generationsrate G, die zugleich die Zahl der pro Zeit-

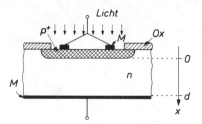

Bild 2.29
Schematischer Aufbau eines pn-Photoelementes

und Volumeneinheit absorbierten Lichtquanten angibt, im allgemeinen eine Ortsfunktion. Bezeichnet man mit ν_0 die Zahl der pro Zeit- und Flächeneinheit in die Halbleiteroberfläche eindringenden Lichtquanten[1]) und mit K die (wellenlängenabhängige) Absorptionskonstante, so ist $\nu(x)$ die Zahl der Lichtquanten, die pro Zeiteinheit die Flächeneinheit an der Stelle x durchqueren,

$$\nu(x) = \nu_0 \exp(-Kx) .$$

Damit wird allgemein

$$G(x)\,dx = \nu(x) - \nu(x + dx) = dx\,\nu_0\,K \exp(-Kx) . \tag{2.89}$$

Besonders einfache Verhältnisse ergeben sich, wenn die Absorptionskonstante K so klein ist, daß im ganzen Bereich des Halbleiterplättchens die Exponentialfunktion praktisch gleich 1 ist, d.h. $K\,d \ll 1$, vgl. Bild 2.29. Damit wird

$$G = \nu_0\,K \tag{2.90}$$

ortsunabhängig. Weiterhin soll die p-dotierte Zone und der Sperrschichtbereich so dünn sein, daß die Zahl der in diesen Schichten absorbierten Lichtquanten gegenüber der Lichtabsorption im n-Bereich zu vernachlässigen ist. Unter diesen Voraussetzungen wird der gesamte Stromfluß durch die Defektelektronen des Überschußhalbleiters bestimmt.

Der Berechnung der Strom-Spannungskennlinie wird der allgemeinere Fall zugrunde gelegt, daß auch eine äußere Spannung an den pn-Übergang angelegt werden kann. Die Rechenmethode schließt sich eng an das in Abschnitt 2.2 verwendete Verfahren an, so daß der Rechnungsgang nur kurz skizziert zu werden braucht.

Die vereinfachte Kennlinienberechnung des Abschnittes 2.2.3 kann auch hier angewendet werden, wenn man im Bahngebiet des Überschußhalbleiters die optische Generationsrate z.B. in der Form (2.90) berücksichtigt. Anstelle von (2.35) sind dann die Gleichungen

$$J_p = -\mu_p\,kT\,\frac{dp}{dx} \; ; \quad \frac{1}{q}\,\frac{dJ_p}{dx} = -\frac{p - p_0}{\tau_p} + G \tag{2.91}$$

zu lösen. Nimmt man vereinfachend an, daß die Schichtdicke d des Überschußhalbleiters groß gegenüber der Diffusionslänge L_p ist, bleibt der Metallkontakt bei $x = d$ ohne Einfluß auf den Stromfluß. Man hat als Randbedingung für die Löcherkonzentration außer (2.31) die Forderung zu erfüllen, daß sich in großer Entfernung vom pn-Übergang die-

---

[1]) Dies ist nur dann gleich der Zahl der auftreffenden Lichtquanten, wenn keine Reflexion an der Oberfläche stattfindet.

selben Verhältnisse wie in einem homogenen Halbleiter einstellen müssen, also nach der zweiten Gleichung (2.91)

$$p\,(\infty) = p_0 + G\tau_p \ .$$

Für den Verlauf der Defektelektronenkonzentration im n-Gebiet erhält man damit

$$p\,(x) - p_0 = \left\{ p_0 \left[\exp\left(\frac{qU}{kT}\right) - 1 \right] - G\tau_p \right\} \exp\left(- \frac{x - w_n}{L_p} \right) + G\tau_p \ .$$

Hieraus ergibt sich die Löcherstromdichte am Sperrschichtrand $(x = w_n)$ nach der ersten Gleichung (2.91) zu

$$J_p = J_{g1} - J_{ph} \ , \tag{2.92}$$

wobei

$$J_{g1} = \frac{qD_p}{L_p} p_0 \left[\exp\left(\frac{qU}{kT}\right) - 1 \right] \tag{2.93}$$

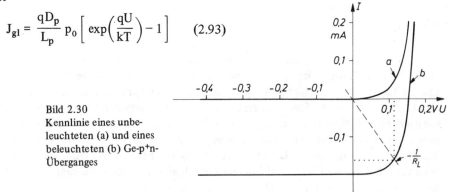

Bild 2.30
Kennlinie eines unbe-
leuchteten (a) und eines
beleuchteten (b) Ge-p$^+$n-
Überganges

die Strom-Spannungsbeziehung eines unbeleuchteten pn-Überganges darstellt und

$$J_{ph} = qGL_p \tag{2.94}$$

den Photostrom kennzeichnet. Bei Vernachlässigung des Rekombinationsstromes J_{rg} in der Sperrschicht gibt (2.92) die Gesamtstromdichte des p$^+$n-Überganges an.

Damit erhält man die Kennlinie eines pn-Gleichrichters, die um den Photostrom verschoben ist (Bild 2.30). Formeln für Kurzschlußstrom und Leerlaufspannung lassen sich aus (2.92) bis (2.94) gewinnen. Man sieht weiterhin, daß der Photostrom proportional der Zahl derjenigen Lichtquanten ist, die innerhalb der Diffusionslänge absorbiert werden; nur die in diesem Bereich erzeugten Defektelektronen gelangen ohne zu rekombinieren zur Sperrschicht und von dort weiter in den Defekthalbleiter. Die bei der Paarbildung entstehenden Elektronen laufen von der Sperrschicht weg und schließen den Stromkreis.

Will man dem Photoelement bei gegebener Beleuchtung möglichst viel Energie entnehmen („Sonnenbatterie"), muß man den Lastwiderstand R_L so wählen, daß das Produkt aus Strom und Spannung maximal wird (gestrichelte Arbeitsgerade in Bild 2.30). Auf die Diskussion weiterer für die technische Anwendung wichtiger Einzelheiten sei an dieser Stelle verzichtet.

3 Der Bipolar-Transistor

In Abschnitt 1 wurden die elektrischen Eigenschaften des homogenen Halbleiters, in Abschnitt 2 die eines pn-Überganges behandelt. In der systematischen Fortführung dieser Reihe ist die Kombination von zwei pn-Übergängen und ihre gegenseitige Wechselwirkung zu untersuchen. Das führt auf das bekannteste Halbleiter-Bauelement, den Bipolar-Transistor ([26] bis [29]).

3.1 Prinzip

Die Verstärkerwirkung eines Bipolar-Transistors beruht letztlich darauf, daß bei einem in Sperrichtung belasteten pn-Übergang die *Konzentrationen* der beweglichen Ladungsträger am Sperrschichtrand spannungsunabhängig praktisch auf null festgelegt sind (2.31), während der *Strom* durch die Sperrschicht durch den *Konzentrationsgradienten* gegeben ist [vgl. erste Gleichung (2.35)]. Da der Konzentrationsverlauf in einem Bahngebiet — und damit auch der Konzentrationsgradient am Sperrschichtrand — durch *zwei* Randkonzentrationen für die Differentialgleichung (2.36) festgelegt wird, kann man den Strom durch den betreffenden pn-Übergang durch eine Vorgabe *außerhalb* der Sperrschicht steuern. Das sei anhand des Bildes 3.1 näher erläutert.

Der pn-Übergang $(x_3 x_4)$ in Bild 3.1a wird durch die Spannung U_{cB} in Sperrichtung belastet; dadurch werden die Konzentrationen der Minoritätsträger bei x_3 und x_4 praktisch auf null festgelegt. Der n^+p-Übergang $(x_1 x_2)$ wird durch die Batteriespannung U_{eB} in Durchlaßrichtung belastet, dadurch wird $n(x_2)$ analog zu (2.32) über die Gleichgewichtskonzentration n_0 angehoben, Bild 3.1b. Für ein „kurzes" Bahngebiet des p-Halbleiters kann Rekombination vernachlässigt werden, es ergibt sich — wie bereits in Abschnitt 2.2.3 erläutert — der lineare Konzentrationsverlauf des Bildes 3.1b. Damit fließt in diesem einfachsten Modell bei Vernachlässigung von Sperrschichtrekombination der gesamte Strom, der vom „Emitter" E durch die „Emittersperrschicht" $(x_1 x_2)$ in die „Basis" B injiziert wird, durch die „Kollektorsperrschicht" $(x_3 x_4)$ zum „Kollektor" C $(I_b = 0)$.

Man kann aus diesem Modell bereits eine Formel für die Spannungsverstärkung ableiten, wenn man der Batteriespannung U_{eB} eine Signalspannung u_{eb} hinreichend kleiner Amplitude ($|u_{eb}| \ll kT/q$) überlagert: $U_{eb} = u_{eb} - U_{eB}$. Um die Emittersperrschicht in Durchlaßrichtung zu polen, ist $U_{eB} > 0$ zu wählen.[1]

---

[1] Merkregel zur Festlegung der Spannungsvorzeichen: Wenn die Majoritätsträger durch die angelegte Spannung auf die Sperrschicht zugetrieben werden, wird die Sperrschichtdicke verringert: Durchlaßrichtung. Wenn die Majoritätsträger durch die Spannung von der Sperrschicht weggezogen werden, vergrößert sich die Sperrschichtausdehnung: Sperrichtung.

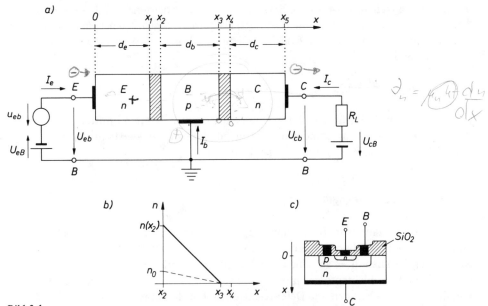

Bild 3.1
Modell eines npn-Transistors. Die Vorzeichenwahl von Strömen und Spannungen erfolgt nach den bei Vierpolen üblichen Richtungen.

a) schematische Anordnung der Dreischichtenfolge; Sperrschichten sind durch Schraffur gekennzeichnet.

b) Konzentrationsverlauf der Minoritätsträger in der Basis
   ——————— $U_{eb} = 0$
   ————————— $U_{eb} < 0$

c) Prinzipieller Aufbau eines npn-Transistors, vgl. Bild 2.1c. Ein senkrechter Schnitt durch die Mitte der Anordnung führt auf das eindimensionale Modell des Teilbildes a.

Unter Berücksichtigung der Vorzeichen von Strom und Spannung wird analog zu (2.34)

$$I_e = - I_0 \left[\exp \left(- \frac{q U_{eb}}{kT} \right) - 1 \right] .$$

Der von der Signalspannung u_{eb} herrührende Anteil i_e des Stromes beträgt unter den angeführten Voraussetzungen

$$i_e = \frac{1}{r_e} u_{eb}$$

mit

$$\frac{1}{r_e} = \frac{q I_0 \exp \left(\frac{q U_{eb}}{kT} \right)}{kT} \simeq \frac{q |I_e|}{kT} ; \qquad\qquad (3.1)$$

bei der letzten Näherung wurde die Belastung in Durchlaßrichtung $U_{eB} \gg kT/q$ vorausgesetzt, wie sie in praktischen Fällen vorliegt. Da derselbe Signalstrom i_e in diesem einfachsten Modell auch durch den Kollektor fließt, erhält man als Wechselspannung u_L am Lastwiderstand R_L

$$u_L = R_L \, i_e = \frac{R_L}{r_e} u_{eb} \; .$$

Der differentielle Widerstand r_e der in Durchlaßrichtung belasteten Emittersperrschicht ist relativ klein, so daß man für einen hinreichend großen Lastwiderstand $(R_L \gg r_e)$ eine erhebliche Spannungsverstärkung erzielen kann.

3.2 Strom-Spannungsgleichungen

Nach der qualitativen Beschreibung der Wirkungsweise des Transistors kann die mathematische Formulierung dieses Steuerprinzips verhältnismäßig leicht durchgeführt werden. Die Diskussion sei auf einen npn-Transistor beschränkt. Beim pnp-Transistor, bei welchem die Schichtenfolge entsprechend vertauscht ist, liegen analoge Verhältnisse vor; dort haben Elektronen und Defektelektronen ihre Rolle vertauscht. Die Polarität der von außen angelegten Spannungsquellen ist umzukehren.

Bild 3.1a enthält die verwendeten Bezeichnungen. Prinzipiell ist auch ein Basisstrom I_b zu berücksichtigen, der sich aus

$$I_b = - I_e - I_c \tag{3.2}$$

berechnen läßt. Man braucht im folgenden also lediglich Emitter- und Kollektorstrom als Funktion der angelegten Spannungen U_{eb} und U_{cb} zu ermitteln.[1] Das geschieht nach den in Abschnitt 2 angewendeten Prinzipien, da man die gesamte Anordnung als zwei gekoppelte Gleichrichter auffassen kann.

Der durch die Emittersperrschicht fließende Strom I_e wird wieder durch die Minoritätsträgerströme an den Sperrschichträndern und den Sperrschichtrekombinationsstrom ausgedrückt,

$$I_e = \left(I_{ep}(x_1) + I_{en}(x_2) + I_{erg} \right) , \tag{3.3}$$

wobei I_{erg} analog (2.42) zu bestimmen ist. Entsprechend erhält man für den Kollektorstrom

$$I_c = M \left[I_{cn}(x_3) + I_{cp}(x_4) + I_{crg} \right] . \tag{3.4}$$

M berücksichtigt gemäß (2.71) eine mögliche Multiplikation innerhalb der Kollektorsperrschicht. Da der Emitter beim üblichen Betrieb nicht stark in Sperrichtung belastet wird, braucht eine Multiplikation in (3.3) nicht berücksichtigt zu werden.

---

[1] Im folgenden wird der Spannungsabfall über der Sperrschicht durch einen Strich gekennzeichnet (z.B. U_{eb}') zum Unterschied zu der betreffenden Klemmenspannung (z.B. U_{eb}). Solange Spannungsabfälle an Bahnwiderständen vernachlässigt werden, sind beide Größen gleich.

Nimmt man an den Enden bei $x = 0$ und $x = x_5$ „Rekombinationskontakte" an (Trägerkonzentrationen gleich den Gleichgewichtskonzentrationen unabhängig vom Stromfluß), kann man die Ströme $I_{ep}(x_1)$ und $I_{cp}(x_4)$ nach dem in Abschnitt 2.2.3 behandelten Verfahren sofort hinschreiben:[1]

$$I_{ep}(x_1) = -I_{ee}\left[\exp\left(-\frac{qU_{eb'}}{kT}\right) - 1\right]$$

mit

$$I_{ee} = \frac{q\,D_{pe}\,p_{0e}\,A}{L_{pe}\tanh(d_e/L_{pe})}$$

(3.5)

und

$$I_{cp}(x_4) = -I_{cc}\left[\exp\left(-\frac{qU_{cb'}}{kT}\right) - 1\right]$$

mit

$$I_{cc} = \frac{q\,D_{pc}\,p_{0c}\,A}{L_{pc}\tanh(d_c/L_{pc})}.$$

(3.6)

Es ist lediglich noch der Stromfluß der Minoritätsträger in der Basiszone zu diskutieren. Die Randbedingungen an beiden Sperrschichträndern werden wieder durch die betreffenden Spannungen gegeben,

$$n(x_2) = n_{0b}\exp\left(-\frac{qU_{eb'}}{kT}\right) \quad \text{und} \quad n(x_3) = n_{0b}\exp\left(-\frac{qU_{cb'}}{kT}\right).$$

(3.7)

Damit folgt nach Integration der zu (2.36) analogen Gleichung

$$\frac{d^2 n}{dx^2} = \frac{n - n_0}{L_{nb}^2}$$

für den Konzentrationsverlauf in der Basis

$$n(x) - n_{0b} = \frac{n_{0b}}{\sinh\left(\dfrac{d_b}{L_{nb}}\right)}\left\{\left[\exp\left(-\frac{qU_{eb'}}{kT}\right) - 1\right]\sinh\left(\frac{x_3 - x}{L_{nb}}\right)\right.$$
$$\left. + \left[\exp\left(-\frac{qU_{cb'}}{kT}\right) - 1\right]\sinh\left(\frac{x - x_2}{L_{nb}}\right)\right\}.$$

(3.8)

Hieraus ergeben sich die gesuchten Stromkomponenten zu

$$I_{en}(x_2) = -I_{bb}\left\{\left[\exp\left(-\frac{qU_{eb'}}{kT}\right) - 1\right] - \left[\frac{\exp\left(-\dfrac{qU_{cb'}}{kT}\right) - 1}{\cosh(d_b/L_{nb})}\right]\right\}$$

(3.9)

---

[1] Die Indices e, b, c kennzeichnen im folgenden die betreffenden Größen in Emitter-, Basis- und Kollektorschicht.

und

$$I_{cn}(x_3) = -I_{bb} \left\{ \left[\exp\left(-\frac{qU_{cb'}}{kT}\right) - 1 \right] - \left[\frac{\exp\left(-\frac{qU_{eb'}}{kT}\right) - 1}{\cosh(d_b/L_{nb})} \right] \right\}, \tag{3.10}$$

wobei die Kürzung

$$I_{bb} = \frac{q D_{nb} n_{0b} A}{L_{nb} \tanh(d_b/L_{nb})} \tag{3.11}$$

verwendet wurde.

Für die Sperrschichtrekombinationsströme kann man nach Abschnitt 2.2.4 formal

$$I_{erg} = -I_{e1}(U_{eb'}) \left[\exp\left(-\frac{qU_{eb'}}{kT}\right) - 1 \right] \tag{3.12}$$

und

$$I_{crg} = -I_{c1}(U_{cb'}) \left[\exp\left(-\frac{qU_{cb'}}{kT}\right) - 1 \right] \tag{3.13}$$

schreiben.

Setzt man (3.5), (3.9) und (3.12) in (3.3) ein, erhält man den Emitterstrom in Abhängigkeit von den Spannungen. Der entsprechende Zusammenhang für den Kollektorstrom folgt aus (3.4) mit (3.6), (3.10) und (3.13). Man erhält

$$\left. \begin{aligned} I_e &= I_{eg1} - \alpha_I I_{cg1}, \\ I_c &= M(I_{cg1} - \alpha I_{eg1}). \end{aligned} \right\} \tag{3.14}$$

Hierbei wurden die durch den Emitter- bzw. Kollektorgleichrichter fließenden Ströme analog zu (2.34)

$$\left. \begin{aligned} I_{eg1} &= -(I_{e1} + I_{ee} + I_{bb}) \left[\exp\left(-\frac{qU_{eb'}}{kT}\right) - 1 \right], \\ I_{cg1} &= -(I_{c1} + I_{cc} + I_{bb}) \left[\exp\left(-\frac{qU_{cb'}}{kT}\right) - 1 \right] \end{aligned} \right\} \tag{3.15}$$

eingeführt. Man erkennt an (3.14), daß sich die Ströme additiv aus zwei Anteilen zusammensetzen; die Gleichrichterströme I_{eg1} und I_{cg1} treten verkoppelt beim Emitter- bzw. Kollektorstrom auf. So hängt beispielsweise der Kollektorstrom vom Strom durch den Emittergleichrichter ab, dabei tritt eine Proportionalitätskonstante auf, die als „Stromverstärkung" α bezeichnet wird:

$$\alpha = \beta\gamma, \quad \gamma = \frac{I_{bb}}{I_{e1} + I_{ee} + I_{bb}}, \quad \beta = \frac{1}{\cosh(d_b/L_{nb})}. \tag{3.16}$$

Der Kollektorstrom wird also vom Strom durch den Emittergleichrichter gesteuert. Dies ist beim Verstärkerbetrieb der gewünschte Effekt. Außerdem findet noch eine Rückwirkung statt: Der Emitterstrom wird auch vom Strom durch den Kollektorgleichrichter beeinflußt. Hierbei kennzeichnet α_I die Stromverstärkung im „inversen Betrieb" (Funktionen von Emitter und Kollektor vertauscht):

$$\alpha_I = \beta\gamma_I, \quad \gamma_I = \frac{I_{bb}}{I_{c1} + I_{cc} + I_{bb}}. \tag{3.17}$$

Wegen $U_{cb'} \gg kT/q$ ist im Verstärkerbetrieb $\alpha_I\, I_{cgl}$ als klein gegenüber I_{egl} praktisch zu vernachlässigen.

Wie die Gleichungen (3.16) zeigen, ist die Stromverstärkung α immer kleiner als 1. Sie setzt sich aus „Emitterergiebigkeit" γ und „Transportfaktor" β zusammen. Die Emitterergiebigkeit ist definiert durch das Verhältnis

$$\gamma = \frac{\text{in die Basis injizierter Anteil des Emittergleichrichterstromes}}{\text{gesamter Emittergleichrichterstrom}} \,. \tag{3.18}$$

Bei hinreichend starker Durchlaßbelastung ($U_{eb'} < 0$) ist nach Abschnitt 2.2.4 I_{e1} gegenüber I_{ee} und I_{bb} zu vernachlässigen. Für einen p^+n-Übergang geht damit γ gegen eins.

Der Transportfaktor kennzeichnet denjenigen Bruchteil des Stromes, der die Kollektorsperrschicht erreicht, also nicht innerhalb der Basis durch Rekombination verloren geht: Multipliziert man in (3.9) den ersten Term in der geschweiften Klammer, der den am Emitter injizierten Minoritätsträgerstrom beschreibt, mit β, ergibt sich – bis auf das Vorzeichen – der zweite Term in der geschweiften Klammer von (3.10). Dieser kennzeichnet den am Kollektor ankommenden Stromanteil. Für einen guten Transistor muß Rekombination im Bahngebiet möglichst vermieden werden, man muß nach (3.16) den Fall „kurzer" Bahngebiete $d_b \ll L_{nb}$ zu realisieren suchen. Im entgegengesetzten Grenzfall „langer" Bahngebiete $d_b \gg L_{nb}$ verschwindet nach (3.14) mit (3.16) die Steuerwirkung praktisch vollständig. In diesem Fall stellt die Anordnung zwei hintereinandergeschaltete unabhängige Gleichrichter dar.

Im normalen Betrieb des Transistors als Verstärker ist $U_{cb'} \gg kT/q$, so daß für diesen Fall die Exponentialfunktion in der zweiten Gleichung (3.15) gegenüber 1 vernachlässigt werden kann. Eine Abhängigkeit von $U_{cb'}$ ist dann noch in dem Stromterm I_{c1} enthalten, der vom Sperrschichtrekombinationsstrom I_{crg} herrührt.

Tatsächlich tritt eine weitere Abhängigkeit indirekt durch die mit der Spannung nach (2.17) variierende Kollektorsperrschichtweite auf. Die Schichtdicke d_b der Basis ($x_2 x_3$) – das ist der quasineutrale Bereich (das Bahngebiet) zwischen Emitter- und Kollektorsperrschicht – hängt davon ab, wie weit sich die Kollektorsperrschicht in die Basis hinein ausdehnt, so daß die in den Transistorgleichungen auftretenden Größe d_b eine Funktion der Kollektorspannung wird, $d_b (U_{cb'})$. In Bild 3.2 ist skizziert, wie bei fester Emitterspannung (d.h. $n(x_2)$ = const) das Bahngebiet zwischen den beiden Sperrschichten mit zunehmender Sperrbelastung des Kollektors kleiner wird, so daß der Gradient der

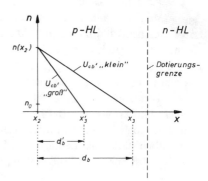

$\Rightarrow N_{Ab} \ll N_{De}$

Bild 3.2
Verringerung der quasineutralen
Basiszone d_b durch Ausdehnung der
Kollektorsperrschicht (Early-Effekt)

Elektronenkonzentration und damit sowohl der Emitter- als auch der Kollektorstrom wächst („Early-Effekt"). Somit hängen die Ströme (3.14) zusätzlich über $d_b(U_{cb}')$ von der Kollektorspannung ab. Die analoge Änderung der Emittersperrschichtweite kann dagegen in den meisten Fällen vernachlässigt werden.

Die durch (3.14) und (3.15) gegebenen Strom-Spannungsbeziehungen sollen im folgenden grafisch dargestellt werden. Während das Gleichstromverhalten eines Gleichrichters durch Angabe *einer* Kenn*linie* charakterisiert werden konnte, müssen hier *zwei* Kennlinien*felder* angegeben werden, beispielsweise

$$I_e(U_{eb}, U_{cb}) \quad \text{und} \quad I_c(U_{eb}, U_{cb}).$$

Die erste Gleichung (3.14) stellt zusammen mit (3.15) unmittelbar die Beziehung für das Eingangskennlinienfeld

$$I_e(U_{eb}) \quad \text{mit} \quad U_{cb} \text{ als Parameter}$$

dar. Man sieht, daß es sich hierbei für $U_{cb}' \gg kT/q$ im wesentlichen um die Durchlaßkennlinie der Emittersperrschicht handelt.

Als Ausgangskennlinienfeld soll die Kurvenschar

$$I_c(U_{cb}) \quad \text{mit} \quad I_e \text{ als Parameter}$$

verwendet werden. Drückt man I_{eg1} in der zweiten Gleichung (3.14) mit Hilfe der ersten Beziehung (3.14) aus, so folgt

$$I_c = M[I_{c0} + \alpha(-I_e)] \tag{3.19}$$

mit

$$I_{c0} = I_{cg1}(1 - \alpha \alpha_I). \tag{3.20}$$

Für $qU_{cb}'/kT \gg 1$ ist I_{c0} der „Kollektorreststrom", der auch dann noch durch den Kollektor fließt, wenn $I_e = 0$ ist. Bild 3.4 zeigt das zugehörige Ausgangskennlinienfeld. Entsprechend den unterschiedlichen Betriebsbedingungen unterscheidet man drei Bereiche:

Ⓘ   Sperrbereich ($I_e > 0$): Emitter und Kollektor sind in Sperrichtung belastet.

ⒾⒾ   Aktiver Bereich: Emitter in Durchlaß-, Kollektor in Sperrichtung belastet.

ⓘⒾⒾ   Sättigungsbereich ($U_{cb}' < 0$): Sowohl Emitter als auch Kollektor sind in Durchlaßrichtung belastet.

Man kann anhand der einzelnen Stromkomponenten die Wirkungsweise des Transistors anschaulich diskutieren (Bild 3.5), ähnlich wie dies in Bild 2.9 für einen Gleichrichter durchgeführt wurde.

Der Emitterübergang ist in Durchlaßrichtung belastet. Vom metallischen Emitterkontakt fließt ein Elektronenstrom $|I_e|$ in die Emitterschicht hinein. Ein Bruchteil $(1 - \gamma)$ dieser Elektronen rekombiniert mit Defektelektronen, die von der Basis- in die Emitterschicht injiziert werden. Der restliche Elektronenstrom $\gamma |I_e|$ wird in die Basis injiziert; um eine möglichst hohe Emitterergiebigkeit ($\gamma \approx 1$) zu erreichen, muß die Emitterzone wesentlich stärker als die Basiszone dotiert sein und die Vorspannung so hoch gewählt werden, daß Sperrschichtrekombination zu vernachlässigen ist (vgl. Bild 2.10a).

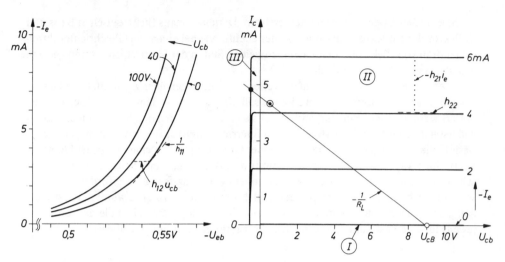

Bild 3.3
Eingangskennlinienfeld eines npn-Transistors
in Basisschaltung

Bild 3.4
Ausgangskennlinienfeld eines npn-Transistors
in Basisschaltung

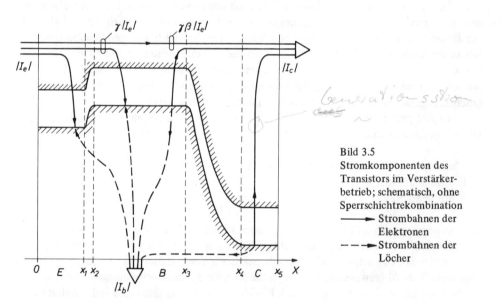

Bild 3.5
Stromkomponenten des
Transistors im Verstärker-
betrieb; schematisch, ohne
Sperrschichtrekombination
——▶ Strombahnen der
      Elektronen
– – –▶ Strombahnen der
      Löcher

Von den vom Emitter injizierten Elektronen geht der Bruchteil $(1 - \beta)$ beim Durchqueren der Basiszone verloren, indem er mit Defektelektronen rekombiniert, welche durch den Basiskontakt nachgeliefert werden. Um diesen Verlustanteil möglichst klein zu halten, muß die Basiszone dünn sein $(d_b \ll L_{nb})$. Der restliche Elektronenstrom $\beta \gamma |I_e|$ diffundiert zur Kollektorsperrschicht.

Die Kollektorsperrschicht ist in Sperrichtung belastet. Sie saugt die vom Emitter injizierten Elektronen — soweit sie nicht unterwegs verlorengegangen sind — in den Kollektor hinein: dies ist der wirksame Steuerstrom. Darüber hinaus fließt zwischen Basis und Kollektor der Kollektorreststrom I_{c0}, der ebenso wie bei einem pn-Gleichrichter durch Generation von Elektron-Loch-Paaren zu beiden Seiten der Sperrschicht – und ggf. innerhalb der Sperrschicht – entsteht.

Abschließend seien noch einige weitere Bemerkungen über grundsätzliche Dimensionierungsfragen angefügt. Die Basiszone soll einerseits zwar dünn sein und schwächer dotiert werden als der Emitter, andererseits soll sie aber einen möglichst kleinen Bahnwiderstand (Zuleitungswiderstand zu den Sperrschichten) aufweisen. Weiter muß der Basis-Kollektorübergang zur Erzielung hoher Grenzfrequenzen eine möglichst kleine Sperrschichtkapazität haben (vgl. Abschnitt 3.5.4), also auf einer Seite schwach dotiert sein; das ist ebenfalls zur Erzielung einer hohen Spannungsfestigkeit erforderlich. Andererseits soll auch der Bahnwiderstand der Kollektorzone nicht zu groß werden. Es ist die Aufgabe der hier nicht behandelten Halbleiter-Technologie, zwischen diesen Forderungen jeweils für eine bestimmte Aufgabe den günstigsten Kompromiß zu finden.

3.3 Gleichstrom-Ersatzschaltbilder

Die in Abschnitt 3.2 aus dem eindimensionalen Modell abgeleiteten Stromgleichungen lassen zwar die prinzipielle Wirkungsweise der Transistoren erkennen, sie sind aber zur Kennzeichnung des Verhaltens dieser Bauelemente in elektronischen Schaltungen viel zu unhandlich. Darüber hinaus spielen bei realen Transistoren weitere Effekte eine Rolle, die von dem hier behandelten einfachen eindimensionalen Modell nicht erfaßt werden. Man ist daher für praktische Anwendungen auf andere Darstellungen der elektrischen Eigenschaften von elektronischen Bauelementen angewiesen.

Es gibt grundsätzlich drei Möglichkeiten, die Eigenschaften eines Transistors zu beschreiben, nämlich durch

1. Eingangs- und Ausgangskennlinienfeld
2. Ersatzschaltbilder
3. Vierpolparameter.

Je nach den speziell vorliegenden Verhältnissen ist die eine oder die andere Darstellungsart vorzuziehen. Aus den Kennlinienfeldern kann man in einfacher Weise für niedrige Frequenzen das Verhalten bei Großsignalaussteuerung entnehmen. Ersatzschaltbilder sind vorteilhaft zu verwenden, wenn man die Kennlinien stückweise durch Geraden ersetzen kann und evtl. Zeiteffekte durch Einführen von Kapazitäten und Induktivitäten berücksichtigen will. Vierpolparameter sind nur zweckmäßig bei Kleinsignalaussteuerung um einen festen Arbeitspunkt, solange zwischen Wechselströmen und Wechselspannungen lineare Zusammenhänge bestehen.

Da mit den Bildern 3.3 und 3.4 bereits ein Beispiel für die Charakterisierung durch Kennlinienfelder gegeben ist, sind als nächstes die grundlegenden Ersatzschaltbilder des Transistors zu besprechen. Dabei sollen die bisher verwendeten schematischen Darstellungen durch die Schaltzeichen ersetzt werden (Bild 3.6).

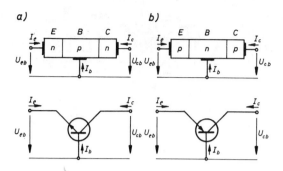

Bild 3.6
Schematischer Aufbau, Schaltzeichen und Zählpfeile für
a) npn-Transistor,
b) pnp-Transistor
Merkregel: Der Pfeil im Schaltzeichen kennzeichnet bei normalem Verstärkerbetrieb die konventionelle
   Stromrichtung

3.3.1 Ersatzschaltbild für Großsignalaussteuerung

Zur Aufstellung eines Ersatzschaltbildes müssen die Strom-Spannungsbeziehungen (3.14) in eine elektrische Schaltung „übersetzt" werden. Vernachlässigt man die Multiplikation, so kann man zunächst für die durch (3.15) beschriebenen Gleichrichterkennlinien nach den in Band II, Anhang erläuterten Methoden verschiedene Ersatzschaltbilder mit stückweise linearer Charakteristik angeben; für den vorliegenden Fall sei die in Bild 3.7a gezeigte Schaltung gewählt.

Weiter sind die in (3.14) mit den Stromverstärkungsfaktoren versehenen Terme zu berücksichtigen. Da z.B. der durch den Kollektor fließende Stromanteil $-\alpha I_{egl}$ vom Strom I_{egl} bestimmt wird, der an einer *anderen* Stelle im Netzwerk fließt, kann zur Kennzeichnung dieser Stromkomponente eine stromgesteuerte Stromquelle gewählt werden (Bild 3.7b). Analoges gilt für $-\alpha_I I_{cgl}$.

Weiter soll in dem zu entwickelnden Ersatzschaltbild der Bahnwiderstand der Basisschicht berücksichtigt werden. Bisher wurde ein Transistor symbolisch durch eine eindimensionale Dreischichtenfolge gekennzeichnet. Dadurch wird der tatsächliche geometrische Aufbau nur sehr verzerrt wiedergegeben, wie der Vergleich mit Bild 3.1c zeigt. Infolge des langen Weges in der dünnen Basisschicht ist ein Spannungsabfall am Basisbahnwiderstand zu berücksichtigen. Dieser Spannungsabfall ist proportional $I_b = -I_e - I_c$, kann also im Ersatzschaltbild durch einen Widerstand R_b in der Basisleitung dargestellt werden (Bild 3.7c). Die Zusammenfügung dieser einzelnen Schaltungselemente nach Maßgabe der Gleichungen (3.14) führt auf das in Bild 3.7d wiedergegebene Gleichstrom-Ersatzschaltbild. In vielen praktischen Fällen lassen sich wesentliche Vereinfachungen vornehmen; so zeigt beispielsweise Bild 3.7e ein einfaches Ersatzschaltbild, mit dem die stationären Zustände eines Schalttransistors näherungsweise beschrieben werden können.

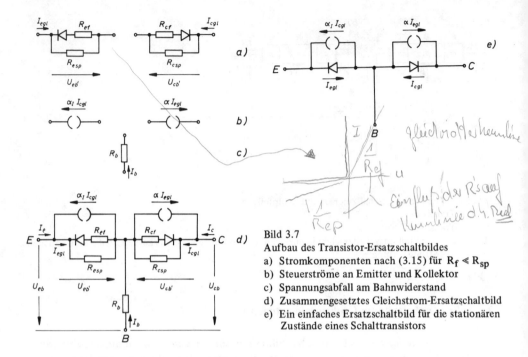

Bild 3.7
Aufbau des Transistor-Ersatzschaltbildes
a) Stromkomponenten nach (3.15) für $R_f \ll R_{sp}$
b) Steuerströme an Emitter und Kollektor
c) Spannungsabfall am Bahnwiderstand
d) Zusammengesetztes Gleichstrom-Ersatzschaltbild
e) Ein einfaches Ersatzschaltbild für die stationären
   Zustände eines Schalttransistors

3.3.2 Ersatzschaltbild für Kleinsignalaussteuerung

In vielen Fällen wird der Transistor im aktiven Bereich in der Weise betrieben, daß zunächst eingangs- und ausgangsseitig durch Gleichvorspannungen U_{eb}^0, U_{cb}^0 ein konstanter Arbeitspunkt I_e^0, I_c^0, I_b^0 eingestellt wird. Überlagert man auf der Eingangsseite eine variable Kleinsignalspannung $u_{eb}(t)$, überlagern sich auch entsprechende variable Größen $u_{cb}(t)$, $i_e(t)$, $i_c(t)$, $i_b(t)$ den Gleichstromwerten (Bild 3.8a). Im folgenden soll nur das für die Verstärkereigenschaften maßgebende Kleinsignalverhalten untersucht werden, die Festlegung der Gleichstromwerte und damit die Einstellung des Arbeitspunktes wird in Abschnitt 3.6 besprochen.

Bei nicht zu großer Aussteuerung wird nur ein Bereich der Kennlinienfelder in der Umgebung des jeweiligen Arbeitspunktes überstrichen, in welchem in guter Näherung die einzelnen Kurven durch Geraden (Tangenten durch den Arbeitspunkt) ersetzt werden können. Damit werden die Größen der Kleinsignalersatzschaltung abhängig vom Arbeitspunkt.

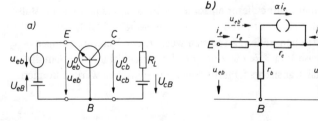

Bild 3.8
Kleinsignalparameter des
Transistors
a) Prinzipschaltung
b) Ersatzschaltbild

Aus der Ersatzschaltung des Bildes 3.7d kann man unter diesen Bedingungen die wesentlich einfachere Kleinsignal-Ersatzschaltung des Bildes 3.8b ableiten. Der Gleichrichter auf der Kollektorseite sperrt, während der Gleichrichter auf der Emitterseite einen Kurzschluß darstellt. I_{cgl} ist lediglich der Kollektorreststrom, der als klein gegenüber dem Durchlaßstrom I_{egl} des Emittergleichrichters anzusehen ist. Damit kann im Wechselstrom-Ersatzschaltbild die gesteuerte Quelle auf der Emitterseite vernachlässigt werden. Durch die Wahl der kleinen Buchstaben ($R_{ef} \rightarrow r_e$, $R_{csp} \rightarrow r_c$, $R_b \rightarrow r_b$) sei angedeutet, daß diese Größen nun als differentielle Widerstände aufzufassen sind.

Wie bereits erwähnt, sind die hier auftretenden vier Parameter r_e, r_c, r_b, α abhängig vom Arbeitspunkt. Der Emitterwiderstand als Funktion des Ruhestromes wurde bereits in Gleichung (3.1) angegeben. Diese Abhängigkeit wird in der Praxis recht gut bestätigt.

Ergänzend sei darauf hingewiesen, daß in dem Widerstand r_b nicht nur der Bahnwiderstand der Basisschicht enthalten ist, sondern außerdem auch die Kollektorrückwirkung. Bei der Konstruktion des Eingangskennlinienfeldes (Bild 3.3) nach der ersten Gleichung (3.14) waren Bahnwiderstände nicht berücksichtigt. Es ergab sich infolge des Early-Effektes eine Abhängigkeit der $I_e(U_{eb})$-Kennlinie von der Kollektorspannung U_{cb}. Daß diese Abhängigkeit in der Ersatzschaltung des Bildes 3.8b ebenfalls durch r_b berücksichtigt wird, kann man durch einen Spannungsumlauf in Eingangs- und Ausgangsmasche sehen. Für die Eingangsmasche gilt

$$u_{eb} = (r_e + r_b)\, i_e + r_b\, i_c$$

und für die Ausgangsmasche

$$u_{cb} = (r_b + \alpha r_c)\, i_e + (r_c + r_b)\, i_c \ .$$

Eliminiert man aus beiden Gleichungen i_c, erhält man mit $r_b \ll r_c$ die Beziehung

$$-\, i_e = -\, \frac{u_{eb}}{r_e + (1-\alpha)\, r_b} + \frac{r_b\, u_{cb}}{r_c\, [r_e + (1-\alpha)\, r_b]} \ .$$

Der Vergleich mit Bild 3.3 zeigt, daß das Ersatzschaltbild qualitativ die richtige Abhängigkeit des Eingangskennlinienfeldes von der Kollektorspannung wiedergibt. Andererseits verschwindet diese Abhängigkeit für $r_b = 0$, was aufgrund des Ersatzschaltbildes ohne weiteres plausibel ist.

3.4 Transistorschaltungen und Vierpolparameter

3.4.1 Formales Schaltungsprinzip

Der Transistor stellt wegen seiner drei Anschlüsse einen „Dreipol" dar. Will man ihn in Schaltungen als Vierpol auffassen, muß man einen Anschluß sowohl an eine Eingangs- als auch an eine Ausgangsklemme führen. Je nachdem, ob dieses der Basis-, Emitter- oder

Kollektoranschluß ist, spricht man von Basis-, Emitter- oder Kollektorschaltung (Bild 3.9). Kennlinienfelder und Vierpolparameter sind im Gegensatz zu Ersatzschaltbildern von der verwendeten Schaltung abhängig.

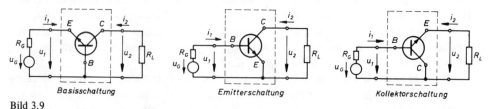

Bild 3.9
Grundschaltungen des Transistors
Gleichspannungsquellen zur Stromversorgung und zur Einstellung des Arbeitspunktes sind nicht mitgezeichnet.

Die Eigenschaften jeder dieser Schaltungen, wie z.B. Eingangs- und Ausgangswiderstand, Strom-, Spannungs- und Leistungsverstärkung, kann man durch *einen* Satz von Vierpolparametern ausdrücken, wie dies im Anhang durchgeführt wurde. Um die dort angegebenen Formeln verwenden zu können, ist es lediglich erforderlich, die Parameter der betreffenden Schaltung den Größen des Ersatzschaltbildes zuzuordnen.

Ebenso wie die Größen des Ersatzschaltbildes sind auch die Vierpolparameter vom Arbeitspunkt abhängig. Die Bedeutung der h-Parameter kann man in einfacher Weise an den Kennlinienfeldern (Bild 3.3 und 3.4) zeigen, wenn man auf ihre Definition (vgl. Band II, Anhang) zurückgreift.

In der Praxis wird meistens ein Transistor durch Angabe seiner Vierpolparameter gekennzeichnet, da man diese Größen unmittelbar meßtechnisch erfassen kann. Dabei gibt man im niederfrequenten Bereich die Parameter der hybriden Stromverstärkermatrix an; im Hochfrequenzbereich bevorzugt man die (komplexe) Leitwertmatrix, da sich hier ein Kurzschluß leichter experimentell realisieren läßt als ein Leerlauf.

3.4.2 Zuordnung der h-Parameter

In jeder der drei Schaltungen des Bildes 3.9 kann man den Transistor durch seine Ersatzschaltung (Bild 3.8b) ersetzen und die h-Parameter des gestrichelt angedeuteten Vierpols berechnen. Eine Zuordnung ist ein-eindeutig möglich, da sowohl die Ersatzschaltung des Bildes 3.8b als auch die Vierpoldarstellung jeweils vier Parameter enthalten (r_e, r_b, r_c, α bzw. $h_{11}, h_{12}, h_{21}, h_{22}$).

Eine solche Berechnung soll am Beispiel der Emitterschaltung explizite durchgeführt werden. Die Einfügung des Ersatzschaltbildes in die Emitterschaltung (Bild 3.9) führt auf die Darstellung des Bildes 3.10. Der Spannungsumlauf in Eingangs- und Ausgangsmasche ergibt

$$u_1 = (r_b + r_e)\, i_1 + r_e\, i_2$$
$$u_2 = (r_e - \alpha r_c) i_1 + [r_e + r_c(1 - \alpha)]\, i_2 \ . \tag{3.21}$$

Wie ein Vergleich mit den Vierpolgleichungen

$$u_1 = h_{11} i_1 + h_{12} u_2$$
$$i_2 = h_{21} i_1 + h_{22} u_2$$

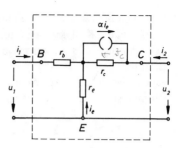

Bild 3.10
T-Ersatzschaltbild eines Transistors
in Emitterschaltung

(s. Band II) zeigt, sind $u_1(i_1, u_2)$ und $i_2(i_1, u_2)$ gesucht. Eliminiert man zunächst aus beiden Gleichungen i_2, kann man $h_{11}^{(e)}$ und $h_{12}^{(e)}$ bestimmen:[1]

$$\left. \begin{aligned} h_{11}^{(e)} &= r_b + \frac{r_e\, r_c}{r_e + r_c\,(1 - \alpha)} \approx r_b + \frac{r_e}{1 - \alpha} \\[2ex] h_{12}^{(e)} &= \frac{r_e}{r_e + r_c\,(1 - \alpha)} \approx \frac{r_e}{r_c\,(1 - \alpha)}. \end{aligned} \right\} \qquad (3.22)$$

Die Näherungen in (3.22) und (3.23) gelten für die meist vorliegenden Bedingungen

$$r_e \ll r_c\,(1 - \alpha) \quad \text{und} \quad r_e \ll \alpha r_c.$$

Die restlichen zwei h-Parameter kann man sofort aus der letzten Gleichung (3.21) ablesen:

$$\left. \begin{aligned} h_{21}^{(e)} &= \frac{\alpha r_c - r_e}{r_e + r_c\,(1 - \alpha)} \approx \frac{\alpha}{1 - \alpha} \\[2ex] h_{22}^{(e)} &= \frac{1}{r_e + r_c\,(1 - \alpha)} \approx \frac{1}{r_c\,(1 - \alpha)}. \end{aligned} \right\} \qquad (3.23)$$

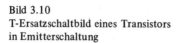

In entsprechender Weise können auch die h-Parameter der Basisschaltung, $h^{(b)}$, und die der Kollektorschaltung, $h^{(c)}$, durch die Größen des Ersatzschaltbildes ausgedrückt werden. Umrechnungsformeln zwischen h-Parametern, y-Parametern und Größen von Ersatzschaltbildern sind im Anhang zusammengestellt.

3.4.3 Gegenüberstellung der Grundschaltungen

In Tabelle 3 (Anhang) sind für ein Zahlenbeispiel h-Parameter, Ersatzwiderstände und Verstärkungen für Basis , Emitter- und Kollektorschaltung angegeben.[2] Durch einen Vergleich dieser Daten kann man die typischen Eigenschaften der einzelnen Schaltungen unmittelbar ablesen.

---

[1] Die Indices $^{(b)}$, $^{(e)}$, $^{(c)}$ bei Vierpolparametern beziehen sich auf die jeweilige Schaltung.

[2] Bei der Beschreibung des Transistors durch h-Parameter wird häufig nicht die Schaltung angegeben, auf welche sich die h-Parameter beziehen; aus Größe und Vorzeichen der Parameter, insbesondere aus h_{12} und h_{21}, kann man auf die zugrunde gelegte Schaltung schließen.

Die Basisschaltung hat einen kleinen Eingangs- und einen großen Ausgangswiderstand, bei der Kollektorschaltung ist es umgekehrt. In der Emitterschaltung unterscheiden sich Eingangs- und Ausgangswiderstand am wenigsten. Die Kurzschlußstromverstärkung ist unter der Voraussetzung $r_{e;b} \ll \alpha r_c$ für die Basisschaltung durch die Steuergröße α gegeben, also dem Betrage nach kleiner als 1. In der Emitterschaltung ist die Kurzschlußstromverstärkung α_e wesentlich größer als 1,

$$\alpha_e = \frac{\alpha}{1-\alpha} \ . \tag{3.24}$$

Das ist plausibel, wenn man berücksichtigt, daß hier nicht der Emitterstrom, sondern der viel kleinere Basisstrom als Bezugsgröße für die Stromverstärkung auftritt. Eine ähnliche Überlegung gilt für die Kollektorschaltung. Stromverstärkungen, die dem Betrage nach größer als 1 sind, treten also nur in Emitter- und Kollektorschaltung auf.

Spannungsverstärkungen mit einem Betrag größer als 1 können dagegen nur in Basis- und Emitterschaltung erzielt werden. Die Leistungsverstärkung ist in der Emitterschaltung am größten.

Mit diesen Eigenschaften sind zugleich die prinzipiellen Anwendungsmöglichkeiten der einzelnen Schaltungen gekennzeichnet.

3.5 Hochfrequenz- und Schaltverhalten

Bei den bisherigen Untersuchungen wurde implizite vorausgesetzt, daß alle zeitlichen Änderungen hinreichend langsam erfolgen, kapazitive Effekte im Inneren des Transistors also vernachlässigt werden können. Dies kam darin zum Ausdruck, daß die Wechselstromgrößen im Prinzip durch Differenzieren der Gleichstromkennlinien gewonnen wurden, also nur differentielle Widerstände auftreten konnten. Ein solches Verfahren wird unzulässig, wenn Hochfrequenzverhalten und Grenzfrequenzen diskutiert werden sollen.

3.5.1 Erweiterung des T-Ersatzschaltbildes

Zur genaueren Diskussion des frequenzabhängigen Verhaltens von Transistoren muß man wieder auf die physikalischen Ausgangsgleichungen zurückgreifen und diese unter den gegebenen zeitabhängigen Bedingungen lösen. Dabei zeigt es sich, daß man das Wechselstromverhalten bereits recht gut beschreiben kann, wenn die bisher bei Gleichrichtern besprochenen Ursachen für das Auftreten von Zeiteffekten sinngemäß auf den Transistor übertragen werden. Bei diesen Überlegungen wird der Einfluß der Sperrschichtrekombination vernachlässigt.

Zunächst ist die Sperrschichtkapazität von Emitter (c_{es}) und Kollektor (c_c) in das Wechselstrom-Ersatzschaltbild aufzunehmen. Da der Emitter in Durchlaßrichtung belastet ist, muß an dieser Stelle auch die Diffusionskapazität (c_{eD}) berücksichtigt werden. Darüber hinaus machen sich mit der Injektion verbundene Trägheitseffekte entscheidend in einer Frequenzabhängigkeit des Stromverstärkungsfaktors α bemerkbar. Das kann man folgendermaßen einsehen: während der einen Halbperiode werden Elektronen durch die Emittersperrschicht in die Basis hineininjiziert; infolge des Konzentrationsgefälles diffundieren sie auf die Kollektorsperrschicht zu. Da sie hierzu jedoch eine endliche Zeit benötigen, wird bei hinreichend hohen Frequenzen in der folgenden Halbperiode die Minoritätskonzentration an der Emittersperrschicht bereits wieder abgesenkt, bevor die injizierten Elektronen den Kollektor erreicht haben. Sie werden dadurch wieder teilweise in Richtung auf den Emitter zurücklaufen, so daß sich bei hinreichend hohen Frequenzen eine geringere Steuerwirkung am Kollektor ergibt.

Diese zunächst qualitativ diskutierten Effekte sollen im folgenden mathematisch präzisiert werden. Aufgrund der Untersuchungen beim Gleichrichter kann man die Frequenzabhängigkeit dadurch berücksichtigen, daß man einmal in den Gleichstromformeln

$$\frac{1}{\tau} \rightarrow \frac{1}{\tau}\,(1+j\,\omega\,\tau) \qquad (3.25)$$

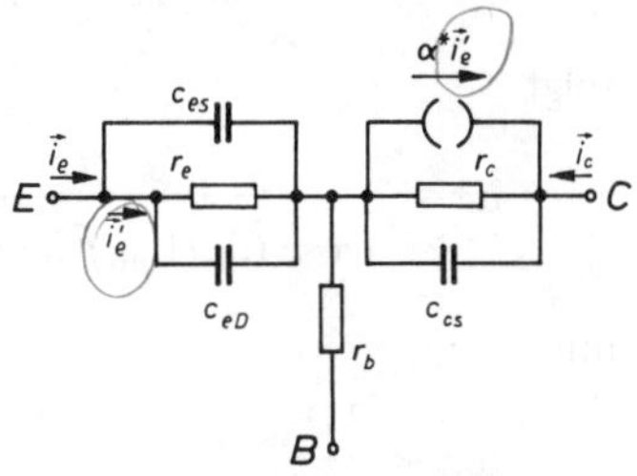

Bild 3.11
Erweitertes T-Ersatzschaltbild des Transistors.
Die Stromverstärkung α^* ist komplex

ersetzt und zum anderen den Verschiebungsstrom, der zur Sperrschichtkapazität führt, zum Teilchenstrom hinzufügt. In demselben Sinne sind auch sämtliche für den Transistor abgeleiteten Gleichungen zu ergänzen.[1] Das bedeutet, daß man außer Einführung der Substitution (3.25) auf der rechten Seite von (3.3) und (3.4) den Verschiebungsstrom hinzuaddieren muß und den Einfluß dieser Änderungen auf die weitere Rechnung zu verfolgen hat.

Bild 3.11 zeigt das Wechselstrom-Ersatzschaltbild des Transistors, wie es sich aus dieser Vorstellung ergibt. Zum Kollektorwiderstand r_c ist die Sperrschichtkapazität c_c hinzugekommen, wegen der Sperrbelastung spielt eine Diffusionskapazität keine Rolle. Dem Emitterwiderstand r_e ist die Diffusionskapazität c_{eD} parallelgeschaltet, der durch diese Parallelschaltung hindurchfließende Strom i_e' wirkt am Kollektor als Steuerstrom. Es ist plausibel, daß der durch die Emittersperrschichtkapazität c_{es} fließende Strom keine Steuerwirkung ausübt, da mit diesem Stromanteil keine Injektion verbunden ist. Schließlich ist noch zu berücksichtigen, daß die Stromverstärkung α^* komplex wird,[2] da sie nach (3.16) von der Diffusionslänge und damit von der Lebensdauer abhängt.

Weiterhin ist zu berücksichtigen, daß Widerstände und Kapazitäten außer von der Vorspannung auch von der Frequenz abhängen können, so daß eine solche Darstellung zunächst nur allgemeinen formalen Charakter hat.

---

[1] Mit dieser Darstellung werden lediglich Zeiteinflüsse, die mit dem Early-Effekt verbunden sind, nicht erfaßt; s. Abschnitt 3.5.2.

[2] Im folgenden werden komplexe mit der Stromverstärkung zusammenhängende Faktoren zum Unterschied von den Gleichstromwerten durch einen Stern gekennzeichnet.

Um die Frequenzabhängigkeit des Stromverstärkungsfaktors α^* explizite zu bestimmen, möge es für den vorliegenden Zweck ausreichen, die Emittergiebigkeit $\gamma^* = \gamma$ als frequenzunabhängig anzunehmen. Dann ist nur die Frequenzabhängigkeit des Transportfaktors β^* zu berücksichtigen. Wie in Abschnitt 3.2 diskutiert, muß zur Erreichung einer hohen Niederfrequenz-Stromverstärkung ($\alpha \approx 1$) die Basisdicke d_b klein gegenüber der Diffusionslänge L_{nb} sein,

$$d_b/L_{nb} \ll 1 \ . \tag{3.26}$$

Entwickelt man $\cosh(d_b/L_{nb})$ in (3.16) bis zum quadratischen Glied, kann man die Substitution (3.25) in einfacher Weise ausführen. Aus

$$\alpha^* = \frac{\gamma}{\cosh(d_b/L_{nb}^*)} \approx \frac{\gamma}{1 + \frac{1}{2}(d_b/L_{nb}^*)^2} \tag{3.27}$$

folgt

$$\alpha^* \approx \frac{\gamma}{1 + \frac{1}{2}(d_b/L_{nb})^2 (1 + j\omega\tau_{nb})} \approx \frac{\alpha}{1 + j\frac{\omega}{\omega_\alpha}} \tag{3.28}$$

mit

$$\omega_\alpha \approx \frac{2 D_{nb}}{d_b^2} \ , \tag{3.29}$$

wobei von der Definition in (2.33) Gebrauch gemacht wurde. Damit ist näherungsweise die Frequenzabhängigkeit des Stromverstärkungsfaktors festgelegt. Die zunächst als Kürzung eingeführte Größe ω_α hat die Bedeutung einer Grenzfrequenz („α-Grenzfrequenz"). Für $\omega = \omega_\alpha$ ist der Betrag der Stromverstärkung auf $1/\sqrt{2}$ des Gleichstromwertes abgesunken.[1] Man sieht, daß diese Grenzfrequenz nicht von der Lebensdauer abhängt, sondern nur von Basisdicke d_b und Diffusionskonstante D_{nb} bestimmt wird. Man ist daher bestrebt, für Hochfrequenztransistoren geringe Basisdicken zu realisieren.

3.5.2 Berücksichtigung des Early-Effektes

In der vorangegangenen Ableitung wurde der Einfluß des Early-Effektes auf das Wechselstromverhalten des Transistors noch nicht berücksichtigt. Wie aus Bild 3.2 qualitativ ersichtlich, ändert sich der Konzentrationsgradient am emitterseitigen Rand des Bahngebietes und damit der Emitterstrom mit der Kollektorspannung, so daß hierdurch eine Rückwirkung des Kollektors auf den Emitter zustandekommt. Es ist zu untersuchen, wie die Ersatzschaltung des Bildes 3.11 bei Berücksichtigung dieses Effektes zu erweitern ist.

---

[1] Genau genommen ist die obige Entwicklung in dieser einfachen Form nur für $\omega \ll \omega_\alpha$ statthaft; mit (3.26) fehlt in (3.29) auf der rechten Seite ein Faktor $\simeq 1,2$.

Zu diesem Zweck ist der Konzentrationsverlauf der Minoritätsträger in der Basis aus der zu (2.61) analogen Gleichung

$$\frac{\partial n}{\partial t} = D_{nb} \frac{\partial^2 n}{\partial x^2} - \frac{n - n_{0b}}{\tau_{nb}} \qquad (3.30)$$

zu berechnen. Die Spannungen über den Sperrschichten sollen gemäß (2.49) aus einem Gleich- und einem überlagerten Wechselanteil mit $|q\vec{u}/kT| \ll 1$ bestehen. Im Rahmen einer Kleinsignaltheorie werden nur die in den Wechselgrößen linearen Glieder berücksichtigt, so daß die Konzentration entsprechend (2.50) in der Form

$$n(x, t) = n_{\|}(x) + n_{\sim}(x, t) \quad \text{mit} \quad n_{\sim}(x, t) = \text{Re}\left(\sqrt{2}\,\vec{n}(x)\exp(j\omega t)\right)$$

dargestellt werden kann. Der Kollektorübergang soll so stark in Sperrichtung belastet sein, daß die Randkonzentration praktisch null ist. Damit ergeben sich anstelle von (3.7) die Randbedingungen – Festlegung der Ortskoordinate geändert –

$$n(0, t) \simeq n_{0b}\exp\left(-\frac{qU_{eb'}^0}{kT}\right)\left[1 - \frac{qu_{eb'}}{kT}\right] \; ; \quad n(d_b(t), t) = 0 \; . \qquad (3.31)$$

Mit der letzten Randbedingung wurde berücksichtigt, daß sich infolge des Early-Effektes der Ort, an welchem $n = 0$ zu setzen ist, im Rhythmus der Kollektorspannung ändert (dicker Strich auf der Abszisse in Bild 3.12). Statt dessen kann man die Konzentration an der *ortsfesten* Stelle $x = d$ zeitabhängig vorgeben (senkrechte gestrichelte Gerade in Bild 3.12). Der hiermit berechnete Konzentrationsverlauf gilt nur, solange $n \geqslant 0$ bleibt.

Kennzeichnet d_0 die Dotierungsgrenze zwischen Basis und Kollektor, so ist die zeitabhängige Weite des Basisbahngebietes unter Berücksichtigung von (2.17) durch

$$d_b(t) = d_0 - \sqrt{\frac{2\epsilon\,N_{Dc}(U_{Dcb} + U_{cb'}^0 + u_{cb'})}{qN_{Ab}(N_{Ab} + N_{Dc})}}$$

gegeben. Spaltet man die Wechselgröße ab, so erhält man im Rahmen der Linearisierung

mit

$$\left.\begin{array}{l} d_b(t) = d' + d_{\sim} = d'\left[1 - \frac{qu_{cb'}}{kT}\,\eta\right] \\[4mm] d' = d_0 - w_0 \; ; \; w_0 = \sqrt{\dfrac{2\epsilon\,N_{Dc}(U_{Dcb} + U_{cb'}^0)}{qN_{Ab}(N_{Ab} + N_{Dc})}} \; ; \; \eta = \dfrac{w_0\,kT}{2q\,(U_{Dcb} + U_{cb'}^0)\,d'} \; . \end{array}\right\} \qquad (3.32)$$

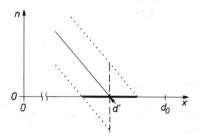

Bild 3.12
Approximation der zeitabhängigen Randbedingung an der Kollektorsperrschicht
d_0: Dotierungsgrenze
d': Sperrschichtgrenze bei Gleichvorspannung $U_{cb'}^0$

Nach Bild 3.12 ergibt sich dann näherungsweise[1])

$$n_{\parallel}(d') = 0 \quad \text{und} \quad n_{\sim}(d', t) = -\left.\frac{dn_{\parallel}}{dt}\right|_{d'} \cdot d_{\sim} . \tag{3.33}$$

Somit liegen die Bedingungen, mit denen die Differentialgleichung (3.30) zu lösen ist, fest. Führt man die Kürzungen

$$n_e = n_{0b} \exp\left(-\frac{qU_{eb'}^0}{kT}\right) \quad \text{und} \quad a = \frac{\sqrt{1 + j\,\omega\tau_{nb}}}{L_{nb}} \tag{3.34}$$

ein, so folgt unter Berücksichtigung von $d'/L_{nb} \ll 1$ für den Phasor der Konzentration

$$\vec{n}(x) = -\frac{n_e \sinh(a\,[d'-x])}{\sinh(ad')} \frac{q\vec{u}_{eb'}}{kT} - \frac{n_e \sinh(ax)\,\eta}{\sinh(ad')} \frac{q\vec{u}_{cb'}}{kT} .$$

Das führt auf die Phasoren der Wechselstromkomponenten

$$\vec{i}_{en} = \frac{qD_{nb}\,a\,n_e\,A}{\tanh(ad')} \left[\frac{q\vec{u}_{eb'}}{kT} - \frac{\eta}{\cosh(ad')} \frac{q\vec{u}_{cb'}}{kT} \right] \tag{3.35}$$

und

$$\vec{i}_{cn} = \frac{qD_{nb}\,a\,n_e\,A}{\tanh(ad')} \left[\frac{-1}{\cosh(ad')} \frac{q\vec{u}_{eb'}}{kT} + \eta\,\frac{q\vec{u}_{cb'}}{kT} \right] . \tag{3.36}$$

Bei Vernachlässigung des Early-Effektes ($\eta = 0$) ergibt sich aus (3.35) und (3.36) — wie zu erwarten — wieder der komplexe Transportfaktor (3.27).

Für das Folgende soll vereinfachend $\gamma = 1$ gesetzt werden, so daß zu (3.35) und (3.36) nur noch die Verschiebungsströme hinzuzuaddieren sind, um Emitter- und Kollektorstrom zu bestimmen:

$$\vec{i}_e = (y_e + j\omega c_{es})\,\vec{u}_{eb'} - \qquad \alpha^*\,y_e\,\eta\,\vec{u}_{cb'} , \tag{3.37}$$

$$\vec{i}_c = \qquad -\alpha^*\,y_e\,\vec{u}_{eb'} + (y_e\,\eta + j\omega c_c)\,\vec{u}_{cb'} \tag{3.38}$$

mit

$$y_e = \frac{q^2 D_{nb}\,a\,n_e\,A}{kT \tanh(ad')} \simeq \frac{1}{r_e} + j\omega c_{eD} , \quad c_{eD} = \frac{2}{3\,r_e\,\omega_\alpha} . \tag{3.39}$$

Hierbei wurde $\tanh(ad')$ im komplexen Leitwert y_e für $d'/L_{nb} \ll 1$ entwickelt sowie (3.1), (3.29) und (3.34) verwendet.

In der Ersatzschaltung des Bildes 3.11 sind zusätzlich die Stromterme $(-\alpha^*\,y_e\,\eta\,\vec{u}_{cb'})$ und $y_e\,\eta\,\vec{u}_{cb'}$ in (3.37) und (3.38) zu berücksichtigen. Mit

$$y_c = \frac{1}{r_c} + j\omega c_c + \eta\,y_e \tag{3.40}$$

folgt die Ersatzschaltung in Bild 3.13.

---

[1]) Wie eine genauere Rechnung zeigt, treten Abweichungen nur in den hier vernachlässigten quadratischen und höheren Potenzen der Wechselspannungsgrößen auf.

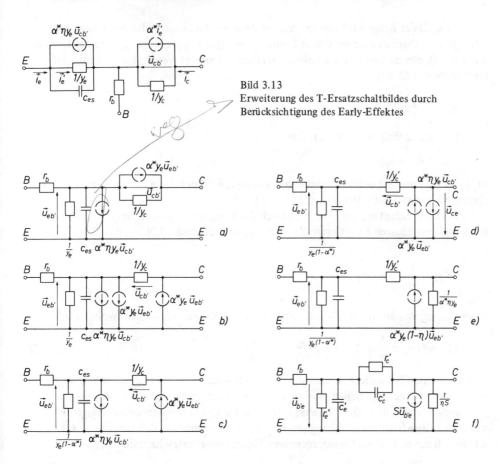

Bild 3.13
Erweiterung des T-Ersatzschaltbildes durch
Berücksichtigung des Early-Effektes

Bild 3.14
Zur Entwicklung des Giacoletto-Ersatzschaltbildes. Erläuterung im Text

3.5.3 Giacoletto-Ersatzschaltbild

Die in Bild 3.13 gezeigte Ersatzschaltung soll nun so umgeformt werden, daß nur *eine* gesteuerte Quelle auftritt. Mit $\vec{i}_e{}' = y_e \vec{u}_{eb}{}'$ erhält man zunächst Bild 3.14a. Wendet man den Zweiteilungssatz für Stromquellen[1] auf die Quelle am Kollektor an, ergibt sich Teilbild b: Beide Schaltungen sind gleichwertig, weil sich an den Einspeisungen in den einzelnen Knoten nichts geändert hat. Die linke dieser beiden Quellen läßt sich nach dem Substitutionssatz[1] durch einen komplexen Widerstand ersetzen, da der Strom durch diesen Zweig proportional dem Spannungsabfall über den Anschlüssen ist; es ergibt sich Teilbild c.

---

[1] Vgl. Band II, Abschnitt 3

In analoger Weise wird die von $u_{cb'}$ gesteuerte Quelle mit Hilfe des Zweiteilungssatzes in eine Quelle zwischen C und E und in eine Quelle parallel zu y_c aufgeteilt, wobei die letzte Quelle durch einen komplexen Widerstand ersetzt werden kann (Teilbild d); hier wurde mit (3.40)

$$y_c' = \frac{1}{r_c} + j\omega c_c + \eta y_e (1 - \alpha^*)$$

gesetzt. Berücksichtigt man weiter, daß

$$u_{cb'} = u_{ce} + u_{eb'}$$

ist, kann man die rechte Stromquelle in einen Anteil proportional $u_{eb'}$ und in einen komplexen Widerstand aufteilen, Teilbild e.

In dieser Schaltung sind lediglich noch die komplexen Größen für $\omega/\omega_\alpha \ll 1$ in Real- und Imaginärteil zu zerlegen. Zunächst ergibt sich nach (3.28) und (3.39)

$$\alpha^* y_e = \frac{\alpha}{r_e} \frac{1 + \frac{2}{3}j\frac{\omega}{\omega_\alpha}}{1 + j\frac{\omega}{\omega_\alpha}} \simeq \frac{\alpha}{r_e} \equiv S \, . \tag{3.41}$$

Wegen $\omega/\omega_\alpha \ll 1$ ist die Steilheit S näherungsweise als reell anzusehen. Weiter wird

$$(1 - \alpha^*) y_e = \frac{1}{r_e} \left[(1 - \alpha) + j\frac{\omega}{\omega_\alpha} \right] . \tag{3.42}$$

Auf der rechten Seite dieser Gleichung ist jedoch nicht wie bisher ω/ω_α mit 1, sondern mit $(1 - \alpha) \ll 1$ zu vergleichen, so daß der zweite Term nicht gegenüber dem ersten vernachlässigt werden darf. Der Leitwert setzt sich aus einem frequenzunabhängigen Widerstand und einer frequenzunabhängigen Kapazität zusammen, so daß sich mit $\eta \ll 1$ schließlich das in Teilbild f wiedergegebene Giacoletto-Ersatzschaltbild mit

$$r_e' = \frac{r_e}{1 - \alpha} \, ; \quad c_e' = \frac{1}{\omega_\alpha r_e} + c_{es} \, ; \quad \frac{1}{r_c'} = \frac{1}{r_c} + \frac{\eta}{r_e'} \, ; \quad c_c' = c_c + \frac{\eta}{\omega_\alpha r_e} \tag{3.43}$$

ergibt.

In der Praxis geht man hier wieder so vor, daß man den prinzipiellen Aufbau des Ersatzschaltbildes aus der physikalischen Wirkungsweise des zugrunde gelegten Modells ableitet, die Größen der einzelnen Schaltungselemente dagegen empirisch bestimmt.

3.5.4 Grenzfrequenzen

Man hat verschiedene Möglichkeiten, für Transistoren Grenzfrequenzen zu definieren. Als α-Grenzfrequenz bezeichnet man diejenige Frequenz, bei welcher der Betrag von α^* auf $1/\sqrt{2}$ des Gleichstromwertes abgesunken ist. Dieser Wert wurde für die Basisschaltung bereits angegeben (3.29). Den entsprechenden Ausdruck für die Emitterschaltung kann man finden, indem man (3.29) in (3.24) einsetzt,

$$\alpha_e^* = \frac{\alpha^*}{1 - \alpha^*} \approx \frac{\alpha}{1 - \alpha + j\frac{\omega}{\omega_\alpha}} \, . \tag{3.44}$$

Man sieht, daß der Betrag von α_e^* bei einer Kreisfrequenz von

$$\omega_e = (1 - \alpha)\,\omega_\alpha \simeq \left(1 - \frac{\gamma}{1 + \dfrac{1}{\omega_\alpha\,\tau_{nb}}}\right)\omega_\alpha \simeq (1 - \gamma)\,\omega_\alpha + \frac{\gamma}{\tau_{nb}} \qquad (3.45)$$

auf $1/\sqrt{2}$ des Gleichstromwertes abgesunken ist. Für $\gamma = 1$ hängt die Grenzfrequenz ω_e der Emitterschaltung nur von der Lebensdauer ab. Sie ist etwa um den Faktor 300 kleiner als die Grenzfrequenz ω_α der Basisschaltung.

Bei der Emitterschaltung wird daneben zur Kennzeichnung einer Frequenzgrenze die Transitfrequenz ω_T eingeführt. Das ist diejenige Frequenz, bei welcher der Betrag der Stromverstärkung α_e^* auf den Wert 1 abgesunken ist. Für $\alpha \approx 1$ folgt aus (3.44)

$$\omega_T \approx \omega_\alpha\,. \qquad (3.46)$$

Eine weitere Frequenzgrenze läßt sich dadurch definieren, daß ein Transistor als aktives Element wirkt und durch Rückkopplung zur Schwingungserzeugung verwendet werden kann, solange die Leistungsverstärkung größer als 1 ist. Es soll zunächst die Leistungsverstärkung

$$G_m' = \frac{P_A}{P_E} = \frac{\text{ausgangsseitig abgegebene Leistung}}{\text{eingangsseitig aufgenommene Leistung}}$$

eines Transistors in Emitterschaltung für den Fall der ausgangsseitigen Anpassung abgeschätzt werden. Dabei wird die Rückwirkung vernachlässigt, also $r_e = 0$ gesetzt.[1] Bei hinreichend hohen Frequenzen ist ferner

$$1/r_c \ll \omega c_c\,.$$

Mit diesen Näherungen ergeben sich nach (3.22) und (3.23) die komplexen h-Parameter, wenn man $1/r_c$ durch $j\omega c_c$ ersetzt,

$$h_{11}^{(e)} = r_b\,; \quad h_{12}^{(e)} = 0\,; \quad h_{21}^{(e)} = \alpha_e^*\,; \quad h_{22}^{(e)} = \frac{j\omega c_c}{1 - \alpha^*}\,.$$

Wie in Band II, Anhang, gezeigt ist, gilt unter diesen Bedingungen

$$G_m' = \frac{|h_{21}|^2}{4\,\mathrm{Re}\,(h_{11})\,\mathrm{Re}(h_{22})}\,.$$

Man kann also die gesuchte Leistungsverstärkung formal sofort angeben. Mit (3.28) und (3.44) lassen sich die komplexen h-Parameter explizite hinschreiben

$$|h_{21}^{(e)}|^2 \approx \frac{\alpha^2}{(1 - \alpha)^2 + \left(\dfrac{\omega}{\omega_\alpha}\right)^2}\,; \quad \mathrm{Re}\left(h_{22}^{(e)}\right) \approx \frac{\alpha c_c\,\dfrac{\omega^2}{\omega_\alpha}}{(1 - \alpha)^2 + \left(\dfrac{\omega}{\omega_\alpha}\right)^2}\,.$$

---

[1] Eine genauere Untersuchung zeigt, daß nur die Bedingungen

$$r_e \ll r_b \quad \text{und} \quad r_e^2 \ll \left(2\,r_b\,\frac{\omega}{\omega_\alpha}\right)^2$$

erforderlich sind.

Damit wird

$$G'_m \approx \frac{\alpha\,\omega_\alpha}{4\,r_b\,c_c\,\omega^2}\,. \tag{3.47}$$

Man wird grundsätzlich einen Transistor nur bei solchen Frequenzen zur Schwingungsanfachung durch Rückkopplung verwenden können, bei denen unter günstigsten Bedingungen (d.h. bei ausgangsseitiger Anpassung und verlustlosem Rückkopplungsnetzwerk) die Ausgangsleistung größer als die Eingangsleistung ist. Die Grenzfrequenz ω_m, bei welcher $G'_m = 1$ wird, bezeichnet man als maximale Schwingfrequenz oder Schwing-Grenzfrequenz. Aus (3.47) folgt mit $\alpha \approx 1$ die Formel

$$\omega_m \approx \frac{1}{2}\,\sqrt{\frac{\omega_\alpha}{r_b\,c_c}}\,. \tag{3.48}$$

Die maximale Schwingfrequenz wird nicht nur durch die α-Grenzfrequenz bestimmt, sondern auch durch Basiswiderstand und Kollektorkapazität. Man ist daher bemüht, bei Hochfrequenztransistoren die beiden letztgenannten Größen möglichst klein zu halten.

3.5.5 Schaltverhalten

Häufig wird der Transistor als elektronischer Schalter verwendet, so daß neben der Frequenzabhängigkeit der Verstärkereigenschaften auch das Impulsverhalten von Interesse ist. Die anschließende Diskussion wird am Beispiel der Basisschaltung durchgeführt.

Da Schaltvorgänge Großsignalaussteuerungen darstellen, erläutert man die stationären Zustände vorteilhaft anhand von Kennlinienfeldern. In Bild 3.4 sind Batteriespannung und Arbeitsgerade in das Ausgangskennlinienfeld eines Transistors eingezeichnet.

Liegt der Arbeitspunkt im Sperrbereich Ⅰ (○), ist der Emitter in Sperrichtung belastet. Über dem Kollektor-Basisanschluß fällt fast die gesamte Batteriespannung ab, es fließt nur ein geringer Strom: der Schalter sperrt. Liegt der Arbeitspunkt im Sättigungsbereich Ⅲ (●) oder hart an seiner Grenze im aktiven Bereich (◉), fließen hohe Kollektorströme bei nur geringem Spannungsabfall über dem Kollektor-Basisanschluß, der Schalter stellt einen Kurzschluß dar. Das Wort „Sättigungsbereich" deutet an, daß unter diesen Betriebsbedingungen der Kollektorstrom praktisch vollständig durch den Arbeitswiderstand R_L bestimmt wird; eine Erhöhung des Emitterstromes führt nicht mehr zu einer wesentlichen Vergrößerung des Kollektorstromes.

Die Darstellung im Kennlinienfeld eignet sich jedoch nicht, um das zeitliche Verhalten des Transistors beim Schaltvorgang selbst zu erfassen. Vielmehr muß das in Abschnitt 2.3.4 für den Gleichrichter entwickelte Verfahren sinngemäß auf den Transistor übertragen werden, um ein Ersatzschaltbild vom physikalischen Modell her zu entwickeln. Um das Prinzip zu erläutern, wird es genügen, die durch den Early-Effekt bedingten Änderungen der Sperrschichtausdehnungen zu vernachlässigen und sich auf den Fall eines kurzen Bahngebietes zu beschränken. Somit ist anstelle von (2.61) die Gleichung

$$\frac{\partial n}{\partial t} = D_{nb}\,\frac{\partial^2 n}{\partial x^2}$$

im Basisbahngebiet zu lösen. Weiter soll der Kollektor in Sperrichtung belastet sein, so daß nur eine Injektion vom Emitter her erfolgt. Nimmt man wieder für $t < 0$ einen stationären Zustand an, lautet die Anfangsbedingung

$$n(x, 0) = n_e \frac{d_b - x}{d_b} \quad \text{mit} \quad n_e \equiv n_{0b} \exp\left(-\frac{qU_{eb'}}{kT}\right),$$

wenn die emitterseitige Grenze des Bahngebietes bei $x = 0$ liegt. Die Randbedingungen sind

$$J_{en}(t) = qD_{nb} \left.\frac{\partial n(x, t)}{\partial x}\right|_{x = 0} \quad \text{und} \quad n(d_b, t) = 0.$$

Nach Einführung der Laplace-Transformation

$$\mathcal{L}(n) = \int_0^\infty dt\, e^{-st}\, n(x, t) \equiv N(x, s)$$

entsteht mit der Kürzung

$$l = \sqrt{\frac{D_{nb}}{s}}$$

die gewöhnliche Differentialgleichung

$$-\frac{n(x, 0)}{s} + N = l^2 \frac{d^2 N}{dx^2}$$

mit der Lösung

$$N(x, s) = \frac{N(0, s) - \frac{n_e}{s}}{\sinh\left(\frac{d_b}{l}\right)} \sinh\left(\frac{d_b - x}{l}\right) + \frac{n(x, 0)}{s}. \tag{3.49}$$

Berücksichtigung der ersten Randbedingung führt mit der Laplace-Transformierten für die Stromdichte auf

$$\mathcal{L}(J_{en}) = -qD_{nb}\left\{\frac{N(0, s) - \frac{n_e}{s}}{l \cdot \tanh\left(\frac{d_b}{l}\right)} + \frac{n_e}{s\, d_b}\right\}.$$

Auflösen nach $N(0, s)$ ergibt

$$\frac{qD_{nb}}{d_b} N(0, s) = \frac{qD_{nb}\, n_e}{s\, d_b}\left[1 - \frac{l}{d_b} \tanh\left(\frac{d_b}{l}\right)\right] - \frac{l}{d_b} \tanh\left(\frac{d_b}{l}\right) \cdot \mathcal{L}(J_{en}).$$

Die Rücktransformation führt mit (3.29) auf ([20], [30])

$$J_{eg1}(t) = J_{en}^- \frac{\omega_\alpha}{2} \int_t^\infty dt'\, \Theta_2\left(0\left|\frac{\omega_\alpha}{2} t'\right.\right) + \frac{\omega_\alpha}{2} \int_0^t dt'\, J_{en}(t')\, \Theta_2\left(0\left|\frac{\omega_\alpha}{2}[t - t']\right.\right), \tag{3.50}$$

wobei

$$J_{eg1}(t) = -\frac{qD_{nb}}{d_b} n(0, t) \tag{3.51}$$

diejenige Stromdichte ist, die im stationären Fall fließen würde, wenn die Randkonzentration den Wert $n(0, t)$ hätte.

$$J_{en}^- = -\frac{qD_{nb}\, n_e}{d_b}$$

ist die Stromdichte, welche vor dem Schaltvorgang $(t < 0)$ floß.

$$\Theta_2(0|z) = 2 \sum_{n=0}^{\infty} \exp\left(-\pi^2 \left[n + \frac{1}{2}\right]^2 z\right)$$

ist eine Theta-Funktion [20], deren Verlauf in Bild 3.15 dargestellt ist.

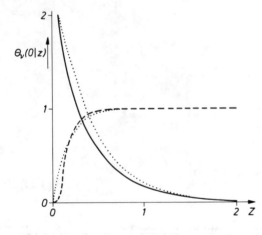

Bild 3.15
Theta-Funktionen und verwendete Näherungen.
Weitere Erläuterungen im Text
——— $\Theta_2(0|z)$ $-----$ $\Theta_4(0|z)$
...... Näherungen

Die weitere Auswertung von (3.50) erfolgt mit einer Näherung für die Thetafunktion. In der Summe werden die Glieder $n \geqslant 1$ vernachlässigt; zur teilweisen Kompensation des dadurch entstandenen Fehlers wird der verbleibende Summand $n = 0$ mit einem nachträglich zu bestimmenden Vorfaktor ζ versehen,

$$\Theta_2(0|z) \simeq 2\,\zeta \exp\left(-\frac{\pi^2}{4}\, z\right) .$$

Dieser Vorfaktor wird nun so bestimmt, daß sich im stationären Fall das richtige Ergebnis $J_{eg1} = J_{en}$ ergibt. Differenziert man die so vereinfachte Gleichung (3.50) nach der Zeit und drückt das verbleibende Integral wieder durch (3.50) aus, erhält man

$$\tau_0 \frac{dJ_{eg1}}{dt} + J_{eg1} = \tau_0\, \omega_\alpha \zeta\, J_{en}(t) \quad \text{mit} \quad \tau_0 = \frac{8}{\pi^2\, \omega_\alpha} . \tag{3.52}$$

Damit ist $\zeta = \pi^2/8$ zu setzen. Die punktierte Kurve in Bild 3.15 zeigt die verwendete Näherung für Θ_2.

Als nächstes ist die Kollektorstromdichte zu ermitteln, die sich unter Berücksichtigung der Vorzeichen aus

$$J_{cn}(t) = - qD_{nb} \left. \frac{\partial n(x, t)}{\partial x} \right|_{x = d_b}$$

ergibt. Zunächst liefert die Rücktransformation von (3.49) nach [20] unter Verwendung von (3.29) für $x > 0$

$$n(x, t) = \frac{\omega_\alpha}{4} \int_0^t dt' \, [n(0, t') - n_e] \frac{\partial}{\partial \nu} \Theta_4 \left(\nu \left| \frac{\omega_\alpha}{2} (t - t') \right. \right) + n(x, 0) \, ,$$

wobei die Kürzung

$$\nu = \frac{d_b - x}{2 \, d_b}$$

verwendet wurde. Die Thetafunktion Θ_4 ist durch

$$\Theta_4 (\nu | z) = 1 + 2 \sum_{n = 1}^{\infty} (-1)^n \exp(-\pi^2 n^2 z) \cos(2\pi n\nu) = \frac{1}{\sqrt{\pi z}} \sum_{n = -\infty}^{\infty} \exp\left(- \frac{(\nu + n + \frac{1}{2})^2}{z} \right)$$

definiert [20]. Aus der letzten Gleichung folgt

$$\frac{\partial^2 \Theta_4}{\partial \nu^2} = 4 \frac{\partial \Theta_4}{\partial z} \, .$$

Nach partieller Integration erhält man damit für den Konzentrationsgradienten

$$\left. \frac{\partial n(x, t)}{\partial x} \right|_{d_b} = \left. \frac{\partial n(x, 0)}{\partial x} \right|_{d_b} - \frac{1}{d_b} \int_0^t dt' \, \frac{\partial n(0, t')}{\partial t'} \Theta_4 \left(0 \left| \frac{\omega_\alpha}{2} (t - t') \right. \right) .$$

Hieraus folgt

$$J_{cn}(t) = - J_{eg1}(t) - \int_0^t dt' \, \frac{\partial J_{eg1}(t')}{\partial t'} \left\{ \Theta_4 \left(0 \left| \frac{\omega_\alpha}{2} (t - t') \right. \right) - 1 \right\} . \qquad (3.53)$$

Der Verlauf der Funktion $\Theta_4 (0|z)$ ist ebenfalls in Bild 3.15 wiedergegeben.

Zur weiteren Auswertung von (3.53) soll $[\Theta_4 (0|z) - 1]$ so durch eine einzige Exponentialfunktion approximiert werden, daß sich einerseits für $z = 0$ der exakte Wert ergibt und andererseits das Integral

$$\int_0^\infty dz \, [\Theta_4 (0|z) - 1]$$

richtig wiedergegeben wird:

$$\Theta_4(0|z) - 1 \simeq - \exp(-6z).$$

Diese Näherung ist in Bild 3.15 als
punktierte Kurve eingezeichnet.

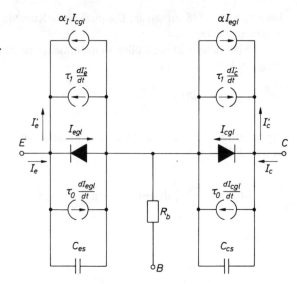

Bild 3.16
Ersatzschaltbild für den Schalttransistor

$$\tau_0 = \frac{8}{\pi^2 \omega_\alpha}; \quad \tau_1 = \frac{1}{3 \omega_\alpha}$$

Differenziert man die so vereinfachte Gleichung (3.53) nach der Zeit und drückt
das verbleibende Integral wieder durch (3.53) aus, erhält man die auf der Kollektorseite
durch eine Ersatzschaltung darzustellende Gleichung

$$J_{cn} = - J_{eg1} - \tau_1 \frac{dJ_{cn}}{dt} \quad \text{mit} \quad \tau_1 = \frac{1}{3 \omega_\alpha}. \tag{3.54}$$

Die weiteren Effekte, die für das Schaltverhalten eine Rolle spielen, lassen sich in
einfacher Weise im Ersatzschaltbild berücksichtigen; dies sind Verschiebungsstrom, Basisbahnwiderstand und Stromverstärkung $\alpha \neq 1$. Läßt man ebenfalls für den Kollektor eine
Belastung in Durchlaßrichtung zu, ergibt sich die in Bild 3.16 gezeigte Ersatzschaltung.
Für Überschlagsrechnungen kann diese Schaltung weiter vereinfacht werden. Das wird im
folgenden an zwei Beispielen demonstriert.

Als erstes sei das Schalten zwischen $I_e = 0$ (Sperrbereich) und dem aktiven Bereich ⓘⓘ betrachtet. Zur Vereinfachung werden Sperrschichtkapazitäten und Basisbahnwiderstand vernachlässigt, die Halbleitergleichrichter des Bildes 3.16 sollen durch ideale
Gleichrichter approximiert werden; ferner sei $\alpha = 1$ gesetzt. Damit ergibt sich wegen
$I_c = I_c'$ die in Bild 3.17a gezeigte Schaltung. Der Emitterstrom sei als Rechteckimpuls[1])
vorgegeben, Bild 3.17b; der zeitliche Verlauf des Kollektorstromes ist zu bestimmen.

Auf der Emitterseite folgt nach dem Zuschalten des Stromimpulses I_e^0 aus der
Schaltung des Bildes 3.17a die Differentialgleichung

$$- I_e^0 = I_{eg1} + \tau_0 \frac{dI_{eg1}}{dt}.$$

---

[1]) Bei Schaltvorgängen ist sorgfältig darauf zu achten, welche Größe in ihrer Zeitabhängigkeit fest
vorgegeben ist. Es kann z.B. auch die Emitterspannung als Zeitfunktion festgelegt sein. In der
Praxis ist durch die äußere Beschaltung meist eine Kombination von Strom und Spannung vorgegeben.

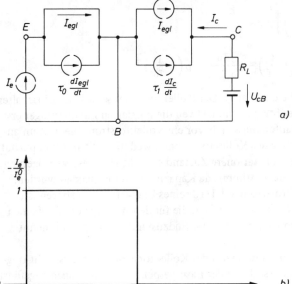

Bild 3.17
Schaltvorgang zwischen Sperrbereich und aktivem Bereich
a) Ersatzschaltbild
b) Emitterstromimpuls
c) zeitlicher Verlauf des Kollektorstromes
t_{an} Anstiegszeit, t_{ab} Abfallzeit, t_v Verzögerungszeit

Auf der Kollektorseite lautet die Differentialgleichung

$$- I_c = \tau_1 \frac{dI_c}{dt} + I_{eg1} .$$

Die Anfangsbedingungen ergeben sich aus der Forderung, daß die Ströme I_{eg1} und I_c stetig sein müssen,[1] also in diesem Fall

$$I_{eg1}(0) = I_c(0) = 0 .$$

---

[1] Andernfalls würden wegen des Auftretens der Ableitungen in der Ersatzschaltung unendlich hohe Ströme fließen.

Damit lauten die Lösungen

$$I_{eg1} = - I_e^0 \left[1 - \exp\left(-\frac{t}{\tau_0}\right) \right]$$

$$I_c = I_e^0 \left[1 + \frac{\tau_1}{\tau_0 - \tau_1} \exp\left(-\frac{t}{\tau_1}\right) - \frac{\tau_0}{\tau_0 - \tau_1} \exp\left(-\frac{t}{\tau_0}\right) \right].$$

Der Verlauf von I_c ist in Teilbild c dargestellt. Der Kollektorstrom setzt beim Einschalten nicht sofort ein (Tangente mit der Steigung null!), weil die injizierten Ladungsträger erst vom Emitter bis zum Kollektor laufen müssen, bevor ein Kollektorstrom fließt. Zum andern erfolgt ein allmählicher Anstieg des Kollektorstromes, weil die „Diffusionskapazität" erst aufgefüllt werden muß, bevor der stationäre Zustand erreicht ist. Diese Verzögerung wird hier durch die α-Grenzfrequenz bestimmt, da Kapazitäten vernachlässigt wurden. Die Zeit, nach welcher der Kollektorstrom auf 1/10 seines Endwertes angestiegen ist, wird als „Verzögerungszeit" t_v bezeichnet; die Zeit, die für den Anstieg vom 0,1-fachen auf den 0,9-fachen Wert des stationären Stromes im Endzustand benötigt wird, nennt man „Anstiegszeit" t_{an}.

Beim Abschalten des Emitterstromes wird der Kollektorstrom ebenfalls nicht trägheitslos folgen, es müssen vielmehr erst die in der Basis gespeicherten Ladungen abgeführt werden, bevor der stationäre Zustand erreicht ist. Das zeitliche Verhalten wird wieder durch die Ersatzschaltung des Bildes 3.17a beschrieben. Es gelten nun die Gleichungen

$$0 = I_{eg1} + \tau_0 \frac{dI_{eg1}}{dt} \; ; \qquad - I_c = I_{eg1} + \tau_1 \frac{dI_c}{dt}$$

mit den Anfangsbedingungen (neue Zeitskala)

$$I_{eg1}(0) = - I_c(0) = - I_e^0 \; .$$

Die Lösung für I_c lautet

$$I_c = I_e^0 \left[\frac{\tau_0}{\tau_0 - \tau_1} \exp\left(-\frac{t}{\tau_0}\right) - \frac{\tau_1}{\tau_0 - \tau_1} \exp\left(-\frac{t}{\tau_1}\right) \right].$$

Auch dieser Verlauf ist in Bild 3.16c dargestellt. Die „Abfallzeit" t_{ab} wird analog zu t_{an} definiert.

Etwas andere Verhältnisse ergeben sich, wenn vom Sperr- bis in den Sättigungsbereich geschaltet wird. Wie aus Bild 3.4 ersichtlich ist, wird hier im stationären Zustand der Emitterstrom größer als der Kollektorstrom, die Kollektordiode befindet sich im Durchlaßbereich. Wegen $|U_{cb}| \ll U_{cB}$ folgt für den Kollektorstrom

$$I_{cm} = \frac{U_{cB} - U_{cb}}{R_L} \simeq \frac{U_{cB}}{R_L} \; .$$

Zur Untersuchung dieses Schaltvorganges werden in der Schaltung des Bildes 3.16 die Halbleitergleichrichter wieder durch ideale Gleichrichter ersetzt und die beiden Stromquellen mit τ_1 zur Vereinfachung der Rechnung vernachlässigt. Die Sperrschichtkapazitäten werden jedoch berücksichtigt. Die Stromverstärkung α im normalen Betrieb[1] kann

---

[1] Im Gegensatz zum inversen Betrieb, bei dem Emitter und Kollektor ihre Rolle vertauschen.

wieder eins gesetzt werden; die Stromverstärkung α_I im inversen Betrieb weicht dagegen merklich von eins ab und ist daher explizite in der Rechnung mitzuführen. Damit ergibt sich die Ersatzschaltung in Bild 3.18a. Der Emitterimpuls habe die Höhe

$$I_e^0 = -\nu\, I_{cm} \, , \quad \nu > 1 \, .$$

Dann gelten für denjenigen Bereich des Einschaltvorganges, in welchem der Kollektorgleichrichter noch sperrt, die Differentialgleichungen

$$-\nu\, I_{cm} = I_{eg1} + \tau_0 \frac{dI_{eg1}}{dt} \; ; \quad I_c = -I_{eg1} + C_{cs} \frac{dU_{cb}}{dt} \, ,$$

wobei die Spannungsabhängigkeit der Sperrschichtkapazität C_{cs} in der Form

$$C_{cs} = \frac{K}{\sqrt{U_{Dcb} + U_{cb}}} \, , \quad U_{cb} = U_{cB} - R_L\, I_c$$

zu berücksichtigen ist. Mit der Anfangsbedingung $I_{eg1}(0) = 0$ ergibt sich für den Emitterstrom

$$I_{eg1} = -\nu\, I_{cm} \left[1 - \exp\left(-\frac{t}{\tau_0} \right) \right].$$

Damit wird der Kollektorstrom durch die Differentialgleichung

$$I_c = \nu\, I_{cm} \left[1 - \exp\left(-\frac{t}{\tau_0} \right) \right] - \frac{K\, R_L}{\sqrt{U_{Dcb} + U_{cB} - R_L\, I_c}} \frac{dI_c}{dt} \, .$$

bestimmt. Diese Gleichung gilt, solange $I_c(t) \leqslant I_{cm}$ ist. Sie wurde mit der Anfangsbedingung[1] $I_c(0) = 0$ numerisch integriert, Bild 3.18c.

Wenn der Kollektorstrom seinen maximalen Wert I_{cm} erreicht hat, ändert er sich nicht mehr, obwohl der Einschaltvorgang noch nicht abgeschlossen ist: Die Kollektorsperrschicht wird in Durchlaßrichtung belastet, es wird nun die dem Kollektor zuzuordnende Diffusionskapazität – dargestellt durch die gesteuerte Quelle $\tau_0\, dI_{cg1}/dt$ – aufgefüllt, bis der stationäre Zustand erreicht ist.

Bei dem zugehörigen Abschaltvorgang ist von dem aus Bild 3.18a folgenden stationären Zustand (neue Zeitskala)

$$I_{eg1}(0) = -\frac{\nu - \alpha_I}{1 - \alpha_I}\, I_{cm} \, ; \quad I_{cg1}(0) = -\frac{\nu - 1}{1 - \alpha_I}\, I_{cm} \, ; \quad I_c = I_{cm}$$

auszugehen. Solange $I_{cg1} \leqslant 0$ ist, gelten die Differentialgleichungen

$$0 = -\alpha_I\, I_{cg1} + I_{eg1} + \tau_0 \frac{dI_{eg1}}{dt}$$

$$I_{cm} = -I_{eg1} + I_{cg1} + \tau_0 \frac{dI_{cg1}}{dt} \, ,$$

---

[1] Dies folgt aus der Forderung, daß der Spannungsabfall über einem Kondensator sich nicht sprunghaft ändern kann.

die mit den obigen Anfangsbedingungen die Lösungen

$$I_{eg1}(t) = \frac{1}{1-\alpha_I} I_{cm} \left[\alpha_I - \frac{\tau_0 \, a_2 \, \nu}{2} \exp\left(-a_1 t\right) - \frac{\tau_0 \, a_1 \, \nu}{2} \exp\left(-a_2 t\right) \right]$$

$$I_{cg1}(t) = \frac{1}{1-\alpha_I} I_{cm} \left[1 + \frac{\tau_0 \, a_2 \, \nu}{2\sqrt{\alpha_I}} \exp\left(-a_1 t\right) - \frac{\tau_0 \, a_1 \, \nu}{2\sqrt{\alpha_I}} \exp\left(-a_2 t\right) \right]$$

mit
$$a_{1,2} = \frac{1}{\tau_0} \left(1 \pm \sqrt{\alpha_I}\right)$$

haben. Die Grenze t_s dieses Zeitbereiches, in welchem der Kollektorstrom I_c noch konstant bleibt, ist erreicht, wenn $I_{cg1} = 0$ wird.

$$I_{cg1}(t_s) = 0$$

ist die Bestimmungsgleichung für t_s, $I_{eg1}(t_s)$ die Anfangsbedingung für den nun folgenden Zeitbereich, in welchem der Kollektorgleichrichter wieder in Sperrichtung belastet ist. Dann gelten die Gleichungen

$$0 = I_{eg1} + \tau_0 \frac{dI_{eg1}}{dt} \, ; \quad I_{eg1}(t) = I_{eg1}(t_s) \exp\left(-\frac{t-t_s}{\tau_0}\right) ;$$

$$I_c(t) = -I_{eg1}(t) - \frac{K R_L}{\sqrt{U_{Dcb} + U_{cB} - R_L I_c}} \frac{dI_c}{dt} \, .$$

Die letzte Gleichung wurde mit der Anfangsbedingung $I_c(t_s) = I_{cm}$ numerisch integriert, Bild 3.18c.

Während der „Speicherzeit" t_s fließt noch der volle Kollektorstrom, die Kollektordiode bleibt in Durchlaßrichtung belastet.

Vergleicht man die beiden Fälle ‚Schalten vom Sperrbereich in den aktiven Bereich' und ‚Schalten vom Sperrbereich in den Sättigungsbereich' miteinander, so kann man im zweiten Fall bei geeigneter Schaltungsdimensionierung eine kleinere Anstiegszeit erreichen. Die Abfallzeit wird jedoch wesentlich vergrößert.

3.6 Temperatureinfluß und Stabilität

Ebenso wie die Gleichrichterkennlinie sind auch die Kennlinienfelder des Transistors stark temperaturabhängig. Einmal kann die beim Betrieb entstehende Joulesche Wärme zu einer Zerstörung des Bauelementes führen. Zum anderen ist mit der Temperaturerhöhung aber auch eine Verschiebung des Arbeitspunktes verbunden. Da Emitter- und Kollektorstrom beim Betrieb im aktiven Bereich nahezu gleich groß sind, wird wegen der geringeren Emitterspannung die Verlustleistung zum überwiegenden Teil am Kollektor entstehen; damit ergeben sich im Hinblick auf die thermische Spannungsfestigkeit ähnliche Bedingungen wie bei dem in Abschnitt 2.4.6 behandelten pn-Übergang.

Es sollen hier lediglich die Verschiebung des Arbeitspunktes sowie Maßnahmen zu seiner Stabilisierung näher diskutiert werden.

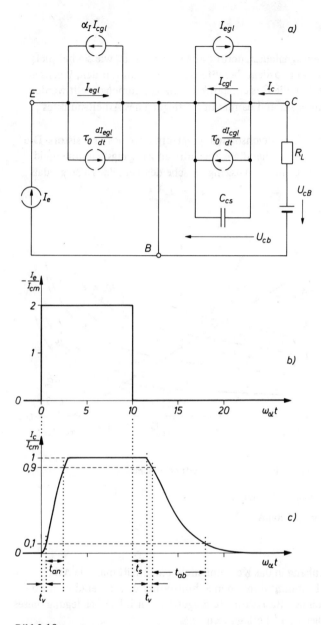

Bild 3.18
Schaltvorgang zwischen Sperrbereich und Sättigungsbereich
a) Ersatzschaltbild
b) Emitterstromimpuls
c) zeitlicher Verlauf des Kollektorstromes
   t_s Speicherzeit, t_{an}, t_{ab}, t_v wie in Bild 3.17

3.6.1 Wahl des Arbeitspunktes

Die Untersuchung der Kleinsignalaussteuerung eines Transistors, wie sie beispielsweise bei Verwendung als Verstärker vorliegt, befaßte sich bisher nur mit dem Wechselstromverhalten. Im folgenden sollen die Gesichtspunkte kurz zusammengestellt werden, die zur Wahl der Gleichvorspannungen und damit zur Festlegung des Arbeitspunktes führen.

Bild 3.19a zeigt schematisch die Gleichspannungsversorgung eines Transistors. Die Wahl des Arbeitspunktes läßt sich weitgehend am zugehörigen Ausgangskennlinienfeld (Bild 3.19b) diskutieren. Ein Umlauf in der Ausgangsmasche des Teilbildes a zeigt, daß

$$U_{ce} = U_{cB} - R_L \, I_c$$

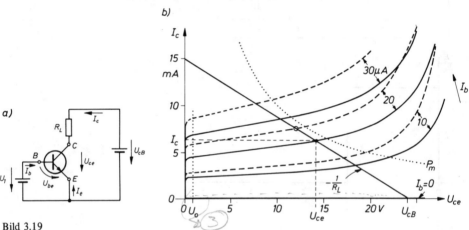

Bild 3.19
Zur Wahl des Arbeitspunktes
a) Gleichspannungsversorgung eines Transistors in Emitterschaltung, schematisch
b) Ausgangskennlinienfeld
———————— T = 300 K   – – – – – T = 320 K
● Arbeitspunkt bei 300 K }
○ Arbeitspunkt bei 320 K } für I_b = 20 μA

ist. Trägt man diesen Zusammenhang in das Kennlinienfeld ein, erhält man die Arbeitsgerade. Der Arbeitspunkt wird bestimmt durch den Schnittpunkt dieser Geraden mit derjenigen $I_c(U_{ce})$-Kurve, die durch den Basisstrom I_b eingestellt wird. Die Festlegung dieses Arbeitspunktes erfolgt nach folgenden Überlegungen:

1. Die maximal zulässige Kollektor-Verlustleistung P_m darf nicht überschritten werden,

$$I_c \, U_{ce} < P_m \; .$$

In Bild 3.19b ist die maximale Verlustleistung $I_c \, U_{ce} = P_m$ = const (Verlusthyperbel) eingezeichnet.

2. Es muß ein Sicherheitsabstand von der Durchbruchsspannung des Kollektors eingehalten werden.

3. Um nichtlineare Verzerrungen der Kleinsignale zu vermeiden, darf das Kennlinienfeld nur im linearen Teil ausgesteuert werden. Diese Grenzen sind durch die Kniespannung U_0 auf der einen Seite und durch $I_b = 0$ auf der anderen Seite gegeben.

Durch diese Forderungen ist der zur Verfügung stehende Teil des Kennlinienfeldes abgegrenzt. Zusätzliche spezielle Bedingungen wie z.B. maximale Verstärkung oder maximaler Wirkungsgrad führen im allgemeinen zu einer mehr oder weniger eindeutigen Festlegung des Arbeitspunktes.

3.6.2 Temperaturabhängigkeit des Kollektorstromes

In Bild 3.19b ist angedeutet, daß der Arbeitspunkt wandert, wenn sich das Kennlinienfeld infolge Temperaturänderung verschiebt. Zur Vermeidung dieses unerwünschten Effektes wird man bestrebt sein, den Kollektorstrom I_c möglichst konstant zu halten.

Zunächst ist zu zeigen, durch welche physikalischen Größen eine Temperaturabhängigkeit zustandekommt. Nach (3.19) ist mit $M = 1$

$$I_c = I_{c0} - \alpha\, I_e \; . \tag{3.55}$$

I_{c0} hängt nach (2.39) und (2.44) mit (1.22), (1.31) und (1.32) exponentiell von der Temperatur ab. I_e ist der Durchlaßstrom des Emittergleichrichters, für dessen Temperaturabhängigkeit

$$I_e \sim \exp\left(-\frac{W_{LV}}{kT}\right) \exp\left(\frac{qU_{be}}{kT}\right)$$

gilt. Die Stromverstärkung $\alpha \approx 1$ kann zwar ebenfalls temperaturabhängig sein, soll im folgenden aber als nahezu konstant angesehen werden.

Damit sind aufgrund des physikalischen Modells die einzelnen Temperaturabhängigkeiten festgelegt.

3.6.3 Stabilisierung des Arbeitspunktes und Gleichspannungsversorgung

Den bisherigen Diskussionen war implizite zugrunde gelegt, daß auf der Emitterseite die Spannung U_{be} (temperaturunabhängig) vorgegeben ist (Bild 3.19a). Das ist im vorliegenden Fall offensichtlich unzweckmäßig, da dann nach (3.55) der Kollektorstrom nicht nur über I_{c0}, sondern auch noch über I_e temperaturabhängig ist. Sinnvoller erscheint es, nach Möglichkeit den Emitterstrom I_e als konstant — unabhängig von der Temperatur — vorzugeben, dann ist im Idealfall die Temperaturabhängigkeit des Kollektorstromes lediglich durch den Kollektorreststrom I_{c0}, der häufig als klein gegenüber $\alpha\, I_e$ vernachlässigt werden kann, bestimmt. Diese Konstanz kann man näherungsweise erreichen (Bild 3.20a), indem man dem Emitter einen so großen Widerstand R vorschaltet, daß I_e praktisch durch diesen Widerstand bestimmt wird und nicht mehr durch den Spannungsabfall U_{be} über der Sperrschicht.

Um den Einfluß dieses Emittervorwiderstandes rechnerisch zu fassen, wird für den Transistor die Ersatzschaltung des Bildes 3.20b eingeführt; R_b und R_{ef} kennzeichnen analog zu Bild 3.7d Basis- und Emitterwiderstand, die beide temperaturabhängig sein können. Die Kollektorseite wurde gemäß (3.55) durch eine gesteuerte Quelle dargestellt. Damit erhält man die Schaltung des Bildes 3.20c, welche in einfacher Weise berechnet werden kann. Die Knotengleichung[1]) im Punkt Ⓚ und ein Spannungsumlauf in der Eingangsmasche führen mit (3.55) auf

$$I_c = \frac{I_{c0}\,(R + R_{ef} + R_b) + \alpha\,U_1}{R + R_{ef} + R_b\,(1 - \alpha)} \; .$$

Wählt man

$$R \gg R_{ef}(T) + R_b\,(T) \; ,$$

vereinfacht sich dies zu

$$I_c = I_{c0} + \frac{\alpha\,U_1}{R} \; .$$

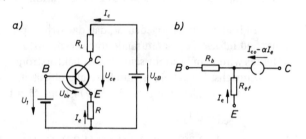

Bild 3.20
Stabilisierung des Arbeitspunktes durch
Emittervorwiderstand R
a) Schaltung
b) Ersatzschaltbild des Transistors
c) zu berechnende Schaltung

Man sieht durch Vergleich mit (3.55), daß in diesem Grenzfall eine Temperaturabhängigkeit nur in der Größe I_{c0} enthalten ist und daß

$$-I_e \approx \frac{U_1}{R}$$

durch die äußere Beschaltung vorgegeben ist (d.h., in Bild 3.20a ist U_{be} als klein gegenüber $I_e\,R$ zu vernachlässigen).

Damit ist die stabilisierende Wirkung des Emittervorwiderstandes gezeigt.

In der Praxis verwendet man zur Gleichspannungsversorgung meist nicht zwei getrennte Spannungsquellen wie in Bild 3.20a, sondern begnügt sich mit einer Spannungs-

----

[1]) s. Band II, Abschnitt 2.

quelle U_{cB}. Die Spannung U_1 wird dann z.B. durch einen aus zwei Widerständen R_1 und R_2 bestehenden Spannungsteiler eingestellt (Bild 3.21a); für

$$I_1 \approx I_2 \gg I_b$$

ist das Spannungsverhältnis durch das Widerstandsverhältnis gegeben.

Schließlich ist in Bild 3.21b angedeutet, wie ein Transistor mit dieser Gleichspannungsbeschaltung beispielsweise für eine Wechselspannungsansteuerung in Emitterschaltung betrieben werden kann. Der Generator mit der Spannung u_G und dem Innenwiderstand R_G ist über die Koppelkapazität C_G an die Basis angeschlossen. Der Emittervorwiderstand R wird wechselstrommäßig durch die Kapazität C kurzgeschlossen. Das Ausgangssignal u_A wird zwischen Kollektor und Masse abgegriffen.

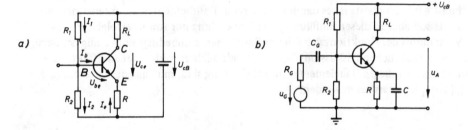

Bild 3.21
a) Stabilisierung durch Emittervorwiderstand R und Gleichstromversorgung eines Transistors
b) Wechselspannungseinspeisung für Betrieb in Emitterschaltung

4 Randschichten

Bisher wurden nur solche Bauelemente besprochen, deren Funktionsweise durch Vorgänge an pn-Übergängen im Inneren von Einkristallen bestimmt wird. Einflüsse von Oberflächen oder Grenzen zwischen chemisch verschiedenen Materialien treten zwar in der Praxis auf, sind jedoch nur als Störung des idealen Verhaltens aufzufassen. Andererseits gibt es aber eine Reihe von Bauelementen — als wichtigste seien hier Feldeffekttransistoren genannt —, deren prinzipielle Wirkungsweise durch Vorgänge in Grenzschichten bestimmt wird. Einerseits ist es damit erforderlich, Randschichten zu untersuchen, andererseits soll aber in dieser Einführung ihre Behandlung nur soweit erfolgen, wie es für das Verständnis der Funktionsweise dieser Bauelemente unbedingt notwendig ist. Bezüglich einer ausführlichen Diskussion aller mit Randschichten verbundenen Effekte, die als Störeinflüsse bei diesen Bauelementen von Bedeutung sind, muß auf die Literatur (z.B. [39], [40], [43]) verwiesen werden.

4.1 Oberflächen

Das in Abschnitt 1 eingeführte Bändermodell wurde unter der Voraussetzung einer unbeschränkt gültigen Gitterperiodizität abgeleitet. An Oberflächen oder Grenzflächen zwischen chemisch verschiedenen Materialien[1] ist diese Voraussetzung nicht mehr erfüllt. In diesem Abschnitt sollen nun die zwei wichtigsten Einflüsse der Oberfläche auf den Verlauf der Elektronenenergie phänomenologisch berücksichtigt werden.

Das ist einmal die Existenz einer Austrittsarbeit: damit ein Elektron den Festkörper verlassen kann, muß es eine bestimmte (kinetische) Energie besitzen. Das kann man im Bändermodell durch Einführen einer Energieschwelle entsprechender Höhe berücksichtigen (Bild 4.1a). Die Differenz W_{OL} zwischen der Energie im Außenraum W_O und der Unterkante des Leitungsbandes W_L wird als Elektronenaffinität bezeichnet; sie ist eine materialspezifische Größe. Die Austrittsarbeit[2] W_{OF}, definiert als Abstand zwischen Energie im Vakuum W_O und Fermienergie W_F, ändert sich dagegen mit der Lage des Ferminiveaus in Bezug auf die Bandkanten, sie ist also beispielsweise abhängig von der Grunddotierung des Halbleiters.

---

[1] Handelt es sich um chemisch verschiedene Halbleitermaterialien, spricht man von „Hetero-Übergängen" [73].

[2] Der Begriff der Austrittsarbeit wurde ursprünglich bei Metallen eingeführt; da hier das Ferminiveau im Inneren eines Bandes liegt, gibt diese Definition bei Metallen direkt die Arbeit an, die aufgewendet werden muß, um ein Elektron an die Oberfläche vor dem Metall zu bringen.

Zum anderen können unmittelbar auf der Halbleiteroberfläche elektrische Ladungen auftreten, z.B. infolge Anlagerung von Fremdionen. Im einfachsten Fall kann man diese „Oberflächenzustände" als homogene Flächenladung auffassen. Wegen der erforderlichen Elektroneutralität muß dann eine gleich große Ladung entgegengesetzten Vorzeichens im Halbleiterinneren unmittelbar unter der Oberfläche als Raumladungsschicht entstehen; das hat eine entsprechende Bandverbiegung und damit eine Änderung der Austrittsarbeit zur Folge (Bild 4.1b).

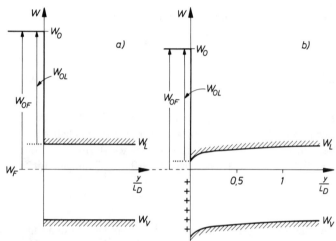

Bild 4.1
Idealisierte Halbleiteroberfläche
W_{OL} = χ Elektronenaffinität
W_{OF} = Φ (thermische) Austrittsarbeit $\Big\}$ nicht maßstabsgerecht
a) ohne Oberflächenladung
b) mit positiv geladenen Oberflächenzuständen

Zur Ermittlung des Bandverlaufes geht man von der (eindimensionalen) Gleichung (1.59) aus, wobei nun neben den (vollständig ionisierten) Donatoren auch der Beitrag der Elektronen zur Raumladung berücksichtigt werden muß. Aus (1.47) ergibt sich für die Elektronenkonzentration in dem hier vorliegenden stromlosen Fall die Boltzmannbeziehung [vgl. (2.2)]. (1.59) geht mit den Kürzungen

$$\frac{(W_L(x) - W_F) - W_{LF}}{kT} \equiv \eta; \quad \frac{y}{L_D} \equiv \xi; \quad L_D \equiv \sqrt{\frac{\epsilon_{HL} kT}{q^2 N_D}} \tag{4.1}$$

in

$$\frac{d^2\eta}{d\xi^2} = 1 - \exp(-\eta) \tag{4.2}$$

über; W_{LF} ist der Abstand des Leitungsbandes vom Ferminiveau weit im Halbleiterinneren. Mit

$$\frac{d^2\eta}{d\xi^2} = \frac{1}{2} \frac{d}{d\eta} \left(\frac{d\eta}{d\xi} \right)^2$$

ergibt die einmalige Integration mit der Randbedingung $d\eta/d\xi = 0$ für $\eta = 0$ (in großer Entfernung von der Oberfläche liegen wieder homogene Verhältnisse vor) die Beziehung

$$\frac{d\eta}{d\xi} = \sqrt{2\left[\eta - 1 + \exp\left(-\eta\right)\right]} \ . \tag{4.3}$$

Den Zusammenhang zwischen η und ξ erhält man durch numerische Integration dieser Gleichung in der Form

$$\xi = \int\limits_{\eta(0)}^{\eta} \frac{d\eta'}{\sqrt{2\left[\eta' - 1 + \exp\left(-\eta'\right)\right]}} \ . \tag{4.4}$$

Hier ist noch die Elektronenenergie an der Oberfläche $\eta(0)$ zu ermitteln. Dazu wird die dritte Maxwellsche Gleichung (1.54) unter Berücksichtigung der Oberflächenladungen über einen differentiellen Bereich[1]) senkrecht zur Oberfläche von $y = 0^-$ bis $y = 0^+$ integriert. Bezeichnet man die Flächendichte der positiven Oberflächenladungen mit N_O, so wird

$$\epsilon_{HL} \, E_{HL} - \epsilon_0 \, E_v = q N_O \ . \tag{4.5}$$

Im vorliegenden Fall verschwindet die Feldstärke im Vakuum E_v, so daß mit den Kürzungen (4.1)

$$\left. \frac{d\eta}{d\xi} \right|_{0^+} = \frac{q^2 N_O \, L_D}{kT \, \epsilon_{HL}} \tag{4.6}$$

folgt. Gleichsetzen von (4.6) und (4.3) liefert die Bestimmungsgleichung für $\eta(0)$. Man erhält beispielsweise den Energieverlauf in Bild 4.1b.

4.2 Der Feldeffekt

Die in Abschnitt 4.1 behandelten Bandverbiegungen an der Halbleiteroberfläche können nicht nur durch Ladungen, sondern auch durch Anlegen von elektrischen Feldern senkrecht zur Oberfläche erzeugt werden („Feldeffekt"). Damit besteht die Möglichkeit, ähnlich wie bei pn-Übergängen den Bandverlauf durch von außen angelegte Spannungen zu steuern. Wenn man z.B. einen Überschußhalbleiter als Elektrode eines Plattenkondensators verwendet (Bild 4.2a), stellt sich bei einer geeigneten Spannung U eine entsprechende Feldstärke E_v an der Halbleiteroberfläche ein. Nach (4.5) wird dann auch die

---

[1]) Der Punkt 0^- soll unmittelbar vor der Halbleiteroberfläche im Vakuum, der Punkt 0^+ unmittelbar hinter der Oberfläche im Halbleiter liegen.

Oberflächenfeldstärke E_{HL} im Halbleiter und damit ebenfalls der Bandverlauf geändert. Hierbei ist allerdings zu berücksichtigen, daß sich bei unterschiedlichen Austrittsarbeiten bereits ohne äußere Spannung eine von null verschiedene Feldstärke E_v ergibt, Bild 4.2b. Die an sich vorhandene Bandaufwölbung an der Halbleiteroberfläche ist bei dem gewählten Maßstab nicht zu erkennen.

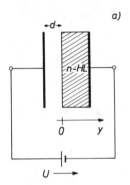
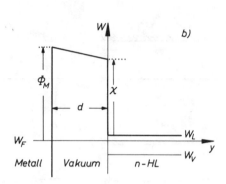

Bild 4.2
Zum Prinzip des Feldeffektes. Erläuterungen im Text
a) geometrische Anordnung
b) Verlauf der Elektronenenergie für U = 0, keine Oberflächenladungen

    In Bild 4.3 sind die verschiedenen Typen der Bandverbiegungen, die sich bei Spannungen geeigneter Größe und Polarität einstellen, zusammengestellt.

    Bei hinreichend hohen positiven Spannungen erfolgt eine Absenkung der Bandkanten zur Oberfläche hin (Teilbild a). Die Konzentration der Majoritätsträger ist an der Oberfläche größer als im Volumen: *Anreicherungsrandschicht*. Die Majoritätsträger bestimmen weitgehend die Raumladung.

    Der *Flachbandzustand* liegt vor, wenn gerade keine Bandverbiegung an der Oberfläche auftritt (Teilbild b). Die hierzu erforderliche äußere Spannung — bedingt durch Oberflächenladungen und unterschiedliche Austrittsarbeiten — wird als „Flachbandspannung" bezeichnet.

    Bei negativer Spannung erfolgt eine Aufwölbung des Bändermodells zur Oberfläche hin. Die Minoritätsträgerkonzentration wird damit über den Volumenwert angehoben. Solange jedoch das Ferminiveau in der Oberfläche noch oberhalb der Mitte der verbotenen Zone liegt (Teilbild c), ist an der Oberfläche die Elektronenkonzentration größer als die Löcherkonzentration. Infolge der Bandaufwölbung ist die Majoritätsträgerkonzentration gegenüber dem Volumen verringert: *Verarmungsrandschicht*. Die Raumladung wird durch die Donatoren bestimmt.

    Bei weiterer Erhöhung der negativen Spannung wird die Bandaufwölbung so stark, daß an der Oberfläche das Ferminiveau in der unteren Hälfte der verbotenen Zone liegt (Teilbild d). Hier ist die Löcherkonzentration größer als die Elektronenkonzentration, der Leitungstyp der Oberfläche ist entgegengesetzt zum Leitungstyp des Volumens: es

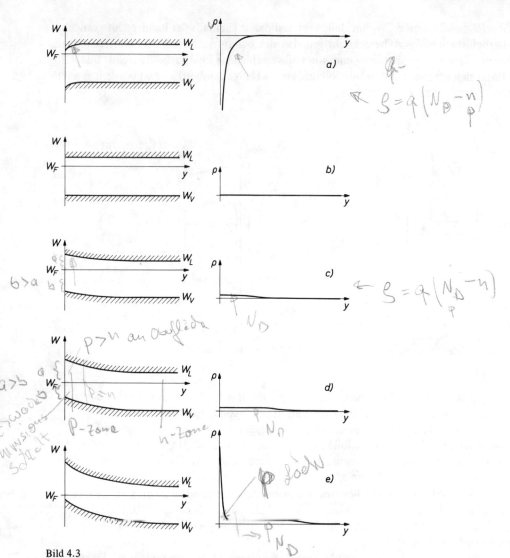

Bild 4.3
Elektronenenergie und Raumladungsdichte an der Halbleiteroberfläche
a) Anreicherungsrandschicht   d) schwache Inversion
b) Flachbandzustand   e) starke Inversion
c) Verarmungsrandschicht

liegt der Fall *schwacher Inversion* vor. Da die Konzentration der Löcher an der Oberfläche kleiner ist als die Donatorenkonzentration, wird die Raumladung wieder nur durch die Donatoren bestimmt.

Bei noch höheren negativen Spannungen tritt der Fall *starker Inversion* ein (Teilbild e): die Löcherkonzentration an der Oberfläche ist größer als die Donatorenkonzen-

tration, in einer dünnen Schicht unmittelbar unter der Oberfläche bestimmt die Löcherkonzentration die Raumladung.

Die Berechnung der Bandverläufe erfolgt analog zu Abschnitt 4.1, nur ist hier noch
der Beitrag der Löcher zur Raumladung zu berücksichtigen. Für spätere Anwendungen
soll ferner die Möglichkeit zugelassen werden, daß innerhalb der Inversionsschicht die
Defektelektronen des Valenzbandes nicht mit den Elektronen des Leitungsbandes im
Gleichgewicht stehen. Dann sind die Verteilungen nicht mehr durch ein gemeinsames
Ferminiveau W_F bestimmt, sondern durch die Quasiferminiveaus W_{Fn} bzw. W_{Fp}. Die
Elektronen des n-Halbleiters sind untereinander im Gleichgewicht, so daß W_{Fn} — entsprechend W_F in (4.1) — ortsunabhängig ist (Quasi-Boltzmannverteilung). Die Defektelektronen des Valenzbandes sind innerhalb der Inversionsschicht *untereinander* ebenfalls im Gleichgewicht. Damit ist in diesem Bereich auch W_{Fp} ortsunabhängig. Dann läßt
sich die Poissongleichung in der Form

$$\frac{d^2\eta}{d\xi^2} = 1 - (1 + \nu_0) \exp(-\eta) + \nu \exp(\eta) \tag{4.7}$$

mit

$$\nu_0 = \frac{n_i^2}{N_D^2}; \quad \nu = \nu_0 \exp(\eta_{Fn} - \eta_{Fp}); \quad \eta_{Fn} - \eta_{Fp} = \frac{W_{Fn} - W_{Fp}}{kT} \tag{4.8}$$

schreiben. Für $\nu = \nu_0$ erfüllt sie die Bedingung $\rho = 0$ im Inneren eines homogenen Halbleiters. Auf der rechten Seite von (4.7) rührt der erste Term von den Donatoren, der
zweite von den Elektronen und der letzte von den Defektelektronen her. Die Größe ν_0
ist das Verhältnis von Löcherdichte zu Donatorendichte im Halbleiterinneren.

Einmalige Integration von (4.7) führt auf

$$\left. \begin{aligned} &\frac{d\eta}{d\xi} = - \operatorname{sgn}(\eta)\, F(\nu, \eta); \\ &F(\nu, \eta) = \sqrt{2\left[\eta + \nu\left(\exp(\eta) - 1\right) - (1 + \nu_0)\left(1 - \exp(-\eta)\right)\right]}. \end{aligned} \right\} \tag{4.9}$$

Hier ist das Vorzeichen der Wurzel zu beachten: für $\eta > 0$ wird die Ableitung negativ,
für $\eta < 0$ positiv. (4.5) und (4.9) liefern eine Bestimmungsgleichung für die Bandaufwölbung an der Oberfläche. Nochmalige Integration von (4.9) beschreibt den Bandverlauf in der Form

$$\xi = - \operatorname{sgn}(\eta) \int_{\eta_s}^{\eta} \frac{d\eta'}{F(\nu, \eta')}, \quad \eta_s \equiv \eta(0). \tag{4.10}$$

Für die Berechnung der Bandverläufe in Bild 4.3 ist $W_{Fn} = W_{Fp}$ und damit auch
$\nu = \nu_0$ zu setzen.

Die hier zusammengestellten Randschichtformen sind für die Wirkungsweise von
Halbleiterbauelementen mit MIS-Strukturen von grundlegender Bedeutung. Eine analoge
Klassifizierung läßt sich natürlich auch für Defekthalbleiter durchführen (Elektronen und
Löcher haben ihre Rolle vertauscht, die Polarität der Spannung ist umzukehren).

4.3 MIS-Strukturen

Der im vorangegangenen Abschnitt erläuterte Feldeffekt wird bei Metall-Isolator-Halbleiter-Strukturen (Metal Insulator Semiconductor, MIS) technisch genutzt. Hier sind vor allem Feldeffekttransistoren und Varaktoren zu nennen; darüber hinaus bahnt sich die Anwendung von Sonderformen als Speicherelemente in der Datentechnik an [41]. MOS-Strukturen (Metal Oxide Semiconductor) mit SiO_2 als Oxid und Silicium als Halbleiter sind schließlich wesentliche Bestandteile integrierter Schaltungen [74]. Damit wird es notwendig, sich mit den grundsätzlichen physikalischen Vorgängen in solchen Randschichten zu befassen.

4.3.1 Modell

Der prinzipielle Aufbau der Metall-SiO_2-n-Si Struktur (Bild 4.4a) entspricht der Vakuumkondensatoranordnung des Bildes 4.2a. Da man sehr dünne Oxidschichten (Größenordnung 0,1 μm) und damit einen geringen „Plattenabstand" d technologisch realisieren kann, hat diese Anordnung den Vorteil, daß mit kleinen Spannungen große Feldstärken an der Halbleiteroberfläche verbunden sind. Die Oxidschicht wird elektrisch neutral vorausgesetzt. Außerdem soll sie ideal isolieren, so daß kein Gleichstrom fließt. Oberflächenladungen an der mathematischen Grenze zwischen Oxid und Halbleiter werden zugelassen, jedoch soll ihre Flächendichte N_O unabhängig von der Lage des Ferminiveaus an der Oberfläche sein, d.h., diese Terme sollen nicht umladbar sein.[1] Das Bändermodell dieser Anordnung [42] und die verwendeten Bezeichnungen sind in Bild 4.4b wiedergegeben.[2] Durch entsprechende Spannungen U können auch hier die in Bild 4.3 zusammengestellten Randschichttypen eingestellt werden.

Eine Beziehung zwischen angelegter Spannung U und Bandaufwölbung W_s an der Oberfläche erhält man aus Bild 4.4b:

$$- qU + (\Phi_M - \chi_{ox}) + qE_{ox}d = W_{LF} + W_s + (\chi_{HL} - \chi_{ox}) . \tag{4.11}$$

Der Zusammenhang zwischen Feldstärke im Oxid E_{ox} und Feldstärke E_{HL} im Halbleiter an der Oberfläche ist analog zu (4.5) durch

$$\epsilon_{HL} E_{HL} - \epsilon_{ox} E_{ox} = qN_O \tag{4.12}$$

---

[1] Bei einer genaueren Rechnung ist zu berücksichtigen, daß die energetische Lage der Oberflächenzustände kontinuierlich über die gesamte Breite der verbotenen Zone verteilt ist, so daß die Flächendichte der mit Elektronen besetzten Terme und damit die Flächendichte N_O der geladenen Oberflächenzustände von der Lage des Ferminiveaus an der Oberfläche abhängt.
Bei technischen Oberflächen, welche im allgemeinen eine Siliciumdioxidschicht aufweisen, bildet sich eine Belegung mit positiv geladenen Oberflächenzuständen aus; durch geeignete technologische Behandlung kann man ihre Dichte auf Werte unterhalb 10^{10} cm^{-2} reduzieren.

[2] Es ist auch Leitungs- und Valenzband des Oxids eingetragen; Isolatoren unterscheiden sich von Halbleitern formal nur durch den besonders großen Bandabstand.

gegeben. Drückt man die Feldstärke E_{HL} an der Oberfläche durch $d\eta/d\xi$ aus, so geht
(4.11) mit den Kürzungen (4.1) in

$$\frac{qU}{kT} - \frac{\Phi_M - \chi_{HL} - W_{LF}}{kT} + \frac{q^2 N_O d}{\epsilon_{ox} kT} + \eta_s = \frac{\epsilon_{HL}}{\epsilon_{ox}} \frac{d}{L_D} \frac{d\eta}{d\xi}\bigg|_{\xi = 0} \qquad (4.13)$$

über, wobei noch (4.9) mit $\nu = \nu_0$ einzusetzen ist. Die Differenz der Austrittsarbeiten[1])
und die Flächenladungen machen sich lediglich in einer Verschiebung des Spannungsnull-
punktes bemerkbar. Bei bekannter Bandaufwölbung η_s ergibt sich der Bandverlauf im
Halbleiter aus (4.10).

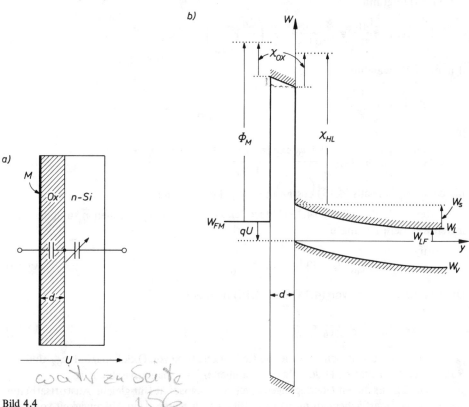

Bild 4.4
MOS-Struktur
a) Geometrische Anordnung und Ersatzschaltbild (s. Abschnitt 4.3.2)
b) Bandverlauf in Oxid und Halbleiter, ohne Oberflächenladungen; der Maßstab der positiven
   y-Achse ist gegenüber der negativen Achse um den Faktor 4 gestaucht.
   Φ_M = Austrittsarbeit des Metalls
   χ_{ox} = Elektronenaffinität des Oxids
   χ_{HL} = Elektronenaffinität des Halbleiters
   W_{LF} = Abstand des Leitungsbandes vom Ferminiveau im Halbleiterinneren

---

[1]) Zahlenwerte für Silicium s. z.B. [57].

4.3.2 Wechselspannungsverhalten

Um das Wechselspannungsverhalten der MOS-Struktur zu bestimmen, sind im Rahmen einer Kleinsignaltheorie analog zu (2.49) und (2.50) alle Größen wieder in einen Gleichanteil und einen sinusförmigen Wechselanteil kleiner Amplitude zu zerlegen, wobei nur die linearen Wechselanteile berücksichtigt werden. Die ortsunabhängige Gesamtstromdichte findet man gemäß (1.58) wieder, indem man Partikelstromdichte und Verschiebungsstromdichte an ein und derselben Stelle, z.B. bei y = 0, addiert. Da das Oxid als ideal isolierend angenommen wurde, kann hier nur ein Verschiebungsstrom fließen. Aus (1.58) folgt mit (4.1)

$$I = A \, \epsilon_{HL} \, \frac{\partial E_{HL}}{\partial t} = \frac{A \, \epsilon_{HL} \, kT}{q \, L_D} \, \frac{\partial}{\partial t} \left(\frac{d\eta}{d\xi} \bigg|_{\xi=0} \right),$$

d.h. unter Verwendung von (4.9)

$$\vec{i} = -j \, \omega c_0 \, \frac{kT}{q} \, \vec{\eta}_s \tag{4.14}$$

mit

$$c_0 = \frac{A \, \epsilon_{HL}}{L_D} \, \text{sgn} \, (\eta_{s\parallel}) \, \frac{1 + \nu_0 \exp (\eta_{s\parallel}) - (1 + \nu_0) \exp (-\eta_{s\parallel})}{F (\nu_0, \eta_{s\parallel})} \, ; \tag{4.15}$$

hierbei ist $\eta_{s\parallel}$ die aus (4.13) bestimmte Gleichkomponente.

Der Wechselanteil von (4.13) liefert den Zusammenhang zwischen $\vec{\eta}_s$ und der angelegten Wechselspannung $\vec{u}$,

$$\frac{q\vec{u}}{kT} + \vec{\eta}_s = - \frac{c_0}{c_{ox}} \, \vec{\eta}_s \quad \text{mit} \quad c_{ox} = \frac{A\epsilon_{ox}}{d} \, . \tag{4.16}$$

Die Zusammenfassung von (4.14) und (4.16) führt auf

$$\vec{i} = j\omega c \, \vec{u}, \qquad \frac{1}{c} = \frac{1}{c_0} + \frac{1}{c_{ox}} \, . \tag{4.17}$$

Die Anordnung verhält sich also wie die Reihenschaltung von Oxidkapazität c_{ox} und Randschichtkapazität c_0 (Bild 4.4a); c_0 ist über $\eta_{s\parallel}$ vorspannungsabhängig.

Die sich aus diesen Überlegungen ergebende Kapazität (für gleiche Austrittsarbeiten und fehlende Oberflächenladungen) ist in Bild 4.5 als Kurve ① in Abhängigkeit von der Vorspannung dargestellt.

Im Fall der Anreicherung (hohe negative Werte von $\eta_{s\parallel}$) sind die Ladungsträger unmittelbar an der Grenze Oxid-Halbleiter gespeichert. Es ergibt sich nach (4.15) eine große Randschichtkapazität

$$c_0 \simeq \frac{A\epsilon_{HL}}{L_D} \, \frac{1}{\sqrt{2}} \exp \left(- \frac{\eta_{s\parallel}}{2} \right) ; \quad \eta_{s\parallel} < 0 \, , \tag{4.18}$$

so daß in der Reihenschaltung die Gesamtkapazität durch die Oxidkapazität bestimmt wird.

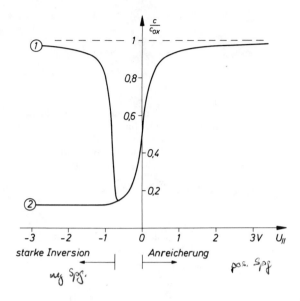

Bild 4.5
Normierte Kapazität der MOS-Struktur
in Abhängigkeit von der Vorspannung
① Grenzfall niedriger Frequenzen
② Grenzfall hoher Frequenzen

Im Verarmungsbereich wird – ähnlich wie bei einem pn-Übergang – die Raumladung durch die nichtkompensierten Donatoren bestimmt, in (4.15) sind die Exponentialterme zu vernachlässigen:

$$c_0 \simeq \frac{A\epsilon_{HL}}{L_D} \frac{1}{\sqrt{2\,\eta_{s\parallel}}} \,. \qquad (4.19)$$

Die Raumladungskapazität nimmt mit zunehmender Verarmung ab und bestimmt damit das Verhalten der Gesamtkapazität.

Bei starker Inversion werden die Ladungen im wesentlichen durch die Defektelektronen in der Inversionsschicht nahe der Grenze Oxid-Halbleiter bestimmt, die Sperrschichtausdehnung bleibt bei Änderungen von $\eta_{s\parallel}$ praktisch konstant. Dies läßt sich leicht zeigen, wenn man in der Poissongleichung (4.7) den Beitrag der Elektronen zur Raumladung vernachlässigt und die Integration unter den Randbedingungen durchführt, daß an der Sperrschichtgrenze y = w die normierte Elektronenenergie η und ihre Ableitung null sein sollen. Analog zu (4.10) erhält man für w die Gleichung

$$\frac{w}{L_D} = \int\limits_0^{\eta_{s\parallel}} \frac{d\eta}{\sqrt{2\,\{\eta + v_0\,[\exp(\eta) - 1]\}}} \,. \qquad (4.20)$$

Dieser Zusammenhang ist in Bild 4.6 veranschaulicht.

Man kann w entweder durch numerische Integration (Bild 4.6) gewinnen oder durch eine Näherungslösung: Man teilt das gesamte Integrationsgebiet in zwei Bereiche auf, wobei die Grenze η_{gr} so festgelegt wird, daß

$$\eta_{gr} = v_0 \exp(\eta_{gr}) \doteq \ln\left(\frac{1}{v_0} \ln\left(\frac{1}{v_0}\right)\right) \qquad (4.21)$$

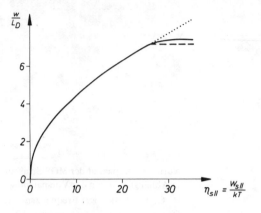

Bild 4.6
„Festbremsen" der Sperrschichtausdehnung w
mit zunehmender Inversion.
———— Verlauf nach (4.20)
- - - - - - - - Parabelverlauf ohne Inversion
erste Gleichung (4.22)
- - - - - $w/L_D = \sqrt{2\,\eta_{gr}}$

gilt. Die angegebene Näherungsbeziehung folgt für $\eta_{gr} \gg 1$. Für $\eta \leqslant \eta_{gr}$ vernachlässigt man den mit ν_0 behafteten Term unter der Wurzel in (4.20), für $\eta \geqslant \eta_{gr}$ wird unter der Wurzel nur der Term $\nu_0 \exp(\eta)$ berücksichtigt. Damit wird

$$\frac{w}{L_D} \simeq \begin{cases} \sqrt{2\,\eta_{s\parallel}} & \text{für } \eta_{s\parallel} \leqslant \eta_{gr} \\[2mm] \sqrt{2}\left\{ \sqrt{\eta_{gr}} + \frac{1}{\sqrt{\eta_{gr}}}\left[1 - \exp\left(\frac{\eta_{gr} - \eta_{s\parallel}}{2} \right) \right] \right\} & \text{für } \eta_{s\parallel} \geqslant \eta_{gr}. \end{cases} \tag{4.22}$$

Für $\nu_0 < 10^{-4}$ ist der hierbei auftretende Fehler kleiner als 2,3 %. Diese Genauigkeit ist für die meisten praktischen Fälle ausreichend.

Im Bereich hinreichend starker Inversion können damit Ladungsänderungen nur in der Inversionsschicht stattfinden, für (4.15) gilt nun

$$c_0 \simeq \frac{A\epsilon_{HL}}{L_D} \sqrt{\frac{\nu_0}{2}} \exp\left(\frac{\eta_{s\parallel}}{2} \right). \tag{4.23}$$

Die Raumladungskapazität wird entsprechend groß, so daß die Gesamtkapazität wieder durch die Oxidkapazität bestimmt wird.

Bei der vorangegangenen Diskussion wurde vorausgesetzt, daß die Raumladungsänderungen stets den Wechselspannungsänderungen folgen können. Nun sind aber die Defektelektronen der Inversionsschicht vom Metall durch das isolierende Oxid und vom Halbleiterinneren durch die – fast isolierende – Sperrschicht getrennt. Die Gesamtzahl der in der Inversionsschicht eingefangenen Löcher kann damit praktisch nur durch Rekombination – d.h. durch einen mit Trägheit gekoppelten Effekt – verändert werden: Im Grenzfall hoher Frequenzen wird einerseits die *Gesamtzahl* der in der Inversionsschicht gespeicherten Löcher nicht mehr den Änderungen der Wechselspannung folgen können, sondern konstant bleiben.[1] Andererseits werden die Defektelektronen des Valenzbandes innerhalb der Inversionsschicht untereinander im Gleichgewicht sein

---

[1]) Die Bestimmung von Grenzfrequenzen und die Beschreibung des Zwischenbereichs setzen die Festlegung eines konkreten Rekombinationsmodells voraus; darauf soll in dieser Einführung verzichtet werden.

(räumliches Gleichgewicht, Abschnitt 1.6.1), so daß sie ein ortsunabhängiges Quasiferminiveau η_{Fp} haben. Ladungsänderungen können dann nur noch an der Sperrschichtgrenze
erfolgen. Da diese sich bei starker Inversion nicht mehr mit der Vorspannung ändert (vgl.
Bild 4.6), bleibt die Raumladungskapazität konstant. Kurve ② in Bild 4.5 gibt diesen
Grenzfall hoher Frequenzen wieder.

Zur mathematischen Beschreibung dieses zunächst anschaulich formulierten Modells
geht man wieder von der Poissongleichung (4.7) aus, Gleichung (4.9) für die Randfeldstärke gilt hier ebenfalls. Bei reiner Gleichspannungsbelastung liegt wieder ein gemeinsames Ferminiveau W_F vor, so daß die Gleichspannungsberechnung aus Abschnitt 4.3.1
übernommen werden kann. Bei einer hochfrequenten Wechselspannungsaussteuerung
haben jedoch Elektronen und Löcher *kein gemeinsames* Ferminiveau, es ist

$$\eta_{Fn} - \eta_{Fp} = 0 - \eta_{\widetilde{F}p} = 0 - \text{Re}\,(\sqrt{2}\,\vec{\eta}_{Fp}\,\exp\,(j\omega t))$$

anzusetzen. Damit hängt die Wechselkomponente der Randfeldstärke E_{HL}, die den Verschiebungsstrom

$$I = A\epsilon_{HL}\,\frac{\partial E_{HL}}{\partial t} = \frac{A\epsilon_{HL}\,kT}{q\,L_D}\,\frac{\partial}{\partial t}\left(\frac{d\eta}{d\xi}\bigg|_{\xi=0}\right)$$

liefert, nicht nur von den Änderungen der Bandaufwölbung $\eta_s^{\sim}$ ab, sondern auch noch
von $\eta_{\widetilde{F}p}$. Man erhält

$$\vec{i} = -j\omega c_\infty\,\frac{kT}{q}\,\vec{\eta}_s \tag{4.24}$$

mit

$$c_\infty = \frac{\epsilon_{HL}\,A}{L_D}\,\text{sgn}\,(\eta_{s\parallel})\,\frac{1 + \nu_0\exp(\eta_{s\parallel}) - (1 + \nu_0)\exp(-\eta_{s\parallel}) - \nu_0\,[\exp(\eta_{s\parallel}) - 1]\,\frac{\vec{\eta}_{Fp}}{\vec{\eta}_s}}{F(\nu_0,\eta_{s\parallel})}\,. \tag{4.25}$$

Gegenüber (4.15) ist hier der Term mit $\vec{\eta}_{Fp}$ hinzugekommen. Setzt man zunächst c_∞
als bekannt voraus, verläuft die Berechnung analog zu (4.16) und (4.17):

$$\vec{i} = j\omega c\,\vec{u}, \qquad \frac{1}{c} = \frac{1}{c_\infty} + \frac{1}{c_{ox}}\,. \tag{4.26}$$

Im folgenden ist nun eine Beziehung für $\vec{\eta}_{Fp}/\vec{\eta}_s$ zu ermitteln. Die zeitliche Änderung von $\eta_{\widetilde{F}p}$ muß gerade so erfolgen, daß mit der zeitlichen Änderung von $\eta_s^{\sim}$ die Gesamtzahl P der Löcher pro Flächeneinheit in der Inversionsschicht zeitunabhängig ist.
P findet man durch Integration über die Löcherkonzentration p senkrecht zur Oberfläche:

$$P = \int_{\text{(Inversions-schicht)}} dy\,p\,(y) = N_D\,L_D\int_{\eta'}^{\eta_s} d\eta\,\frac{\nu\exp\,(\eta)}{F\,(\nu,\eta)}\,. \tag{4.27}$$

Im zweiten Integral wurde die Löcherdichte wie in (4.7) eingeführt und die Integrationsvariable unter Berücksichtigung von (4.9) geändert. Da nur über die Defektelektronen in

der Inversionsschicht, nicht aber über die Defektelektronen als Minoritätsträger im Bahngebiet des Überschußhalbleiters integriert werden soll, genügt es, die untere Grenze für die Integration in denjenigen Bereich zu legen, in welchem die Bandaufwölbung von der Größenordnung kT ist, d.h. $\eta' \simeq 1$. Damit sind alle Defektelektronen in der Inversionsschicht erfaßt. Das Ergebnis muß praktisch unabhängig vom genauen Wert für η' sein. Zur Umformung von (4.27) addiert und subtrahiert man im Zähler

$$1 - (1 + \nu_0) \exp(-\eta) .$$

Damit steht im ersten Term des Zählers die Ableitung des Radikanden im Nenner. Die Integration ergibt

$$\frac{P}{N_D L_D} = F(\nu, \eta_s) - F(\nu, \eta') - \int_{\eta'}^{\eta_s} d\eta \; \frac{1 - (1 + \nu_0) \exp(-\eta)}{F(\nu, \eta)} .$$

Die zeitlichen Variationen von ν und η_s sollen nun voraussetzungsgemäß so erfolgen, daß P konstant bleibt. Führt man die Gleich- und Wechselkomponenten für η_s und $(\eta_{Fn} - \eta_{Fp})$ ein, muß der Wechselanteil von P verschwinden. Beschränkt man sich hierbei wieder auf die in den Wechselgrößen linearen Terme und vernachlässigt die Wechselkomponenten an der unteren Grenze η' (P soll unabhängig vom genauen Wert η' sein), so folgt[1]

$$0 = \frac{\exp(\eta_{s\parallel}) \vec{\eta}_s - [\exp(\eta_{s\parallel}) - 1] \vec{\eta}_{Fp}}{F(\nu_0, \eta_{s\parallel})} - \vec{\eta}_{Fp} \int_{\eta'}^{\eta_{s\parallel}} d\eta \; \frac{[1 - (1 + \nu_0) \exp(-\eta)] [\exp(\eta) - 1]}{[F(\nu_0, \eta)]^3} .$$

Durch Umformung ergibt sich

$$\frac{\vec{\eta}_{Fp}}{\vec{\eta}_s} = \frac{1}{[1 - \exp(-\eta_{s\parallel})] [1 + \delta]}$$

mit

$$\delta = \frac{F(\nu_0, \eta_{s\parallel})}{\exp(\eta_{s\parallel}) - 1} \int_{\eta'}^{\eta_{s\parallel}} d\eta \; \frac{[1 - (1 + \nu_0) \exp(-\eta)] [\exp(\eta) - 1]}{[F(\nu_0, \eta)]^3} .$$

$$\left. \right\} \quad (4.28)$$

Durch Einsetzen dieser Beziehung in (4.25) erhält man die Kapazität (vgl. auch [95])

$$c_\infty = \frac{\epsilon_{HL} A}{L_D} \, \text{sgn}(\eta_{s\parallel}) \, \frac{1 + \nu_0 \frac{\delta}{1 + \delta} \exp(\eta_{s\parallel}) - (1 + \nu_0) \exp(-\eta_{s\parallel})}{F(\nu_0, \eta_{s\parallel})} , \quad (4.29)$$

wobei $\eta_{s\parallel}$ mit der Vorspannung $U_\parallel$ über (4.13) und (4.9) zusammenhängt. Kurve ② in Bild 4.5 zeigt das Ergebnis einer numerischen Auswertung für die Kapazität (4.26) mit c_∞ nach (4.29).

---

[1] Wie eine genauere Abschätzung zeigt, kann man den von der unteren Grenze herrührenden Beitrag $\partial F(\nu, \eta')/\partial \nu$ erwartungsgemäß als klein gegenüber dem mitgeführten Term vernachlässigen.

4.4 Schottky-Dioden

Bei den in Abschnitt 4.3 behandelten MOS-Strukturen war die Oxidschicht so dick, daß sie als ideal isolierend angenommen werden konnte. Extrem dünne Zwischenschichten (Größenordnung einige 10^{-8} cm) sind dagegen für Elektronen durchlässig, so daß ein Ladungstransport zwischen Metall und Halbleiter erfolgen kann. Tritt im Halbleiter eine Verarmungsrandschicht auf analog zu Bild 4.3c oder d, so wirkt die Anordnung als Gleichrichter (Schottky-Diode), bei welchem der Strom im wesentlichen durch *Majoritätsträger* getragen wird. Im Gegensatz zu pn-Übergängen entfallen bei diesen Bauelementen die Speicherung von Minoritätsträgern und alle damit verbundenen Trägheitseffekte, so daß sie in der Hochfrequenztechnik als nichtlineare Widerstände und nichtlineare Kapazitäten verwendet werden.

4.4.1 Bändermodell

Da sich die Schottky-Diode nur durch die Dicke der Oxidschicht, die im idealisierten Grenzfall völlig fehlt, von der MOS-Struktur unterscheidet, kann das in Bild 4.4b gezeigte Bändermodell übernommen werden. Dabei wird wieder ein Überschußhalbleiter zugrunde gelegt. Die Höhe der Bandaufwölbung an der Oberfläche ist auch hier durch (4.9) und (4.13) bestimmt. Vernachlässigt man in (4.9) den Beitrag der Defektelektronen, erhält man die Bestimmungsgleichung[1] für η_s:

$$\frac{qU}{kT} - \frac{\Phi_M - \chi_{HL} - W_{LF}}{kT} + \frac{q^2 N_O \, d}{\epsilon_{ox} \, kT} + \eta_s = -\frac{\epsilon_{HL} \, d}{\epsilon_{ox} L_D} \sqrt{2[\eta_s - 1 + \exp(-\eta_s)]} \; . \quad (4.30)$$

Für fehlende äußere Spannung, $U = 0$, kann man die Bandaufwölbung mit einer „Diffusionsspannung" U_D gemäß

$$\eta_s|_{U=0} = \frac{qU_D}{kT} \qquad\qquad\qquad (4.31)$$

verknüpfen. Ebenso wie bei einem pn-Übergang müssen die Elektronen — bei der vorausgesetzten Durchlässigkeit der sehr dünnen Oxidschicht — die Energie qU_D aufbringen, um die Energiebarriere der Sperrschicht zu überwinden. Im Grenzfall einer fehlenden Oxidschicht (d = 0) würde die Diffusionsspannung nur durch die Differenz der Austrittsarbeiten von Metall und Halbleiter bestimmt. Bei vorhandener Oxidschicht und hinreichend hoher Dichte von Oberflächenladungen kann dagegen der Wert der Diffusionsspannung weitgehend von den Oberflächentermen festgelegt werden.

Im folgenden soll die Kennlinie für den Grenzfall, daß die Oxidschicht für den Stromfluß zu vernachlässigen ist, berechnet werden. Man erhält das in Bild 4.7 gezeigte Bändermodell des Metall-Halbleiterkontaktes. Aus (4.30) folgt mit $d \ll L_D$

$$\eta_s = \frac{q(U_D - U)}{kT}, \qquad \frac{qU_D}{kT} = \frac{\Phi^* - W_{LF}}{kT} \; ; \qquad\qquad (4.32)$$

---

[1] s.a. Fußnote [2] S. 126

Um einen möglichen Einfluß von Oberflächenladungen in diesem Modell zuzulassen, wird im folgenden Φ^* als freier Parameter aufgefaßt.

Während das Verhalten der Elektronen in der Raumladungszone mit den bereits beim pn-Übergang behandelten Methoden beschrieben werden kann, liegen in der unmittelbaren Umgebung des Metall-Halbleiterkontaktes andere Verhältnisse vor, die zunächst in den beiden folgenden Abschnitten diskutiert werden sollen.

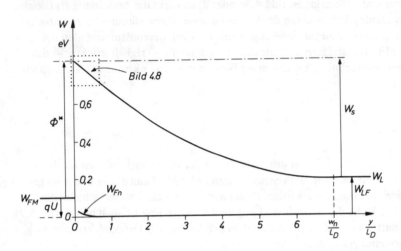

Bild 4.7
Bändermodell des Metall-Halbleiterkontaktes
W_{FM} Ferminiveau im Metall
W_{Fn} Quasiferminiveau im Halbleiter, berechnet nach (1.27) und (4.47)
w_n Sperrschichtgrenze

4.4.2 Schottky-Effekt

Der in Bild 4.7 punktiert eingerahmte Bereich des Bandverlaufs ist in Bild 4.8 noch einmal vergrößert dargestellt. Der gestrichelt eingezeichnete Verlauf kennzeichnet die Leitungsbandkante, wie sie sich z.B. aus (4.9) und (4.10) bei vorgegebener Bandaufwölbung η_s ergibt. Bei diesem Energieverlauf ist allerdings vorausgesetzt, daß sich die Anwesenheit des Elektrons hierauf nicht auswirkt. Tatsächlich ist dies aber nicht der Fall: Befindet sich eine Ladung im Abstand y von der Metalloberfläche, so wird sie auf der Oberfläche dieses idealen Leiters Ladungen entgegengesetzten Vorzeichens influenzieren. Die von diesen Ladungen ausgeübte Kraft läßt sich so beschreiben, als rühre sie von einer an der Metalloberfläche gespiegelten Ladung entgegengesetzten Vorzeichens her („Bildkraft"):

$$(-q)\,E = (-q)\,\frac{q}{4\,\pi\,\epsilon_{HL}\,(2y)^2}\,.$$

$$F = qE$$

Hiermit ist nach (1.50) der Energieverlauf

$$W(y) = - \frac{q^2}{16\pi\,\epsilon_{HL}\,y} \tag{4.33}$$

verbunden, wobei $W(\infty) = 0$ gesetzt wurde.[1] Dieser Energieanteil überlagert sich dem gestrichelt dargestellten Bandverlauf in Bild 4.8, so daß man die ausgezogene Kurve erhält. Da in diesem räumlich sehr schmalen Bereich (Größenordnung 10^{-7} cm) der Verlauf der Leitungsbandkante durch eine Gerade approximiert werden kann, gilt für die potentielle Energie, die ein Elektron an der Stelle y vor der Metalloberfläche hat,

$$\frac{W_L(y) - W_F}{kT} = \eta_s + \frac{1}{kT}\left\{ qE_{HL}\,y - \frac{q^2}{16\pi\,\epsilon_{HL}\,y} \right\}. \tag{4.34}$$

W_F kennzeichnet das Ferminiveau weit im Halbleiterinneren.

Die Feldstärke E_{HL} ergibt sich aus (4.9) mit (4.1) näherungsweise zu

$$E_{HL} = - \frac{kT}{qL_D}\,\sqrt{2\eta_s}\,. \tag{4.35}$$

Hierbei wurde in (4.9) sowohl der Beitrag der Löcher als auch der Beitrag der Elektronen, der zur Grenzfläche hin mit $\exp(-\eta)$ abnimmt, vernachlässigt. Die Lage y_m des Energiemaximums ergibt sich aus (4.34) und (4.35) zu

$$y_m = \sqrt{\frac{q^2\,L_D}{16\pi\,\epsilon_{HL}\,kT\,\sqrt{2\eta_s}}}\,. \tag{4.36}$$

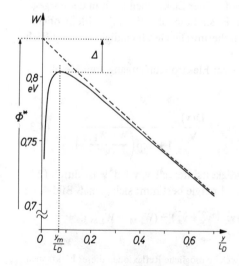

Bild 4.8 Schottky-Effekt.
Ausschnittsvergrößerung von Bild 4.7
Δ   Erniedrigung der Energieschwelle
    durch Bildkraft
y_m Lage des Energiemaximums

---

[1] Während die im üblichen Bändermodell dargestellte Elektronenenergie *linear* mit der Elementarladung q verläuft, ist dieser Anteil *quadratisch* in q; hier macht sich die endliche Größe der Elementarladung bemerkbar, formal würde für $q \to 0$ der Bildkrafteinfluß verschwinden.

Damit folgt

$$\frac{W_L(y_m) - W_F}{kT} = \eta_s - \frac{\Delta}{kT}, \qquad \Delta = \sqrt{\frac{q^2\,kT}{4\pi\,\epsilon_{HL}\,L_D}}\;\sqrt[4]{2\,\eta_s}\;. \qquad (4.37)$$

Infolge der Bildkraft verringert sich die Energieschwelle, welche die Elektronen beim Übergang zwischen Metall und Halbleiter zu überwinden haben, um den Betrag Δ (,,Schottky-Effekt").

4.4.3 Thermische Emission

Im vorangegangenen Abschnitt war gezeigt, daß sich infolge der Bildkraft in einem räumlich schmalen Bereich $0 < y < y_m$ eine große Änderung der Elektronenenergie einstellt. Da dieses Gebiet klein gegenüber der freien Weglänge der beweglichen Ladungsträger ist, durchlaufen die Elektronen diesen Bereich praktisch ohne Stöße, so daß die Überlegungen des Abschnittes 1.5, die zu den Stromgleichungen (1.47) und (1.48) führten, zwar noch auf den ,,Sperrschichtbereich" $y_m < y < w_n$ angewendet werden dürfen, jedoch nicht mehr auf das Randgebiet $0 < y < y_m$; hier muß der Strom durch andere Überlegungen bestimmt werden.

Dazu geht man von der Vorstellung aus, daß diejenigen Elektronen im Metall an der Stelle $y = 0$, deren kinetische Energie in $+y$-Richtung ausreicht, die Energiebarriere zu überwinden, auch tatsächlich ohne Stöße die Stelle y_m im Halbleiter erreichen (Bild 4.9). Da hier ähnliche Verhältnisse wie bei der Elektronenemission von Glühkatoden in Röhrendioden vorliegen, kennzeichnet man diese Überlegungen durch das Stichwort ,,Diodentheorie". Im Gegensatz zur Elektronenröhre laufen hier Elektronen auch in der entgegengesetzten Richtung vom Halbleiter zum Metall. Es sind dies alle diejenigen Elektronen, welche sich an der Stelle y_m befinden und eine thermische Geschwindigkeit in $-y$-Richtung haben.[1])

Für die elektrische Stromdichte, die mit dem Elektronenübergang vom Metall zum Halbleiter verbunden ist, gilt[2])

$$J_{M \to HL} = (-q) \int\limits_{-\infty}^{+\infty} dv_x \int\limits_{-\infty}^{+\infty} dv_z \int\limits_{v_{ymin}}^{+\infty} v_y\,dv_y\;2\,\frac{D(v)}{V}\;\frac{1}{1 + \exp\left(\dfrac{W - W_{FM}}{kT}\right)}. \qquad (4.38)$$

Die Zahl der Zustände $D(v)\,d^3v$ im Geschwindigkeitsintervall $v, v + d^3v$ ist durch (2.81) gegeben. Die in der Fermiverteilung auftretende Energie bestimmt sich gemäß Bild 4.9 zu

$$W - W_{FM} = W_{kin} - (W_{FM} - W_{LM}) = \frac{m}{2}(v_x^2 + v_y^2 + v_z^2) - (W_{FM} - W_{LM}).$$

---

[1]) Von einer weiteren Verfeinerung dieses Modells, welche mögliche Reflexionen dieser Elektronen sowie den quantenmechanischen Tunneleffekt berücksichtigt [7], sei in dieser Einführung abgesehen. Ferner werden im folgenden vereinfachend die effektiven Massen gleich der Masse des freien Elektrons gesetzt.

[2]) Vgl. auch die analogen Überlegungen in Abschnitt 2.4.2.

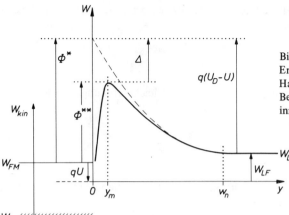

Bild 4.9
Energiebeziehungen an der Grenze Metall-
Halbleiter, nicht maßstabsgerecht
Bezugsenergie: Ferminiveau im Halbleiter-
inneren. Weitere Erläuterungen im Text.

Die zum Überqueren der Energiebarriere erforderliche Minimalgeschwindigkeit v_{ymin} ist nach Bild 4.9 durch

$$\frac{m}{2} v_{ymin}^2 = (W_{FM} - W_{LM}) + \Phi^{**}, \quad \Phi^{**} \equiv \Phi^* - \Delta \tag{4.39}$$

gegeben. Da ferner das Argument der Exponentialfunktion im gesamten Integrationsbereich groß gegenüber eins ist, kann man die Fermiverteilung durch die Boltzmannverteilung ersetzen. Die Ausführung der Integration in (4.38) führt damit auf die Richardson-Dushman-Formel

$$J_{M \to HL} = -A' T^2 \exp\left(-\frac{\Phi^{**}}{kT}\right) \tag{4.40}$$

mit der Richardson-Konstanten

$$A' = \frac{4\pi\, q m\, k^2}{h^3} = 120 \, \frac{A}{cm^2\, K^2} \,. \tag{4.41}$$

Für den Elektronenübergang vom Halbleiter zum Metall verläuft die Rechnung analog. Folgende Änderungen treten gegenüber (4.38) auf: Die Fermiverteilung ist durch (1.25) gegeben und kann wieder durch eine Quasi-Boltzmannverteilung angenähert werden. Da alle Elektronen, die an der Stelle y_m in negativer y-Richtung laufen, einen Beitrag zum Strom liefern, ist die Integration über v_y von $-\infty$ bis 0 zu erstrecken. Man erhält zunächst

$$J_{HL \to M} = \frac{4\pi\, q m (kT)^2}{h^3} \exp\left(-\frac{W_L(y_m) - W_{Fn}(y_m)}{kT}\right). \tag{4.42}$$

Der Stromfluß durch die Schottky-Diode ist durch die Summe der beiden Stromanteile (4.40) und (4.42) gegeben. Man sieht schon hier, daß sich die beiden Stromterme für U = 0 kompensieren, denn in diesem Grenzfall verlaufen die Ferminiveaus $W_F = W_{Fn} = W_{FM}$ horizontal und es gilt $\Phi^{**} = W_L(y_m) - W_{Fn}(y_m)$.

Führt man für den allgemeinen Fall noch die effektive Zustandsdichte N_L nach (1.6) ein, so folgt mit (1.27) aus (4.42)

$$J_{HL \to M} = q \ \sqrt{\frac{kT}{2\pi m}} \ n(y_m) = \frac{qv_{Th}}{\sqrt{6\pi}} \ n(y_m) \, , \tag{4.43}$$

wobei sich die thermische Geschwindigkeit v_{Th} nach dem Gleichverteilungssatz der Thermodynamik aus

$$\frac{m}{2} \, v_{Th}^2 = \frac{3}{2} \, kT \tag{4.44}$$

ergibt.[1])

Mit den gleichen Substitutionen in (4.40) kann man die resultierende Stromdichte J_n aus (4.40) und (4.43) zusammenfassen zu

$$J_n \equiv J_{HL \to M} + J_{M \to HL} = \frac{qv_{Th}}{\sqrt{6\pi}} \left[n(y_m) - n_O \exp\left(\frac{\Delta}{kT}\right) \right] \tag{4.45}$$

mit

$$n_O = N_D \exp\left(-\frac{qU_D}{kT}\right) \, , \quad \Delta = \frac{q}{\sqrt{4\pi \, \epsilon_{HL} \, L_D}} \ \sqrt[4]{2qkT \, (U_D - U)} \, . \tag{4.46}$$

Hierbei ist n_O diejenige (vorspannungsunabhängige) Elektronenkonzentration, die sich am Halbleiterrand ohne Bildkraft einstellen würde; Δ ergibt sich aus (4.32) und (4.37).

Wenn die Konzentration $n(y_m)$ ermittelt ist, hat man auch die Kennliniengleichung $I = f(U)$ der Schottky-Diode gefunden.

4.4.4 Gleichstromkennlinie

Zur Ermittlung des Konzentrationswertes $n(y_m)$ ist die Stromgleichung (1.47) im Bereich $y_m < y < w_n$ (Bild 4.9) zu lösen. Sie wird analog zu (2.20) in der Form

$$n(y) = N_D \exp\left(-\frac{W_L(y) - W_L(w_n)}{kT}\right) - \frac{J_n}{\mu_n kT} \int\limits_{y}^{w_n} d\xi \exp\left(\frac{W_L(\xi) - W_L(y)}{kT}\right)$$

$$\tag{4.47}$$

geschrieben. Gegenüber (2.20) wurde hier lediglich eine Umbenennung der Variablen x in y vorgenommen und die geänderte Bezugsenergie $W_L(w_n) \neq 0$ berücksichtigt. Speziali-

---

[1]) In Halbleitern definiert man als thermische Geschwindigkeit

$$v_{Th} = \sqrt{\langle v^2 \rangle} \, ,$$

wobei sich für den Mittelwert über die Elektronen des Leitungsbandes mit (1.5), (1.6), (1.10) und (1.17) die Gleichung (4.44) ergibt. Bei Normaltemperatur wird

$$v_{Th} \simeq 1{,}1 \cdot 10^7 \ \text{cm/s} \, .$$

siert man (4.47) auf $y = y_m$, ergibt sich nach Bild 4.9 mit (4.32) und (4.46) für den ersten Term

$$N_D \exp\left(-\frac{W_L(y_m) - W_L(w_n)}{kT}\right) = n_O \exp\left(\frac{\Delta + qU}{kT}\right).$$

Der Integrand im zweiten Term nimmt seinen größten Wert in der Umgebung von $y \simeq y_m$ an. Bei hinreichend hoher Bandaufwölbung, d.h. für $q(U_D - U) \gg kT$, kann man für den Exponenten unter Verwendung von (4.34), (4.35) und (4.37) näherungsweise

$$\frac{W_L(\xi) - W_L(y_m)}{kT} = \frac{1}{kT}\left\{-\frac{kT}{L_D}\sqrt{2\eta_s}\,\xi - \frac{q^2}{16\pi\epsilon_{HL}\xi} + \Delta\right\}$$

schreiben. An der oberen Integrationsgrenze w_n ist der Beitrag vernachlässigbar klein, so daß das Integral bis $\xi \to \infty$ erstreckt werden darf. Damit erhält man

$$n(y_m) = n_O \exp\left(\frac{\Delta + qU}{kT}\right) - \frac{J_n}{\mu_n kT}\int_{y_m}^{\infty} d\xi \exp\left(-\left[\frac{\sqrt{2\eta_s}}{L_D}\xi + \frac{q^2}{16\pi\epsilon_{HL}kT\xi} - \frac{\Delta}{kT}\right]\right) \quad (4.48)$$

Das verbleibende Integral läßt sich auf tabellierte Funktionen zurückführen, wenn man die eckige Klammer im Exponenten als neue Integrationsvariable einführt. Mit (4.36) und (4.37) ergibt sich für das Integral in (4.48) der Ausdruck

$$\frac{L_D}{2\sqrt{2\eta_s}}\int_0^{\infty} dz \left(1 + \frac{z + \frac{\Delta}{kT}}{\sqrt{z^2 + 2\frac{\Delta}{kT}z}}\right)\exp(-z) = \frac{L_D}{2\sqrt{2\eta_s}}\left[1 + \frac{\Delta}{kT}\exp\left(\frac{\Delta}{kT}\right)K_1\left(\frac{\Delta}{kT}\right)\right],$$

wobei das Integral nach [20] durch die modifizierte Besselfunktion K_1 [46] ausgedrückt wurde. Für numerische Rechnungen kann man die eckige Klammer in der obigen Gleichung mit einem Fehler $< 1,5\%$ durch den einfacheren Ausdruck

$$1 + \frac{\Delta}{kT}\exp\left(\frac{\Delta}{kT}\right)K_1\left(\frac{\Delta}{kT}\right) \simeq 1 + \sqrt{1 + \frac{\pi}{2}\frac{\Delta}{kT}} \quad (4.49)$$

approximieren, so daß aus (4.48) die Beziehung

$$n(y_m) = n_O \exp\left(\frac{\Delta + qU}{kT}\right) - \frac{J_n L_D}{2\mu_n kT\sqrt{2\eta_s}}\left[1 + \sqrt{1 + \frac{\pi}{2}\frac{\Delta}{kT}}\right] \quad (4.50)$$

folgt. Einsetzen dieses Wertes in (4.45) liefert die Kennliniengleichung in der Form

$$J_n = \frac{q\,\frac{v_{Th}}{\sqrt{6\pi}}\,n_O \exp\left(\frac{\Delta}{kT}\right)\left\{\exp\left(\frac{qU}{kT}\right) - 1\right\}}{1 + \frac{v_{Th}}{\sqrt{6\pi}\,\mu_n |E_{HL}|}\left[\frac{1 + \sqrt{1 + \frac{\pi}{2}\frac{\Delta}{kT}}}{2}\right]}, \quad (4.51)$$

wobei die eingeführten Kürzungen durch (4.32), (4.35), (4.44) und (4.46) gegeben sind.
In Bild 4.10 sind Durchlaß- und Sperrbereich dieser Kennlinie für ein Zahlenbeispiel dargestellt.

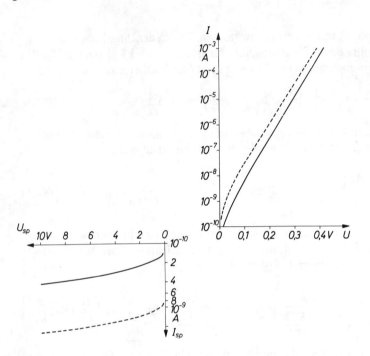

Bild 4.10
Kennlinie einer Schottky-Diode nach (4.51). Bei hinreichend hoher Durchlaßbelastung wird die Kennlinie näherungsweise durch (2.45) mit n = 1,03 beschrieben.
——————— T = 300 K;   — — — — — — T = 320 K.

4.4.5 Wechselstrom- und Schaltverhalten

Da bei der Schottky-Diode — im Gegensatz zum pn-Übergang — die Speicherung von Minoritätsträgern keine Rolle spielt, entfällt beim Wechselstromverhalten die Diffusionskapazität und beim Schaltverhalten die Speicherzeit. Die Sperrschichtkapazität entspricht derjenigen eines stark unsymmetrisch dotierten abrupten pn-Überganges. Infolge dieser Eigenschaften wird die Schottky-Diode als Varaktordiode z.B. in parametrischen Verstärkern und als schnelle Schaltdiode eingesetzt.

5 Feldeffekttransistoren

Im Gegensatz zum Bipolar-Transistor, bei welchem Majoritäts- und Minoritätsträger für die prinzipielle Funktionsweise erforderlich sind, spielen beim Feld Effekt Transistor (FET) nur die Majoritätsträger eine wesentliche Rolle („Unipolartransistor"). Diese Transistoren (s. z.B. [31] bis [36]) kann man im einfachsten Fall als steuerbare Halbleiterwiderstände auffassen, wobei die Steuerung durch ein elektrisches Feld erfolgt, das über eine Steuerelektrode „Gate" (Gatter) angelegt wird. Diese Bauelemente haben zwar transistorähnliche Kennlinienfelder, sie unterscheiden sich in ihrer Wirkungsweise jedoch grundsätzlich von den Bipolartransistoren: Während bei letzteren der entscheidende Mechanismus die Injektion von *Minoritätsträgern* ist, welche durch Anlegen einer Spannung gesteuert werden kann, wird beim FET der Stromfluß von *Majoritätsträgern* gesteuert, Injektion von Minoritätsträgern spielt hier keine Rolle.

Beim FET unterscheidet man grundsätzlich zwei Typen, die sich auf die Art der Steuerung beziehen. Wird das Gate durch eine Isolatorschicht von dem zu steuernden Widerstand („Kanal") getrennt, spricht man von einem Insulated Gate Field Effect Transistor (IGFET); die Widerstandsmodulation erfolgt hier durch eine *Konzentrationsänderung* im Kanal. Wird andererseits das Gate nicht-isoliert angebracht, bezeichnet man einen Transistor dieses Typs als Not Insulated Gate Field Effect Transistor[1] (NIGFET); die Widerstandsmodulation erfolgt in diesem Falle durch eine *Dickenänderung* des leitenden Kanals.

Die prinzipielle Wirkungsweise dieser beiden Typen wird in den folgenden Abschnitten an je einem Beispiel erläutert.

5.1 NIGFET

Das diesem Transistortyp zugrunde liegende Prinzip kann in sehr stark vereinfachter Form anhand des Bildes 5.1 erläutert werden. Der steuerbare Widerstand wird vom n-Kanal gebildet, an den sperrfreie Elektroden D und S angebracht sind. Die Ladungsträger laufen vom Anschluß S (Source, Quelle) zum Anschluß D (Drain, Senke). An den Längsseiten ist die Steuerelektrode G (Gate, Gatter) als sperrender Kontakt angebracht, so daß sich hier Sperrschichten ausbilden. Mit zunehmender Sperrspannung U_{sg} dehnen sich diese Sperrschichten weiter aus, so daß die leitende Breite des n-Kanals verringert wird. Der Widerstand zwischen Drain und Source nimmt zu.

---

[1] In der Literatur findet man auch die Bezeichnung SFET als Abkürzung für Sperrschicht Feld Effekt Transistor.

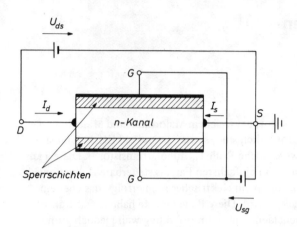

Bild 5.1
Vereinfachtes Prinzip des NIGFET.
Die Sperrschichten an den Gate-
Elektroden können durch Schottky-
Dioden oder pn-Übergänge erzeugt
werden.

Erzeugt man den sperrenden Kontakt durch einen pn-Übergang, hat man einen
Junction Field Effect Transistor (JFET); hierfür findet man auch die Bezeichnung Junction Gate Field Effect Transistor (JGFET) oder PN-FET. Andererseits kann man als Gate
auch einen sperrenden Metall-Halbleiterkontakt (Schottky-Diode) verwenden, hier dient
MeSFET oder MSFET als Abkürzung für Metal Semiconductor Field Effect Transistor.
Ferner kann man in dieser Anordnung statt eines n-leitenden Kanals auch einen p-Kanal
verwenden. Als Beispiel wird im folgenden das Modell eines JFET mit n-Kanal behandelt.

Anhand dieser einfachsten qualitativen Diskussion lassen sich bereits die wesentlichsten Unterschiede zu dem in Abschnitt 3 behandelten „Bipolartransistor" erkennen. Da
der auf der Eingangsseite durch die Steuerelektrode G fließende Strom von der Größenordnung des Rückstromes eines pn-Überganges ist, wird der Feldeffekttransistor einen
weit höheren Eingangswiderstand aufweisen als der normale Transistor; die Steuerung
erfolgt nahezu stromlos, der Gate-Strom kann im folgenden vernachlässigt werden. Da
weiter Injektion und damit die Lebensdauer der Minoritätsträger keine Rolle spielt, wird
die Frequenzgrenze nicht mehr durch die Lebensdauer, sondern nur durch Sperrschicht-
und Schaltungskapazitäten bestimmt.

5.1.1 Modell

Bild 5.2 zeigt schematisch den Aufbau eines JFET. In ein p-leitendes Substrat, das
als Träger dient, wird eine n-leitende Schicht eindiffundiert, welche später den n-Kanal
bildet. Anschließend wird mit einer p^+-Diffusion ein Teil dieses Bereiches umdotiert und
damit die Gatezone erzeugt. Die Metallkontaktierungen S, G, D, B dienen der Stromzuführung, wobei der Substratanschluß B („Bulk") entweder getrennt herausgeführt oder
mit dem Gate zusammengeschlossen wird. Eine Isolatorschicht schützt das Bauelement
vor Umwelteinflüssen. Der Mittelteil dieser Anordnung entspricht in seinem geometrischen Aufbau der schematischen Darstellung des Bildes 5.1, wenn man sich unter den
Gate-Elektroden die p-Schichten vorstellt. Da die Diskussion der Wirkungsweise anhand
des Bildes 5.1 erfolgt, muß man die Einflüsse der nicht erfaßten Teile nachträglich be-

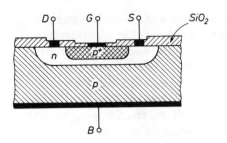

Bild 5.2
Prinzipieller Aufbau eines JFET

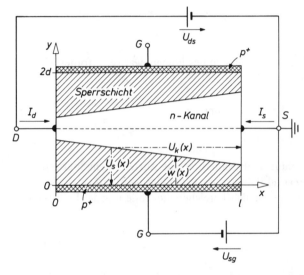

Bild 5.3
Der Rechnung zugrundegelegte
Modellanordnung im Anlaufbereich; beide Gate-Elektroden
zusammengeschlossen.

rücksichtigen. Wie ein Vergleich der beiden Bilder zeigt, wirkt sich dies insbesondere in Zuleitungswiderständen zum Drain- und Sourcekontakt aus sowie in zusätzlichen Kapazitäten zwischen Drain und Gate einerseits und Gate und Source andererseits aus.

Bild 5.3 zeigt das Modell, welches der Kennlinienberechnung zugrunde gelegt wird. Hier wurde eine symmetrische Struktur angenommen, also im Gegensatz zu Bild 5.2 eine p^+-Dotierung auf beiden Gate-Elektroden (G und B zusammengeschlossen); ferner seien homogene Kanaldotierung und abrupte p^+n-Übergänge vorausgesetzt. Diese Vereinfachungen verursachen zwar einen qualitativen Fehler, sind jedoch ohne Einfluß auf die prinzipielle Funktionsweise.

Im Gegensatz zu Bild 5.1 sind in der Darstellung des Bildes 5.3 die Sperrschichtweiten $w(x)$ ortsabhängig. Dieser Effekt ist für die Wirkungsweise von Feldeffekttransistoren von grundsätzlicher Bedeutung. Das kann man leicht qualitativ einsehen: Wenn ein Drainstrom fließt $(U_{ds} > 0)$, fällt am Wirkwiderstand des Kanals die Spannung $U_k(x)$ ab. Da die Sperrschichtweite $w(x)$ mit der Spannung $U_s(x)$ über der Sperrschicht zunimmt, folgt aus einem Spannungs-Umlauf[1]

$$U_s(x) = U_k(x) + U_{sg} \,, \tag{5.1}$$

---

[1]) Der p^+-Bereich ist wegen der hohen Dotierung als Äquipotentialfläche aufzufassen

daß die Sperrschichtweite am Drainkontakt am größten sein muß. Damit kommt man bei der Diskussion der prinzipiellen Wirkungsweise nicht mehr wie bisher mit einem eindimensionalen Modell aus, sondern muß eine zweidimensionale Anordnung untersuchen.

Die Einschnürung durch den Spannungsabfall am Wirkwiderstand des Kanals kann selbst bei fehlender Gatespannung ($U_{sg} = 0$) formal soweit gehen, daß sich die beiden Sperrschichten berühren und damit den Kanal „abkneifen" (englisch: "pinch off"). Die Kennlinien im „Anlaufbereich" vor Erreichen des pinch off und im „Sättigungsbereich" nach dem pinch off werden in den beiden folgenden Abschnitten getrennt untersucht.

5.1.2 Anlaufbereich

Um in diesem Bereich den Kanalwiderstand zu bestimmen, wäre es erforderlich, zunächst $w(x)$ gemäß (1.59) aus der Gleichung

$$\frac{\partial^2 W_L}{\partial x^2} + \frac{\partial^2 W_L}{\partial y^2} = \begin{cases} \dfrac{q^2 N_D}{\epsilon} & \text{im Sperrschichtbereich} \\[2mm] 0 & \text{im Kanal} \end{cases} \tag{5.2}$$

zu ermitteln. Dabei wird wie in Abschnitt 2 als Näherung eine Aufteilung in Sperrschichten (ohne bewegliche Ladungsträger) und Bahngebiete (mit Quasineutralität) vorgenommen. Vernachlässigt man in den Sperrschichtbereichen die Änderung der Feldstärke E_x längs des Kanals

$$\left| \frac{\partial^2 W_L}{\partial x^2} \right| \ll \frac{q^2 N_D}{\epsilon} \, , \tag{5.3}$$

geht (5.2) in die einfachere Gleichung

$$\frac{\partial^2 W_L(x, y)}{\partial y^2} = \begin{cases} \dfrac{q^2 N_D}{\epsilon} & \text{für } y < w(x) \\[2mm] 0 & \text{für } w(x) < y < d \end{cases} \tag{5.4}$$

über. Wegen der Symmetrie genügt es, nur den Bereich $y < d$ zu betrachten. Die Gültigkeitsgrenzen der Voraussetzung (5.3) sind später festzulegen (Abschnitt 5.1.4).

Legt man die Elektronenenergie W_L an der Source-Elektrode auf null fest, so ist (5.4) unter folgenden Bedingungen zu lösen:

$$\left. \begin{aligned} & W_L(x, 0) = q(U_D + U_{sg}) \\ & W_L(x, w(x)) = -qU_k(x) \\ & \left. \frac{\partial W_L(x, y)}{\partial y} \right|_{y = w(x)} = 0 \, . \end{aligned} \right\} \tag{5.5}$$

In der ersten Gleichung (5.5) ist U_D die Diffusionsspannung, ferner wurde die Ausdehnung der Sperrschicht in das hochdotierte p^+-Gebiet vernachlässigt.

Zwei dieser Gleichungen sind als Randbedingung der Differentialgleichung zweiter Ordnung erforderlich, die dritte bestimmt $w(x)$ als Funktion von $U_k(x)$. Da x nur als Parameter auftritt, nach welchem nicht differenziert wird, ist die Lösung dieser Differentialgleichung wieder eine eindimensionale Aufgabe, die bis auf die Wahl des Energienullpunktes und die Benennung der Ortskoordinate mit der in Abschnitt 2.2.1 durchgeführten Energieberechnung identisch ist. Analog zu (2.16) erhält man mit der Kürzung

$$V_{PO} = \frac{qN_D \, d^2}{2\epsilon} \tag{5.6}$$

für den Energieverlauf

$$W_L(x, y) = -qU_k(x) + qV_{PO}\left(\frac{y - w(x)}{d}\right)^2 \quad \text{für } y \leqslant w(x), \tag{5.7}$$

woraus mit der ersten Gleichung (5.5) die Sperrschichtgrenze zu

$$\frac{w(x)}{d} = \sqrt{\frac{U_D + U_{sg} + U_k(x)}{V_{PO}}} \tag{5.8}$$

folgt. Man erkennt an dieser Stelle übrigens die anschauliche Bedeutung der als Abkürzung eingeführten Größe V_{PO}: Wenn die Drainspannung $U_{ds} = U_k(0)$ gerade so groß ist, daß

$$U_D + U_{sg} + U_{ds} = V_{PO}$$

wird, würde „Pinch Off" eintreten: $w(0) = d$.

Damit ist die Untersuchung der Sperrschichtgebiete abgeschlossen. Zur Berechnung der Strom-Spannungsbeziehung geht man vom Feldstrom im Kanal aus. Da dieser nur eine x-Komponente

$$J = -\sigma \frac{dU_k}{dx}, \quad \sigma = q\mu_n N_D \tag{5.9}$$

hat, folgt durch Multiplikation mit dem stromführenden Querschnitt[1] $[2(d-w)a]$ für den ortsunabhängigen Drainstrom

$$I_d = -\frac{I_{d0} \, l}{V_{PO}} \left[1 - \frac{w(x)}{d}\right] \frac{dU_k}{dx} \tag{5.10}$$

mit

$$I_{d0} \equiv \frac{2 \, a \, d\sigma \, V_{PO}}{l} = \frac{V_{PO}}{r_0}, \quad r_0 = \frac{l}{2 \, a \, d\sigma}. \tag{5.11}$$

Einsetzen von (5.8) in (5.10) und Integration von x bis l liefert wegen $U_k(l) = 0$ den Zusammenhang

$$\frac{I_d}{I_{d0}}\left(1 - \frac{x}{l}\right) = \frac{U_k(x)}{V_{PO}} - \frac{2}{3}\left\{\left(\frac{U_D + U_{sg} + U_k(x)}{V_{PO}}\right)^{3/2} - \left(\frac{U_D + U_{sg}}{V_{PO}}\right)^{3/2}\right\}. \tag{5.12}$$

---

[1]) a ist die Ausdehnung senkrecht zur Zeichenebene.

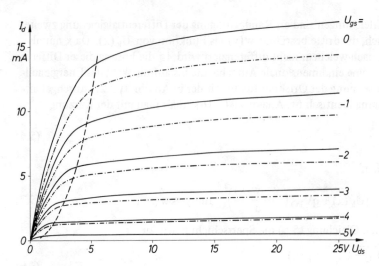

Bild 5.4
Kennlinienfeld eines JFET
─────────── T = 300 K   ─ · ─ · ─ · ─ T = 320 K
─ ─ ─ ─ ─ ─ Grenze zwischen Anlauf- und Sättigungsbereich für 300 K

Hieraus folgt für x = 0 wegen $U_k(0) = U_{ds}$ die Kennlinie in diesem Bereich:

$$I_d = I_{d0} \left\{ \frac{U_{ds}}{V_{PO}} - \frac{2}{3} \left[\left(\frac{U_D + U_{sg} + U_{ds}}{V_{PO}} \right)^{3/2} - \left(\frac{U_D + U_{sg}}{V_{PO}} \right)^{3/2} \right] \right\}. \qquad (5.13)$$

Diese Abhängigkeit ist im Kennlinienfeld $I_d = f(U_{ds})$ mit $U_{gs} = -U_{sg}$ als Parameter in Bild 5.4 — Bereich links der gestrichelten Trennkurve — dargestellt.

Das Kennlinienfeld zeigt für hinreichend kleine Spannungen $U_{ds} \ll U_D + U_{sg}$ einen „linearen Bereich", in welchem I_d proportional U_{ds} ist: Entwickelt man unter dieser Voraussetzung die Funktion in der eckigen Klammer von (5.13) bis zu dem in U_{ds} linearen Term, erhält man

$$\frac{I_d}{I_{d0}} = \left(1 - \sqrt{\frac{U_D + U_{sg}}{V_{PO}}} \right) \frac{U_{ds}}{V_{PO}}. \qquad (5.14)$$

Der Zusammenhang zwischen x und w läßt sich aus (5.12) berechnen, wenn I_d mit (5.13) und U_k mit (5.8) eliminiert wird, vgl. Bild 5.3.

Als nächstes sind die Gültigkeitsgrenzen von (5.13) zu diskutieren. Zunächst folgt aus (5.10), daß bei vollständiger Abschnürung des Kanals bei x = 0 die Kanalfeldstärke unendlich groß werden müßte; das ist natürlich nicht der Fall. Tatsächlich gilt, wie bereits in Abschnitt 1.5.2 erwähnt, das Ohmsche Gesetz (5.9) und damit auch der lineare Zusammenhang zwischen Driftgeschwindigkeit $\bar{v}$ und E nicht für beliebig hohe Feldstärken. Vielmehr erreicht die Driftgeschwindigkeit $\bar{v}$ der Elektronen bei einer Grenzfeldstärke[1] E_0

─────────────
[1] Für Elektronen in Silicium ist $E_0 \simeq 2 \cdot 10^4 \, \text{V/cm}$.

einen Sättigungswert v_{gr}, der in der Größenordnung der thermischen Geschwindigkeit liegt. Vereinfachend soll im ganzen Bereich $E < E_0$ der lineare Zusammenhang zwischen $\bar{v}$ und E und damit (5.9) verwendet werden (Bild 5.5a). Demgegenüber erhält man für $E > E_0$ entsprechend (1.39) eine feldunabhängige Sättigungsstromdichte. Man beschränkt die zu (5.13) führenden Überlegungen auf denjenigen Kennlinienbereich, in welchem die maximal im Kanal auftretende Feldstärke $E_x(0, w(0)) \leqslant E_0$ ist. Als Grenze hierfür ergibt sich aus (5.10) und (5.8)

$$\frac{I_d}{I_{d0}} \frac{V_{PO}}{l \, E_0} = 1 - \sqrt{\frac{U_D + U_{sg} + U_{ds}}{V_{PO}}} \, . \tag{5.15}$$

Auflösen von (5.15) nach U_{sg} und Einsetzen in (5.13) liefert die Grenzkurve für den Anlaufbereich $I_d(U_{ds})$, die in Bild 5.4 gestrichelt eingezeichnet ist.

5.1.3 Sättigungsbereich

Bei weiterer Erhöhung der Drainspannung und damit auch des Drainstromes wird man die Überlegungen des Abschnittes 5.1.2 noch immer auf denjenigen Bereich des Kanals $x > x_1$ („Source-Bereich") anwenden können, in welchem die Feldstärke kleiner als E_0 bleibt. Aus (5.10) ergibt sich die Beziehung

$$\frac{I_d}{I_{d0}} \frac{V_{PO}}{l \, E_0} = 1 - \frac{w(x_1)}{d}, \tag{5.16}$$

aus der mit (5.8) die Gleichung

$$\frac{U_D + U_{sg} + U_k(x_1)}{V_{PO}} = \left(1 - \frac{I_d}{I_{d0}} \frac{V_{PO}}{l \, E_0}\right)^2 \tag{5.17}$$

folgt. Die Integration von (5.10) ist jetzt nur von x_1 bis l zu erstrecken, damit geht (5.12) über in

$$\frac{I_d}{I_{d0}} \left(1 - \frac{x_1}{l}\right) = \frac{U_k(x_1)}{V_{PO}} - \frac{2}{3} \left\{ \left(\frac{U_D + U_{sg} + U_k(x_1)}{V_{PO}}\right)^{3/2} - \left(\frac{U_D + U_{sg}}{V_{PO}}\right)^{3/2} \right\} \, . \tag{5.18}$$

Bei bekanntem x_1 liefert (5.18) zusammen mit (5.17) die Kennlinie. Der Zusammenhang zwischen der Grenze x_1 und der Drainspannung ist aus einer Untersuchung des bisher noch nicht behandelten „Drain-Bereiches" $0 < x < x_1$ zu ermitteln.[1]

In Bild 5.5b ist die Sperrschichtausdehnung $w(x)$ noch einmal skizziert. Bei x_1 erreicht die Feldstärke im Kanal den Wert E_0. An dieser Stelle ist die Sperrschichtausdehnung fast gleich d. Dies gilt auch im gesamten Drainbereich, so daß man für die Integration der Poissongleichung (5.2) im Drainbereich als Grenze näherungsweise $w(x) \simeq w(x_1)$ setzen kann.

---

[1] Die folgenden Überlegungen schließen sich eng an einen Vorschlag von Grebene und Ghandhi [37] an. Weitere Einzelheiten sind der Originalarbeit zu entnehmen.

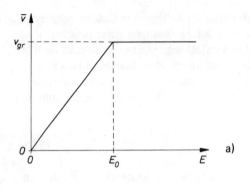

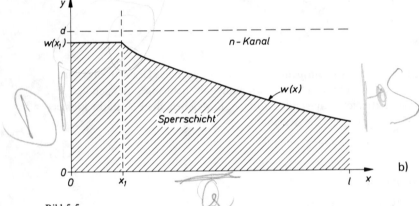

Bild 5.5
Modell zur Kennlinienberechnung im Sättigungsbereich
a) vereinfachter Zusammenhang zwischen Driftgeschwindigkeit und Feldstärke
b) Sperrschichtausdehnung

Der Verlauf der Elektronenenergie $W_L(x, y)$ im Bereich $0 < x < x_1$, $0 < y < w(x_1)$ ist aus der vollständigen Gleichung (5.2) zu bestimmen. Dabei sind die Randbedingungen

$$W_L(x, 0) = q(U_D + U_{sg})$$

$$W_L(x_1, y) = - qU_k(x_1) + qV_{PO}\left(\frac{y - w(x_1)}{d}\right)^2$$

$$\left.\frac{\partial W_L(x, y)}{\partial y}\right|_{y = w(x_1)} = 0$$

$$\left.\frac{\partial W_L(x, w(x_1))}{\partial x}\right|_{x = x_1} = qE_0$$

$$(5.19)$$

zu berücksichtigen. Die erste Gleichung legt die Elektronenenergie auf der Gate-Elektrode fest, die zweite sichert im Zusammenhang mit (5.7) die Stetigkeit des Potentials an der

Grenze $x = x_1$. Die dritte Randbedingung besagt, daß innerhalb des verbleibenden Restkanals $w(x_1) < y < d$ wieder nur ein Feldstrom in x-Richtung auftreten soll. Mit der letzten Beziehung wird die Feldstärke an der Stelle x_1 gleich E_0 gesetzt.[1]) Man überzeuge sich davon, daß die Funktion

$$W_L(x, y) = -qU_k(x_1) + qV_{PO}\left(\frac{y - w(x_1)}{d}\right)^2$$
$$+ \frac{2w(x_1)\, qE_0}{\pi} \sin\left(\frac{\pi y}{2w(x_1)}\right) \cdot \sinh\left(\frac{\pi(x - x_1)}{2w(x_1)}\right) \quad (5.20)$$

die Differentialgleichung (5.2) mit den Randbedingungen (5.19) löst. Da die Elektronenenergie an der Drain-Elektrode durch $W_L(0, w(x_1)) = -qU_{ds}$ gegeben ist, erhält man aus (5.20) die gesuchte Bestimmungsgleichung für x_1 :

$$U_{ds} = U_k(x_1) + \frac{2w(x_1)\, E_0}{\pi} \sinh\left(\frac{\pi x_1}{2w(x_1)}\right). \quad (5.21)$$

Die Gleichungen (5.17), (5.18) und (5.21) liefern nun das Kennlinienfeld $I_d(U_{ds}, U_{sg})$ im Sättigungsbereich, wie es ebenfalls in Bild 5.4 dargestellt ist.

Zur weiteren Illustration sind in Bild 5.6 für ein Zahlenbeispiel die Kurven konstanter Elektronenenergie eingezeichnet, wie sie sich aus (5.7) und (5.20) ergeben. Bild 5.7 zeigt den aus Bild 5.6 gewonnenen Verlauf der Elektronenenergie längs der Kanalmitte: Die Elektronen fallen, vom Source-Kontakt kommend, den Energieberg herunter; der nichtabgeschnürte Kanal $x_1 < x < l$ kann nur einen Teil der anliegenden Spannung U_{ds} aufnehmen, der restliche Spannungsabfall liegt über dem „abgeschnürten" Bereich $0 < x < x_1$. Bild 5.8 zeigt den Verlauf der Elektronenenergie in perspektivischer Darstellung: Die Elektronen rollen, von der Source-Elektrode kommend, den zunächst sanft abfallenden und allmählich enger werdenden Kanal hinunter, dessen Grenzen gestrichelt

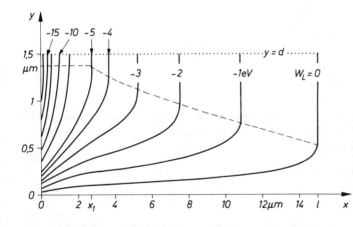

Bild 5.6
Verlauf der Kurven konstanter
Elektronenenergie beim JFET
im Sättigungsbereich, nach (5.7)
und (5.20)

---

[1]) Bezüglich einer Diskussion dieser letzten Randbedingung sei auf die Originalarbeit [37] verwiesen.

markiert sind. Jenseits der Abschnürstelle x_1 — ebenfalls gestrichelt eingezeichnet — stürzen sie den steilen Energieberg hinunter auf den Drainkontakt zu, dabei werden sie durch die nach beiden Seiten ansteigenden Energiewände im Mittelbereich gehalten.[1]

Schließlich sei noch auf das Temperaturverhalten hingewiesen. Während die Temperaturabhängigkeit des Bipolar-Transistors wesentlich durch die Temperaturabhängigkeit der Eigenleitungskonzentration bestimmt wird, hängt der Drainstrom des JFET im hier behandelten Modell nur über die Beweglichkeit μ_n und Diffusionsspannung U_D von der Temperatur ab.[2] Beide Größen werden mit steigender Temperatur kleiner, so daß der Drainstrom mit zunehmender Temperatur sinkt, Bild 5.4. Im Gegensatz zum Bipolartransistor wirkt der JFET daher selbststabilisierend.

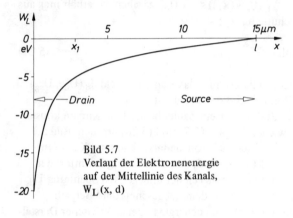

Bild 5.7
Verlauf der Elektronenenergie
auf der Mittellinie des Kanals,
$W_L(x, d)$

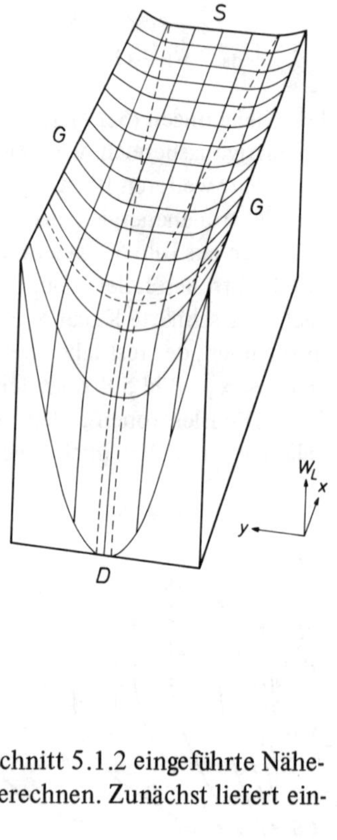

Bild 5.8
$W_L(x, y)$ in perspektivischer
Darstellung

5.1.4 Gültigkeitsbereich des Modells

Abschließend ist noch zu prüfen, inwieweit die in Abschnitt 5.1.2 eingeführte Näherung (5.3) statthaft war. Dazu ist $\partial^2 W_L / \partial x^2$ aus (5.7) zu berechnen. Zunächst liefert einmalige Differentiation mit (5.8)

$$\frac{\partial W_L(x, y)}{\partial x} = -2 \frac{q V_{PO}}{d^2} y \frac{dw(x)}{dx} .$$

---

[1] Das im vorangegangenen beschriebene Modell wird übrigens in seinen wesentlichen Grundzügen durch numerische Lösungen der zweidimensionalen Poissongleichung bestätigt [38].

[2] Eine mögliche Abhängigkeit über E_0 soll außer Betracht bleiben.

Um die zweite Ableitung der Energie

$$\frac{\partial^2 W_L(x, y)}{\partial x^2} = -2\, \frac{qV_{PO}}{d^2}\, y\, \frac{d^2 w(x)}{dx^2}$$

zu bestimmen, muß man bei der Differentiation der Sperrschichtweite Gleichung (5.12) heranziehen. Drückt man hierin $U_k(x)$ mit (5.8) durch $w(x)$ aus, kann man die erste Ableitung direkt hinschreiben. Mit der Umformung

$$\frac{d^2 w}{dx^2} = \frac{d}{dx}\left(\frac{dw}{dx}\right) = \frac{d}{dw}\left(\frac{dw}{dx}\right) \cdot \frac{dw}{dx}$$

erhält man dann mit (5.6) aus (5.3) die Forderung

$$\frac{y}{d}\; \frac{\left|1 - \frac{2w}{d}\right|}{\left(\frac{w}{d}\right)^3 \left(1 - \frac{w}{d}\right)^3}\left(\frac{d}{2l}\right)^2 \left(\frac{I_d}{I_{d0}}\right)^2 \ll 1\,.$$

Da I_d höchstens von der Größenordnung I_{d0} wird und die linke Seite für $y = w$ den größten Wert annimmt, soll diese Bedingung in der Form

$$\frac{\left|1 - \frac{2w}{d}\right|}{\left(\frac{w}{d}\right)^2 \left(1 - \frac{w}{d}\right)^3}\left(\frac{d}{2l}\right)^2 \ll 1$$

diskutiert werden.

Die linke Seite wird einmal für $w/d \ll 1$ große Werte annehmen; dann vereinfacht sich die Bedingung zu

$$\left(\frac{d^2}{2wl}\right)^2 \ll 1\,. \tag{5.22}$$

Diese Forderung wird für hinreichend große Kanallängen immer erfüllbar.

Zum andern wird die linke Seite für $w \to d$ ebenfalls groß. Mit (5.16) und $I_d \simeq I_{d0}$ lautet dann die Bedingung

$$\left(\frac{d}{2l}\right)^2 \left(\frac{l E_0}{V_{PO}}\right)^3 \ll 1\,. \tag{5.23}$$

Wie gut diese Forderung erfüllt ist, muß im Einzelfall kontrolliert werden.

5.1.5 Wechselstrom-Ersatzschaltbild

Das Wechselstromverhalten des JFET wird bei dem hier behandelten Modell durch Sperrschichtkapazitäten und Kanalwiderstand bestimmt. Es wird zunächst für den Anlaufbereich die Differentialgleichung, welche das Wechselstromverhalten beschreibt, allgemein ermittelt und anschließend für den Spezialfall niedriger Frequenzen in eine Ersatzschaltung übersetzt.

Die Stromgleichung (5.10) gilt auch für den Wechselstromfall. Allerdings ist hier der längs des Kanals fließende Strom $I_k(x)$ — in Abschnitt 5.1.2 als I_d bezeichnet — nicht mehr ortsunabhängig, da über die Sperrschichtkapazität der Gateelektrode ein Strom fließt, vgl. Bild 5.9. Der durch jeden differentiellen Abschnitt dx hindurchtretende Strom i ist mit dem Spannungsabfall U_s über der Sperrschicht an der betreffenden Stelle durch

$$i = \frac{\epsilon \, a \, dx}{w} \frac{\partial U_s}{\partial t}$$

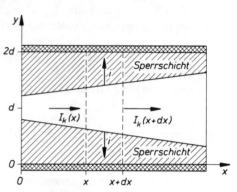

Bild 5.9
Stromfluß über die
Sperrschichtkapazität.
Erläuterungen im Text

verknüpft. Berücksichtigt man, daß ein Strom derselben Größe in dem hier untersuchten symmetrischen Modell auch durch die gegenüberliegende Sperrschicht bei y = 2 d fließt, liefert die Stromsumme

$$I_k(x) = 2 \frac{\epsilon \, a}{w} dx \frac{\partial U_s}{\partial t} + I_k(x + dx) \, ,$$

woraus mit (5.1) und (5.8) die „Kontinuitätsgleichung"

$$\frac{\partial I_k}{\partial x} = - \frac{4 \, c_0}{l \sqrt{\dfrac{U_D + U_{sg} + U_k}{V_{PO}}}} \frac{\partial (U_k + U_{sg})}{\partial t} \, , \quad c_0 \equiv \frac{\epsilon \, a \, l}{2 \, d} \tag{5.24}$$

folgt. Weiter ergibt sich aus (5.10) mit (5.8) und (5.11) die Stromgleichung in der Form

$$I_k = - \frac{l}{r_0} \left[1 - \sqrt{\frac{U_D + U_{sg} + U_k}{V_{PO}}} \right] \frac{\partial U_k}{\partial x} \, . \tag{5.25}$$

Überlagert man der Gleichspannung am Arbeitspunkt (U^0) ein Wechselsignal geringer Amplitude, so ist der zeitliche Spannungsverlauf analog (2.49) gegeben. Damit kann man (5.24) und (5.25) in einen Gleichstromanteil (I^0) und einen zeitabhängigen Anteil zerlegen. Hierbei werden im Rahmen einer Kleinsignaltheorie nur die in den Wechselgrößen linearen Terme berücksichtigt, so daß der zeitliche Stromverlauf analog (2.50) dargestellt werden kann. Man erhält aus (5.24) und (5.25) für den ortsunabhängigen Gleichstromterm

$$I_d \equiv I_k^0 = - \frac{l}{r_0} \left[1 - \sqrt{\frac{U_D + U_{sg}^0 + U_k^0}{V_{PO}}} \right] \frac{dU_k^0}{dx} \tag{5.26}$$

und für die Phasoren der Wechselanteile

$$\frac{d\vec{i}_k}{dx} = -\frac{j\omega 4 c_0 (\vec{u}_k + \vec{u}_{sg})}{l\sqrt{\dfrac{U_D + U_{sg}^0 + U_k^0}{V_{PO}}}},$$

$$\vec{i}_k = -\frac{l}{r_0}\frac{d}{dx}\left(\left[1 - \sqrt{\frac{U_D + U_{sg}^0 + U_k^0}{V_{PO}}}\right](\vec{u}_k + \vec{u}_{sg})\right).$$

(5.27)

Bei Spannungsansteuerung mit $\vec{u}_{sg}$ und $\vec{u}_{ds}$ lassen sich die Phasoren des Drainstromes $\vec{i}_d \equiv \vec{i}_k(0)$ und des Sourcestromes $\vec{i}_s \equiv -\vec{i}_k(l)$ bei Berücksichtigung der Randbedingungen

$$\vec{u}_k(0) = \vec{u}_{ds}, \quad \vec{u}_k(l) = 0$$

(5.28)

bestimmen. Zur Vereinfachung der Schreibweise werden dimensionslose Größen eingeführt:

$$\frac{\vec{i}_k}{I_d} \equiv \vec{z}; \quad 1 - \sqrt{\frac{U_D + U_{sg}^0 + U_k^0}{V_{PO}}} \equiv \eta$$

$$\eta\,\frac{\vec{u}_k + \vec{u}_{sg}}{2 V_{PO}} \equiv \vec{\kappa}; \quad 16\,\omega\,r_0\,c_0\,\frac{I_{d0}^2}{I_d^2} \equiv \Omega,$$

(5.29)

wobei I_{d0} durch (5.11) gegeben ist. Mit (5.11), (5.25) und (5.26) gehen die Gleichungen (5.27) in

$$\frac{d\vec{z}}{d\eta} = -j\,\Omega\,\vec{\kappa}, \quad \frac{d\vec{\kappa}}{d\eta} = -\eta\,(1-\eta)\,\vec{z}$$

(5.30)

über. Differenziert man die erste Gleichung (5.30) nach η und setzt in die zweite Gleichung ein, erhält man mit der Substitution $\xi = 1/2 - \eta$ eine Differentialgleichung zweiter Ordnung, die sich exakt lösen läßt [78]; dies wurde für den vorliegenden Fall von Geurst [79] durchgeführt. Um jedoch eine Ersatzschaltung mit diskreten frequenzunabhängigen Elementen aufzustellen, ist es zweckmäßiger, zur Lösung ein Näherungsverfahren anzuwenden. Bevor dies durchgeführt wird, sei kurz der weitere Gang der Rechnung, der zur Aufstellung einer Ersatzschaltung führt, skizziert:

Kennt man die Lösung $\vec{z}(\eta)$, so kann man nach Elimination der Abkürzungen (5.29) Drain- und Sourcestrom mit $\vec{u}_{gs} = -\vec{u}_{sg}$ in der Form

$$\vec{i}_s = y_{11}^{(g)}\vec{u}_{sg} + y_{12}^{(g)}\vec{u}_{dg}; \quad \vec{i}_d = y_{21}^{(g)}\vec{u}_{sg} + y_{22}^{(g)}\vec{u}_{dg}$$

schreiben. Hierdurch ist die Leitwertmatrix (Band II, Anhang) der „Gateschaltung" bestimmt.[1] Die Ersatzschaltung soll für die technisch bedeutendere „Sourceschaltung" so

---

[1] Zwischen FET- und Bipolartransistorschaltungen gelten die Zuordnungen:
  Gateschaltung $\leftrightarrow$ Basisschaltung
  Sourceschaltung $\leftrightarrow$ Emitterschaltung
  Drainschaltung $\leftrightarrow$ Kollektorschaltung

umgeformt werden, daß *nur* im Ausgangskreis eine gesteuerte Quelle auftritt. Dazu wird zunächst der Eingangskreis, der keine gesteuerte Quelle enthalten soll, dargestellt. Mit $\vec{u}_{dg} = -\vec{u}_{gd}$ und der Stromsumme

$$\vec{i}_g + \vec{i}_d + \vec{i}_s = 0$$

lassen sich die Admittanzen zwischen Gate und Drain bzw. Gate und Source in einfacher Weise durch die Leitwertparameter der Gateschaltung ausdrücken (vgl. Bild 5.10b):

$$\vec{i}_g = y_{gs}\vec{u}_{gs} + y_{gd}\vec{u}_{gd}, \quad y_{gs} = y_{11}^{(g)} + y_{21}^{(g)}, \quad y_{gd} = y_{12}^{(g)} + y_{22}^{(g)}. \tag{5.31}$$

Da der Strom $y_{gd}\vec{u}_{dg}$ auch in der Stromsumme am Drain explizite auftreten muß, folgt mit $\vec{u}_{dg} = \vec{u}_{ds} - \vec{u}_{gs}$ für den Drainstrom

$$\vec{i}_d = y_{gd}\vec{u}_{gd} + y_{ds}\vec{u}_{ds} + S\vec{u}_{gs}, \quad y_{ds} = -y_{12}^{(g)}, \quad S = y_{12}^{(g)} - y_{21}^{(g)}. \tag{5.32}$$

Somit sind sämtliche Größen im Ersatzschaltbild der Sourceschaltung formal bestimmt.

Um die Gleichungen (5.30) näherungsweise zu lösen, werden die Funktionen $\vec{z}$ und $\vec{\kappa}$ in Potenzreihen von $j\Omega$ entwickelt,

$$\vec{z} = \vec{z}_{(0)} + j\Omega\,\vec{z}_{(1)} + (j\Omega)^2\,\vec{z}_{(2)} + \dots ,$$

$$\vec{\kappa} = \vec{\kappa}_{(0)} + j\Omega\,\vec{\kappa}_{(1)} + (j\Omega)^2\,\vec{\kappa}_{(2)} + \dots .$$

Setzt man diese Potenzreihen in (5.30) ein, erhält man durch Integration der ersten Gleichung die $(n+1)$-te Näherung für $\vec{z}$ aus der n-ten Näherung für $\vec{\kappa}$; die Integration der zweiten Gleichung liefert dann die $(n+1)$-te Näherung für $\vec{\kappa}$. Die hierbei auftretenden Integrationskonstanten werden in jeder Näherung durch die Randbedingungen (5.28) festgelegt,

$$\vec{\kappa}_{(0)}(x = 0) = \eta_0 \frac{\vec{u}_{dg}}{2\,V_{PO}}; \quad \vec{\kappa}_{(0)}(x = l) = \eta_l \frac{\vec{u}_{sg}}{2\,V_{PO}};$$

$$\vec{\kappa}_{(n)}(x = 0) = \vec{\kappa}_{(n)}(x = l) = 0 \quad \text{für} \quad n > 0$$

mit

$$\eta_0 = 1 - \sqrt{\frac{U_D + U_{sg}^0 + U_{ds}^0}{V_{PO}}}; \quad \eta_l = 1 - \sqrt{\frac{U_D + U_{sg}^0}{V_{PO}}}. \tag{5.33}$$

Das Verfahren sei am einfachen Beispiel der nullten Näherung explizite erläutert. Aus der ersten Gleichung (5.30) folgt

$$\vec{z}_{(0)} = \text{const} ,$$

so daß die Integration der zweiten Gleichung (5.30) zunächst

$$\vec{\kappa}_{(0)}(\eta) = \vec{z}_{(0)}\left(-\frac{\eta^2 - \eta_l^2}{2} + \frac{\eta^3 - \eta_l^3}{3}\right) + \vec{\kappa}_{(0)}(x = l)$$

liefert. Die beiden Integrationskonstanten $\vec{z}_{(0)}$ und $\vec{\kappa}_{(0)}$ ($x = l$) ergeben sich durch Einsetzen der beiden Randbedingungen (5.33) in diese Gleichung:

$$\vec{\kappa}_{(0)}(x = l) = \eta_l \frac{\vec{u}_{sg}}{2\,V_{PO}} \;;\quad \vec{z}_{(0)} = \frac{\eta_0\,\vec{u}_{dg} - \eta_l\,\vec{u}_{sg}}{V_{PO}} \frac{I_{d0}}{I_d} \;.$$

Hierbei wurde von der aus (5.13) mit (5.33) folgenden Beziehung

$$\frac{I_d}{I_{d0}} = 2\left(-\frac{\eta_0^2 - \eta_l^2}{2} + \frac{\eta_0^3 - \eta_l^3}{3}\right) \tag{5.34}$$

Gebrauch gemacht. Eliminiert man die Kürzungen (5.29), ergibt sich mit (5.11) aus $\vec{z}_{(0)}$ der Drainstrom in nullter Näherung

$$\vec{i}_d = \frac{1}{r}\,\vec{u}_{ds} + S_0\,\vec{u}_{gs}\,,\quad r = \frac{r_0}{\eta_0}\,,\quad S_0 = \frac{\eta_l - \eta_0}{r_0} \;. \tag{5.35}$$

Da $\vec{z}_{(0)}$ ortsunabhängig ist, wird in dieser Näherung $\vec{i}_g = 0$. Man erhält die Ersatzschaltung in Bild 5.10a.

In analoger Weise kann die erste Näherung bestimmt werden. Die Rechnung ist zwar einfach — es ist nur über Polynome zu integrieren — aber langwierig. Daher sei hier sofort das Ergebnis angegeben. Für die durch (5.31) und (5.32) definierten Leitwerte

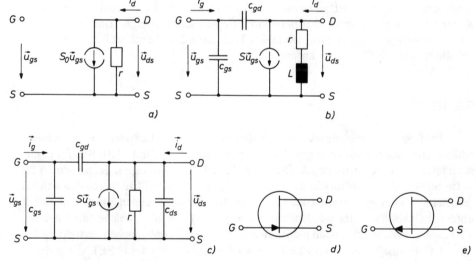

Bild 5.10
Ersatzschaltbilder und Schaltsymbole
a) Ersatzschaltung des inneren FET in nullter Näherung
b) Ersatzschaltung des inneren FET in erster Näherung
c) einfaches Ersatzschaltbild des gesamten FET
d) Schaltsymbol für n-Kanal JFET
e) Schaltsymbol für p-Kanal JFET

ergibt sich in nullter und erster Näherung, wenn man noch die im Rahmen der ersten Näherung gültige Beziehung $(1 - j\omega a) \simeq (1 + j\omega a)^{-1}$ berücksichtigt,

$$
\left.
\begin{aligned}
& y_{gd} = j\omega c_{gd}; \quad y_{gs} = j\omega c_{gs}; \quad y_{ds} = \frac{1}{r + j\omega L}; \quad S = \frac{S_0}{1 + j\frac{\omega}{\omega_0}} \\[2em]
& L = \frac{c_0 r_0 r}{3} \frac{\frac{2}{5}[(\eta_0 + \eta_l)^2 + \eta_0 \eta_l] - \frac{1}{2}(\eta_0 + \eta_l)^3 + \frac{1}{7}[(\eta_0 + \eta_l)^4 - \eta_0 \eta_l (\eta_0^2 + \eta_l^2)]}{\left[\dfrac{\eta_0 + \eta_l}{2} - \dfrac{\eta_0^2 + \eta_0 \eta_l + \eta_l^2}{3}\right]^3} \\[2em]
& \omega_0 = \frac{r}{L}; \quad c_{gs} = c_0 \frac{\eta_l}{3} \frac{2\eta_l + 4\eta_0 - (\eta_l^2 + 2\eta_0 \eta_l + 3\eta_0^2)}{\left[\dfrac{\eta_0 + \eta_l}{2} - \dfrac{\eta_0^2 + \eta_0 \eta_l + \eta_l^2}{3}\right]^2}.
\end{aligned}
\right\} \quad (5.36)
$$

c_{gd} folgt aus c_{gs} durch Vertauschen von η_l und η_0.

Die durch (5.36) beschriebenen Zusammenhänge sind in der Ersatzschaltung des Bildes 5.10b dargestellt. Bei Berücksichtigung höherer Näherungen würden weitere Schaltungselemente auftreten.

Für praktische Anwendungen sind neben dem Wechselstromverhalten der Steuerstrecke auch Einflüsse des „äußeren Transistors" zu berücksichtigen. Bild 5.10c zeigt eine relativ einfache Ersatzschaltung. Dabei wurde für den „inneren Transistor" die *Struktur* des Bildes 5.10b bis auf die Induktivität übernommen, die *Größe* der einzelnen Schaltungselemente ist empirisch zu bestimmen. Weiter wurde die Ersatzschaltung durch die Kapazität c_{ds} ergänzt, in welcher parasitäre Effekte zusammengefaßt sind.

Zur Vervollständigung wurden in den Teilbildern d und e schließlich noch die Schaltungssymbole für JFET's angegeben.

5.2 IGFET

Bei Feldeffekttransistoren mit isoliertem Gate wird der Leitwert einer Inversionsschicht durch ein von außen angelegtes Feld gesteuert (s. Abschnitt 4.3). Bild 5.11 zeigt schematisch den geometrischen Aufbau eines IGFET. Ein senkrechter Schnitt durch die Mitte der Anordnung entspricht der in Bild 4.4 gezeigten MOS-Struktur, so daß sich bei geeigneter Spannung zwischen Gate G und Substrat B im n-leitenden Substrat unmittelbar unter der Oxidschicht eine p-leitende Inversionsschicht ausbildet, welche eine leitende Verbindung zwischen den hoch p-dotierten Source- und Drainbereichen herstellt.

Es gibt eine Fülle von verschiedenen Ausführungsformen des IGFET, die in der Literatur durch entsprechende Abkürzungen gekennzeichnet werden. Zunächst hat man neben dem p-Kanal IGFET das komplementäre Bauelement, den n-Kanal IGFET: Hier bildet sich in einem p-leitenden Substrat eine n-leitende Inversionsschicht. Die anzulegenden Betriebsspannungen haben gegenüber dem p-Kanal-Typ entgegengesetzte Polarität. Ferner kann man durch geeignete technologische Maßnahmen erreichen, daß sich einmal ohne Anlegen einer Gatespannung noch keine Inversionsschicht ausbildet, also keine

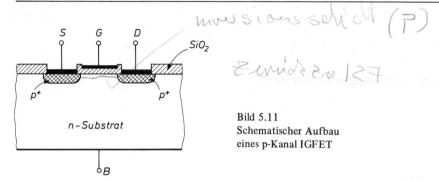

[handschriftlich: Inversionsschicht (P)]

[handschriftlich: Zuwachs zu 127]

Bild 5.11
Schematischer Aufbau
eines p-Kanal IGFET

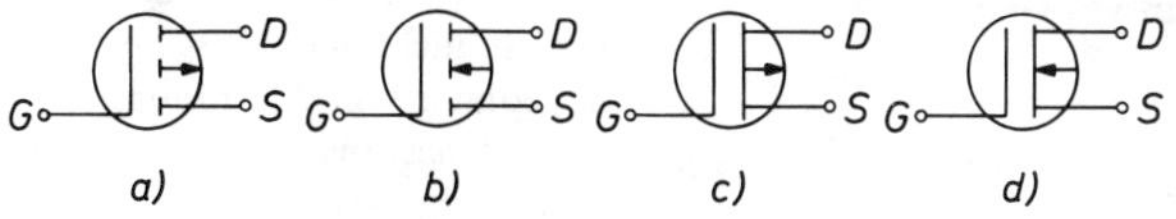

Bild 5.12
Schaltungssymbole für IGFET. Der durch einen Pfeil gekennzeichnete Substratanschluß kann erforderlichenfalls herausgeführt werden, wenn eine separate äußere Anschlußmöglichkeit vorhanden ist, oder auch intern mit dem Sourcekontakt zusammengeschlossen sein.
a) p-Kanal IGFET, selbstsperrend
b) n-Kanal IGFET, selbstsperrend
c) p-Kanal IGFET, selbstleitend
d) n-Kanal IGFET, selbstleitend

leitende Verbindung zwischen Source und Drain besteht: dieser Typ wird als „selbstsperrend" bezeichnet. Ist dagegen bereits ohne Gatespannung eine Inversionsschicht vorhanden, spricht man von einem „selbstleitendem" IGFET[1]. In Bild 5.12 sind die Schaltungssymbole dieser Grundtypen zusammengestellt.

Weiterhin unterscheidet man nach der Art des verwendeten Isolators allgemein MISFET (oder MIST), **M**etal **I**nsulator **S**emiconductor **F**ET, bei Verwendung von SiO_2 als Isolator auf Si-Substrat MOSFET (oder MOST), **M**etal **O**xide **S**emiconductor **F**ET, und bei Si_3N_4 MNSFET, **M**etal **N**itrid **S**emiconductor **F**ET.

Im folgenden soll als Beispiel das elektrische Verhalten eines selbstsperrenden p-Kanal MOSFET, bei welchem Substrat und Source zusammengeschlossen sind, behandelt werden. Die hierbei verwendeten Methoden lassen sich auf die anderen Typen sinngemäß übertragen.

5.2.1 Prinzip

In Bild 5.13a ist der Bereich unterhalb der Gateelektrode noch einmal herausgezeichnet, vgl. Bild 5.11. Durch Anlegen einer negativen Gatespannung U_{gs} wird — wie

---

[1] In der Literatur wird der selbstsperrende Typ auch als „Anreicherungstyp", der selbstleitende als „Verarmungstyp" bezeichnet

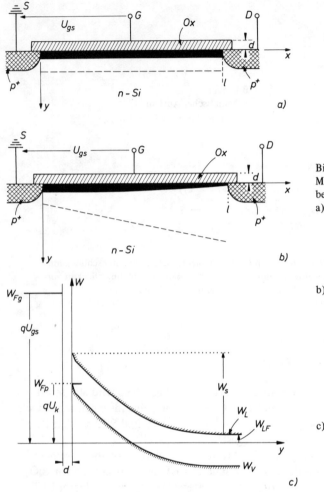

Bild 5.13
Modell des IGFET im Anlaufbereich, nicht maßstabsgerecht
a) geometrische Anordnung
bei Belastung mit $U_{gs} < 0$
und $U_{ds} = 0$
– – – Sperrschichtgrenze
▬▬▬ symbolische Dar-
stellung des Kanals

b) geometrische Anordnung
bei Belastung mit $U_{gs} < 0$
und $U_{ds} < 0$
– – – Sperrschichtgrenze
▬▬▬ symbolische Dar-
stellung des Kanals;
die Dicke des
„Balkens" entspricht
der Zahl der Löcher
im Kanal

c) Bändermodell in einer Ebene
senkrecht zum Kanal (x = const)
U_k = Spannungsabfall im Kanal

in Abschnitt 4.3 gezeigt – eine defektleitende Inversionsschicht erzeugt, welche eine
leitende Verbindung zwischen den beiden p^+-Kontakten Source und Drain herstellt;
dieser Kanal ist vom Substrat durch eine Sperrschicht getrennt. Wird eine negative Drainspannung U_{ds} angelegt, so fließt ein Strom, der – ebenso wie beim NIGFET, Abschnitt 5.1 –
einen Spannungsabfall $U_k(x)$ im Kanal hervorruft. Damit verbunden ist eine x-abhängige
Sperrschichtweite; der Verlauf der Sperrschichtgrenze ist in Bild 5.13b gestrichelt eingezeichnet. Mit steigenden negativen Werten für U_{ds} wird die Feldstärke längs des Kanals
in der Nähe des Drainkontaktes so groß, daß die Löcher mit konstanter Geschwindigkeit
driften. Ähnlich wie beim NIGFET wird auch hier der Kanal abgeschnürt.
      Bild 5.13c zeigt den Bandverlauf in einer Ebene senkrecht zum Kanal (x = const).
Das gemeinsame Ferminiveau in der Source-Elektrode und im Substrat (Source- und Bulk-
Elektrode sind kurzgeschlossen) wurde als Bezugsniveau gewählt. Die Fermienergie der
Defektelektronen im Kanal ist ortsabhängig, $W_{Fp}(x)$. An der Source-Elektrode gilt

$W_{Fp}(0) = 0$ und an der Drain-Elektrode ist $W_{Fp}(l) = -qU_{ds}$. Somit ergibt sich ein x-abhängiger Bandverlauf. W_{Fg} ist die ortsunabhängige Fermienergie im Metall der Gate-Elektrode.[1])

Nach dieser qualitativen Beschreibung des selbstsperrenden IGFETs sollen die Strom-Spannungsbeziehungen für das Kennlinienfeld hergeleitet werden, wobei wieder zwischen Anlaufbereich und Sättigungsbereich unterschieden wird.

5.2.2 Anlaufbereich

Im Anlaufbereich wird wieder vorausgesetzt, daß man näherungsweise von der eindimensionalen Poissongleichung ausgehen kann. Somit darf praktisch an jeder Stelle x ein eindimensionales Modell zur Randschichtberechnung verwendet werden. Es ergeben sich dieselben Verhältnisse wie in Abschnitt 4.3.1, man kann die dortigen Ergebnisse unmittelbar hierauf übertragen (vgl. Bild 5.13c mit Bild 4.4b). Zur Kennlinienberechnung muß man zunächst einen Zusammenhang zwischen der Bandaufwölbung $\eta_s(x)$ und dem Quasiferminiveau $\eta_{Fp}(x)$ in der Ebene senkrecht zum Kanal bestimmen. Dabei wird der Beitrag der Elektronen zur Raumladung vernachlässigt, d.h. die Sperrschichtgrenze analog zu Abschnitt 2 definiert. Für die Feldstärke an der Oberfläche E_s ist ferner wegen der Inversion $\exp(\eta) \gg 1$ in (4.9) zu setzen. Bei gegebener Gatespannung erhält man aus (4.1), (4.8), (4.9) und (4.13)

$$\kappa(\eta'_{Fg} - \eta_s) = -L_D \frac{qE_s}{kT} = F(\nu, \eta_s) \simeq \sqrt{2[\eta_s + \nu_0 \exp(\eta_s - \eta_{Fp})]} \,, \qquad (5.37)$$

wobei die Kürzungen

$$\left.\begin{array}{l} \kappa = \dfrac{\epsilon_{ox} L_D}{\epsilon_{HL} d} \,; \quad \eta'_{Fg} = -\dfrac{qU_{gs}}{kT} + \eta_{M,HL} \,; \\[3ex] \eta_{M,HL} = \dfrac{\Phi_M - \chi_{HL}}{kT} - \dfrac{W_{LF}}{kT} - \dfrac{q^2 N_O d}{\epsilon_{ox} kT} \end{array}\right\} \qquad (5.38)$$

verwendet wurden. In $\eta_{M,HL}$ sind die spezifischen Werte der MIS-Struktur zusammengefaßt. Man entnimmt aus (5.38), daß sich der Einfluß von unterschiedlichen Austrittsarbeiten, Dotierung des Substrats und Oberflächenladungen durch eine entsprechende Wahl der Gatespannung U_{gs} kompensieren läßt.

Eine zweite Gleichung ergibt sich aus der Untersuchung des Stromflusses in Längsrichtung des Kanals. Da hier im Prinzip Feld- und Diffusionsströme fließen können, geht man am zweckmäßigsten von der Gleichung (1.53) aus, die in der Form[2])

$$J_p = \frac{\mu_p kT}{L_D} p \frac{d\eta_{Fp}}{d\zeta} \,, \quad \zeta = \frac{x}{L_D} \qquad (5.39)$$

---

[1]) In einer maßstabsgerechten Darstellung müßte W_{Fg} wesentlich höher eingezeichnet werden.

[2]) In der sehr dünnen Inversionsschicht ist für den Stromfluß längs des Kanals eine geringere Beweglichkeit μ_p einzusetzen als im Volumen, vgl. z.B. [44].

geschrieben wird. Integriert man diese Beziehung über den Kanalquerschnitt, erhält man den Strom. Dabei ist die Integration über die Löcherdichte $p(x, y)$ bei $x = \text{const}$ analog zu (4.27) auszuführen. Setzt man in (4.27) $\eta' = 0$, so folgt mit den oben eingeführten Vernachlässigungen sowie mit $F(\nu, 0) \ll F(\nu, \eta_s)$ unter Verwendung von (5.37)

$$P \equiv \int dy\, p(x, y) = N_D\, L_D \left\{ \kappa\, (\eta'_{Fg} - \eta_s) - \int_0^{\eta_s} \frac{d\eta}{\sqrt{2[\eta + \nu_0 \exp(\eta - \eta_{Fp})]}} \right\}. \quad (5.40)$$

Bezeichnet man mit a die Kanalausdehnung senkrecht zur Zeichenebene, ergibt sich der Strom aus (5.39) und (5.40) zu

$$I = \mu_p\, kT N_D\, a\, \frac{d\eta_{Fp}}{d\zeta} \left\{ \kappa\, (\eta'_{Fg} - \eta_s) - \int_0^{\eta_s} \frac{d\eta}{\sqrt{2[\eta + \nu \exp(\eta)]}} \right\}. \quad (5.41)$$

In dieser Gleichung ist der erste Term der geschweiften Klammer nach (5.37) und (4.9) ein Maß für die Randfeldstärke im Halbleiter und damit für die Gesamtladung in der Randschicht. Das Integral kennzeichnet dagegen die von den nicht kompensierten Donatoren herrührende Ladung, die analog zu (4.20) die Sperrschichtweite bestimmt.

Die Differentialgleichung für η_{Fp}, die aus (5.41) zusammen mit (5.37) folgt, ist mit der Randbedingung $\eta_{Fp}(0) = 0$ zu lösen, um das Ausgangskennlinienfeld $I_d = f(U_{ds}, U_{gs})$ im Anlaufbereich zu beschreiben. Analytisch ist eine Lösung jedoch nur näherungsweise möglich.[1]

Zunächst wird das in (5.41) auftretende Integral approximiert. Im Gültigkeitsbereich der Stromgleichung liegt praktisch immer eine ausgeprägte Inversionsschicht vor, so daß die Sperrschichtausdehnung entsprechend Bild 4.6 „festgebremst" ist. Wendet man hier das Näherungsverfahren gemäß (4.21) und (4.22) an, so folgt

$$\int_0^{\eta_s} \frac{d\eta}{\sqrt{2[\eta + \nu \exp(\eta)]}} \simeq \sqrt{2\eta_{gr}}$$

mit $\qquad\qquad\qquad\qquad\qquad\qquad\qquad\qquad\qquad\qquad\qquad\qquad\qquad$ (5.42)

$$\eta_{gr} \simeq \ln\left(\frac{1}{\nu} \ln\left(\frac{1}{\nu}\right)\right) \simeq \eta_{Fp} + \eta_1, \quad \eta_1 \equiv \frac{qU_1}{kT} = \ln\left(\frac{1}{\nu_0} \ln\left(\frac{1}{\nu_0}\right)\right).$$

In dieser Näherung für η_{gr} wurde noch die relativ schwache logarithmische Abhängigkeit von η_{Fp} gegenüber dem linearen Term in η_{Fp} vernachlässigt. Der erste Term in der geschweiften Klammer von (5.41) hängt nach (5.37) noch von η_{Fp} ab. Zunächst ergibt die Auflösung von (5.37)

$$\eta_{Fp} = \eta_s + \ln(\nu_0) - \ln\left(\frac{\kappa^2}{2}\, [\eta'_{Fg} - \eta_s]^2 - \eta_s\right).$$

---

[1] Drückt man in (5.41) mit (5.37) η_{Fp} durch η_s aus und vernachlässigt den Beitrag der nicht kompensierten Donatoren, kann man die verbleibende Integration elementar durchführen. Man erhält eine Parameterdarstellung $I(\eta_s)$ und $\eta_{Fp}(\eta_s)$.

Vernachlässigt man auch hier die logarithmische Abhängigkeit von η_s gegenüber dem linearen Term in η_s, so erhält man näherungsweise

$$\eta_{Fp} \simeq \eta_s - \eta_2 \quad \text{mit} \quad \eta_2 = \ln\left(\frac{\kappa^2}{2\nu_0}\,\eta'_{Fg}\right). \tag{5.43}$$

Setzt man die Beziehungen (5.42) und (5.43) in (5.41) ein, erhält man für η_{Fp} die Differentialgleichung

$$I = I_{d0}\,l\,\frac{d\eta_{Fp}}{dx}\left[\eta'_{Fg} - \eta_2 - \eta_{Fp} - \frac{1}{\kappa}\sqrt{2(\eta_1 + \eta_{Fp})}\,\right]. \tag{5.44}$$

Hierbei wurde unter Berücksichtigung von (4.1) und (5.38) die Größe

$$I_{d0} = \frac{\mu_p\,a\,\epsilon_{ox}}{d\,l}\left(\frac{kT}{q}\right)^2 \tag{5.45}$$

eingeführt. Die Integration von (5.44) zwischen null und x liefert mit $\eta_{Fp}(0) = 0$

$$\frac{I}{I_{d0}}\,\frac{x}{l} = (\eta'_{Fg} - \eta_2)\,\eta_{Fp} - \frac{\eta_{Fp}^2}{2} - \frac{1}{3\kappa}\left\{[2(\eta_1 + \eta_{Fp})]^{3/2} - (2\eta_1)^{3/2}\right\}. \tag{5.46}$$

Hieraus folgt die Kennliniengleichung $I_d = f(U_{ds}, U_{gs})$, wenn man für $x = l$ die Beziehungen $I = -I_d$ und $\eta_{Fp}(l) = -qU_{ds}/kT$ einsetzt:

$$-I_d = I_{d0}\left(\frac{q}{kT}\right)^2\left\{(U_{gs} + U_0)U_{ds} - \frac{U_{ds}^2}{2} - \frac{2d}{3\epsilon_{ox}}\sqrt{2\epsilon_{HL}\,qN_D}\,[(U_1 - U_{ds})^{3/2} - U_1^{3/2}]\right\}. \tag{5.47}$$

Die „Schwellenspannung" U_0 ergibt sich dabei nach (5.38) und (5.43) zu

$$\frac{qU_0}{kT} = -\eta_{M,HL} + \ln\left(\frac{\kappa^2}{2\nu_0}\left[-\frac{qU_{gs}}{kT} + \eta_{M,HL}\right]\right),$$

sie hängt noch logarithmisch von der Gatespannung ab.

Das Kennlinienfeld im Anlaufbereich ist in Bild 5.14 links der gestrichelten Grenzkurve dargestellt.

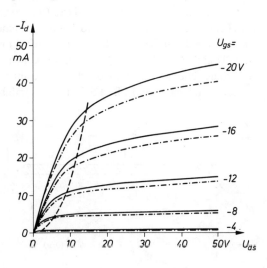

Bild 5.14
Kennlinienfeld eines IGFET
———————— $T = 300\,\text{K}$
— · — · — · — $T = 320\,\text{K}$
— — — — — Grenze zwischen
Anlauf- und Sättigungsbereich
für $T = 300\,\text{K}$

5.2.3 Sättigungsbereich

Die Gültigkeitsgrenzen des oben diskutierten Modells können ebenso wie beim NIGFET dadurch gegeben sein, daß einmal infolge zu großer Feldstärkegradienten in x-Richtung das quasi-eindimensionale Modell versagt oder daß zum andern infolge zu hoher Felder in x-Richtung das in (5.39) verwendete Ohmsche Gesetz ungültig wird. Es soll hier nur der letzte Fall behandelt werden, wobei vereinfachend angenommen sei, daß unterhalb einer Grenzfeldstärke E_0 die Beweglichkeit konstant ist, oberhalb dieser Feldstärke jedoch die Defektelektronen mit konstanter Geschwindigkeit driften, vgl. Bild 5.5a.

Bezeichnet man die Stelle, an welcher $E_x = E_0$ wird, mit x_1 (Bild 5.15), so gilt in dem „Source-Bereich" $x \leqslant x_1$ wieder (5.46).

Hieraus folgt

$$I = I_{d0} \frac{l}{x_1} \left\{ (\eta'_{Fg} - \eta_2)\, \eta_{Fp}(x_1) - \frac{\eta^2_{Fp}(x_1)}{2} - \frac{1}{3\kappa} \left[(2[\eta_1 + \eta_{Fp}(x_1)])^{3/2} - (2\eta_1)^{3/2} \right] \right\}. \quad (5.48)$$

Weiter gilt mit (5.43)

$$\frac{qE_0}{kT} = \frac{d\eta_s}{dx}\bigg|_{x_1} \simeq \frac{d\eta_{Fp}}{dx}\bigg|_{x_1}, \quad (5.49)$$

so daß man (5.44) in der Form

$$I = I_{d0} \frac{qE_0\, l}{kT} \left[\eta'_{Fg} - \eta_2 - \eta_{Fp}(x_1) - \frac{1}{\kappa} \sqrt{2[\eta_1 + \eta_{Fp}(x_1)]} \right]. \quad (5.50)$$

schreiben kann.

Eliminiert man η'_{Fg} speziell für $x_1 = l$ aus (5.48) und (5.50), so erhält man mit $I = -I_d$ und $\eta_{Fp}(l) = -qU_{ds}/kT$ die Grenzkurve zwischen Anlauf- und Sättigungsbereich (gestrichelte Kurve in Bild 5.14).

Allgemein stellen (5.48) und (5.50) zwei Gleichungen für die drei Unbekannten x_1, $\eta_{Fp}(x_1)$ und I dar. Es ist also noch ein Zusammenhang zwischen x_1 und der Drainspannung U_{ds} aufzustellen, um das Kennlinienfeld im Sättigungsbereich zu erhalten. Dazu ist der „Drainbereich" $x_1 \leqslant x \leqslant l$ zu untersuchen. Exakterweise müßte die zweidimensionale Poissongleichung gelöst werden, dies ist bei einer analytischen Behandlung nur durch eine Abschätzung möglich. In Bild 5.15 ist der Drainbereich punktiert angedeutet. Die Gren-

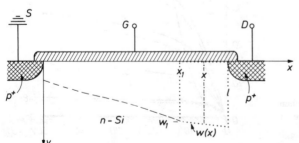

Bild 5.15
Modell des IGFET im Sättigungsbereich
– – – – – Sperrschichtgrenze
$0 \leqslant x \leqslant x_1$ Source-Bereich
$x_1 \leqslant x \leqslant l$ Drain-Bereich

zen sind einmal durch $x = x_1$ und $x = l$ gegeben, zum anderen durch die Halbleiteroberfläche bei $y = 0$ und durch die Sperrschichtgrenze $y = w(x)$. Für einen vorgegebenen
Wert x wird nun der Gaußsche Satz auf die Poissongleichung (1.59) im Bereich zwischen
x_1 und x angewendet:

$$a\,\epsilon_{HL}\left\{-\int_0^{w(x_1)} E_x(x_1, y)\,dy + \int_0^{w(x)} E_x(x, y)\,dy - \int_{x_1}^x E_y(x', 0)\,dx'\right\}$$

$$= a\int_{x_1}^x dx' \int_0^{w(x')} dy\,\rho(x', y)\,. \tag{5.51}$$

Hierbei ist a die Ausdehnung senkrecht zur Zeichenebene. Ferner wurde berücksichtigt,
daß die Normalkomponente der Feldstärke an der Sperrschichtgrenze $y = w(x)$ verschwindet.

Diese noch exakt gültige Gleichung soll nun so genähert werden, daß sich nur eine
x-Abhängigkeit ergibt. Dabei werden alle auftretenden Variablen durch $\eta_s(x)$ ausgedrückt.
Weiter wird vereinfachend eine konstante Sperrschichtausdehnung $w(x) \simeq w(x_1) \equiv w_1$
angesetzt.

Die Raumladung setzt sich aus der ortsunabhängigen Dotierungsdichte N_D und der
ortsabhängigen Löcherkonzentration $p(x, y)$ zusammen. Da ein Stromfluß hauptsächlich
in x-Richtung erfolgen soll, ergibt sich aus der Ortsunabhängigkeit des Stromes bei *konstanter* Driftgeschwindigkeit analog zu (1.39), daß

$$P \equiv \int_0^{w_1} p(x, y)\,dy$$

unabhängig von x sein muß. Dieser konstante Wert von P läßt sich an der Stelle x_1 mit
Hilfe von (5.40) bestimmen, wenn man (5.42) und (5.43) heranzieht. Unter Berücksichtigung von (4.22) liefert dann die rechte Seite von (5.51)

$$aq(x - x_1)(w_1 N_D + P) = aq(x - x_1) N_D L_D\, \kappa\, [\eta'_{Fg} - \eta_s(x)]\,. \tag{5.52}$$

Als nächstes sind die einzelnen Integrale auf der linken Seite von (5.51) auszuwerten.
Die im dritten Integral auftretende Randfeldstärke $E_y(x', 0) \equiv E_s(x')$ kann mit der ersten
Gleichung (5.37) durch $\eta_s(x')$ ausgedrückt werden,

$$L_D\,\frac{qE_s(x')}{kT} = \kappa\,(\eta_s - \eta'_{Fg})\,. \tag{5.53}$$

Das erste Integral schreibt man in der Form

$$\int_0^{w_1} E_x(x_1, y)\,dy = \frac{kT}{q}\,\frac{\partial}{\partial x}\int_0^{w_1} \eta(x, y)\,dy\,\bigg|_{x_1}\,, \tag{5.54}$$

d.h., der Bandverlauf ist über die Sperrschicht zu integrieren. Da die Inversionsschicht sich nur in einer sehr schmalen Zone[1]) an der Grenze Oxid-Halbleiter im Bandverlauf auswirkt, ist auch der Beitrag zum Integral (5.54) gering. Somit kann man hier den Einfluß der Inversionsschicht und folglich auch den Beitrag der Defektelektronen in (4.9) vernachlässigen. Aus der im Anlaufbereich gültigen Beziehung

$$\frac{d\eta}{d\xi} = L_D \frac{d\eta}{dy} = -\sqrt{2\eta}$$

folgt durch Integration in Verbindung mit der Randbedingung $\eta = 0$ für $y = w(x)$

$$\eta(x, y) = \frac{1}{2} \left[\frac{w(x) - y}{L_D} \right]^2 .$$

Hiermit läßt sich in (5.54) zunächst die Integration über y und anschließend die Differentiation nach x ausführen,

$$\int_0^{w_1} E_x(x_1, y)\, dy = \frac{kT}{2q} \frac{w_1^2}{L_D^2} \frac{dw}{dx} \bigg|_{x_1} \simeq \frac{kT}{2q} w_1 \frac{d\eta_s}{dx} \bigg|_{x_1} ,$$

wobei (4.22), (5.42) und (5.43) herangezogen wurden. Stellt man diese Gleichung in der Form

$$\frac{1}{w_1} \int_0^{w_1} E_x(x_1, y)\, dy = \langle E_x(x_1) \rangle = \frac{kT}{2q} \frac{d\eta_s}{dx} \bigg|_{x_1} \equiv \frac{1}{2} E_x(x_1, 0) \qquad (5.55)$$

dar, so beschreibt die linke Seite die Mittelung der Feldstärke über die gesamte Sperrschicht. Damit hat man einen einfachen Zusammenhang zwischen dem Mittelwert der Feldstärke $\langle E_x(x_1) \rangle$ und der Randfeldstärke $E_x(x_1, 0)$ längs des Kanals. Dieser Mittelwert ist hier gerade halb so groß wie die Randfeldstärke.

Das verbleibende zweite Integral in (5.51) soll durch eine analoge Überlegung abgeschätzt werden. Im gesamten Drainbereich ergibt sich ein Zusammenhang zwischen $\langle E_x(x') \rangle$ und $E_x(x', 0)$. Dieses Verhältnis wird streng genommen ortsabhängig sein, jedoch soll vereinfachend der in (5.55) berechnete Faktor $1/2$ verwendet werden (vgl. hierzu [45]). Somit wird im Drainbereich

$$\int_0^{w_1} E_x(x, y)\, dy \simeq \frac{kT}{2q} w_1 \frac{d\eta_s(x)}{dx} \qquad (5.56)$$

angesetzt.

---

[1]) Z.B. erkennt man in Bild 5.13c unmittelbar an der Grenze Oxid-Halbleiter eine Abweichung der Elektronenenergie vom parabelförmigen Verlauf. Die Fläche unter der Kurve wird nur unwesentlich verkleinert, wenn man diese Abweichung vernachlässigt.

Mit den vorangegangenen Vereinfachungen (5.52), (5.53), (5.55) und (5.56) geht (5.51) über in

$$
\frac{d\eta_s}{dx}\bigg|_x - \frac{d\eta_s}{dx}\bigg|_{x_1} - \frac{2\kappa}{w_1 L_D} \int_{x_1}^{x} [\eta_s(x') - \eta'_{Fg}] \, dx' = \frac{2(x - x_1)}{L_D w_1} \kappa [\eta'_{Fg} - \eta_s(x_1)] \, .
$$

Differentiation dieser Gleichung nach x liefert die gewöhnliche Differentialgleichung

$$
\frac{d^2 \eta_s}{dx^2} = \frac{2\kappa}{w_1 L_D} [\eta_s(x) - \eta_s(x_1)] \, .
$$

Mit der Randbedingung (5.49) erhält man die Lösung

$$
\eta_s(x) = \eta_s(x_1) + \frac{qE_0}{kT} \sqrt{\frac{w_1 L_D}{2\kappa}} \sinh \left(\sqrt{\frac{2\kappa}{w_1 L_D}} [x - x_1] \right) . \tag{5.57}
$$

Für $x = l$ ergibt sich eine Bestimmungsgleichung für die Ausdehnung des Drainbereiches. Im Rahmen der vorliegenden Abschätzung genügt es,

$$
\eta_s(l) - \eta_s(x_1) \simeq \eta_{Fp}(l) - \eta_{Fp}(x_1) = - \frac{qU_{ds}}{kT} - \eta_{Fp}(x_1)
$$

zu setzen. Das würde die gleiche Lage des Quasiferminiveaus der Defektelektronen in Bezug auf die Bandkanten an den Stellen x_1 und l beinhalten. Damit folgt aus (5.57)

$$
- \frac{qU_{ds}}{kT} = \eta_{Fp}(x_1) + \frac{qE_0}{kT} \sqrt{\frac{w_1 L_D}{2\kappa}} \sinh \left(\sqrt{\frac{2\kappa}{w_1 L_D}} (l - x_1) \right) . \tag{5.58}
$$

Wählt man $\eta_{Fp}(x_1)$ als Parameter, kann man aus (5.50) den Strom und anschließend aus (5.48) x_1 bestimmen, mit diesen Werten ergibt sich U_{ds} aus (5.58); die Kennlinie läßt sich so punktweise ermitteln, Bild 5.14. In dieses Bild wurde ferner noch das Kennlinienfeld bei der Temperatur T = 320 K eingezeichnet. Der Strom nimmt auch hier ebenso wie beim NIGFET mit zunehmender Temperatur ab, so daß eine Selbststabilisierung auftritt.

5.2.4 Wechselstromverhalten

Das Wechselstromersatzschaltbild des IGFET kann ebenfalls mit dem in Abschnitt 5.1.5 erläuterten Verfahren untersucht werden. Wenn man sich nur für den *Aufbau* des Ersatzschaltbildes interessiert, nicht jedoch für die *Größen* der einzelnen Schaltungselemente, gelten die Ersatzschaltungen der Bilder 5.10a–c auch für den IGFET. Auf eine weitergehende Diskussion sei in dieser Einführung verzichtet.

6 Rauschen

Für ideale Bauelemente sollten die bisher angegebenen Kennlinienbeziehungen auch noch für beliebig kleine Ströme und Spannungen gültig sein, so daß beispielsweise mit einem idealen Verstärker beliebig kleine Signale wahrgenommen werden könnten, sofern nur die Verstärkung hinreichend hoch bemessen wird. Tatsächlich treten aber Störungen auf, in denen zu geringe Signale untergehen. Schon durch die unregelmäßige Wärmebewegung der Ladungsträger in passiven Schaltungselementen werden solche Störungen hervorgerufen. Aktive Bauelemente, in denen die Bewegung von Ladungsträgern zu Steuerzwecken ausgenutzt wird, enthalten im allgemeinen noch zusätzliche Störungsquellen. Für alle diese unregelmäßigen Störamplituden hat sich von der akustischen Wirkung her die Bezeichnung ,,Rauschen" geprägt, unabhängig von dem Frequenzbereich, in welchem die statistischen Schwankungen auftreten. So wird beispielsweise mitunter eine Glühbirne, welche elektromagnetische Wellen im optischen Spektralbereich ohne feste Phasenbeziehungen ausstrahlt, als ,,Rauschquelle" bezeichnet.

Zunächst wird in Abschnitt 6.1 eine Methode zur mathematischen Erfassung der Rauschgrößen eingeführt, dann sind in Abschnitt 6.2 als Anwendungsbeispiel für das entwickelte Verfahren die wichtigsten Rauschmechanismen beschrieben, soweit sie sich übersichtlich darstellen lassen. In Abschnitt 6.3 wird das Rauschen der einzelnen Bauelemente behandelt. Bezüglich einer über diese Einführung hinausgehende Darstellung sei auf die Literatur ([61] bis [70]) verwiesen.

6.1 Mittelwerte und statistische Schwankungen

Bei allen Rauschvorgängen überlagern sich regellose Schwankungen den gewünschten Strömen und Spannungen (Bild 6.1). Im Gegensatz zu den Signalgrößen sind sie keine vorgegebenen Funktionen der Zeit, man kann diese Schwankungen lediglich durch statistische Mittelwerte charakterisieren.

Nun ist der zeitliche Mittelwert $\overline{F}$ einer Größe $F(t)$ durch

$$\overline{F} = \frac{1}{t_0} \int\limits_{-t_0/2}^{t_0/2} F(t)\,dt \qquad (6.1)$$

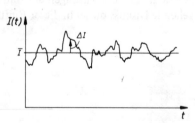

Bild 6.1
Strom mit statistischen Schwankungen
als Beispiel für Rauschen

definiert. Dabei sind die Integrationsgrenzen geeignet zu bestimmen. Ist $F(t)$ eine periodische Funktion, so ist t_0 so zu wählen, daß eine ganze Zahl von Perioden umfaßt wird:

$$F(t + t_0) = F(t) .$$

Bei nichtperiodischen Vorgängen ist der Grenzübergang $t_0 \to \infty$ durchzuführen.

Wie läßt sich in möglichst einfacher Weise eine Maßzahl zur quantitativen Erfassung des Rauschens finden? Es ist naheliegend, hierfür die Abweichung ΔI vom Sollwert $\overline{I}$ einzuführen,

$$\Delta I(t) = I(t) - \overline{I} \quad \text{mit} \quad \overline{I} = \frac{1}{t_0} \int\limits_{-t_0/2}^{t_0/2} I(t)\,dt . \tag{6.2}$$

Nun ist $\overline{\Delta I}$ definitionsgemäß gleich null, da sich im zeitlichen Mittel Abweichungen in positiver und negativer Richtung gerade aufheben. Dagegen stellt der Mittelwert von $(\Delta I)^2$ die einfachste Maßzahl für die Schwankungserscheinungen dar. Durch Einsetzen in (6.1) erhält man mit (6.2) für den Mittelwert[1])

$$\overline{(\Delta I)^2} = \overline{(I(t) - \overline{I}\,)^2} = \overline{I^2} - \overline{I}^2 = \frac{1}{t_0} \int\limits_{-t_0/2}^{t_0/2} (\Delta I)^2\,dt . \tag{6.3}$$

Vergleicht man (6.3) mit der allgemeinen Definition des Effektivwertes F_{eff} irgendeiner Zeitfunktion $F(t)$,

$$F_{eff}^2 = \frac{1}{t_0} \int\limits_{-t_0/2}^{t_0/2} F^2(t)\,dt , \tag{6.4}$$

so sieht man, daß der Effektivwert $(\Delta I)_{eff}$ des Rauschstromes ΔI durch

$$(\Delta I)_{eff} = \sqrt{\overline{(\Delta I)^2}} \tag{6.5}$$

gegeben ist. Damit kann man im einfachsten Fall das Rauschen durch Angabe einer einzigen Größe, nämlich des Effektivwertes, kennzeichnen.

Zur Berechnung dieser Effektivwerte ist es zweckmäßig, für die zu untersuchende Größe die Fourierdarstellung

$$I(t) = \sum_{n = -\infty}^{\infty} a_n \exp\left(j\,\frac{2\pi}{t_0}\,n\,t \right) \tag{6.6}$$

zu verwenden. Für die Koeffizienten gilt aufgrund der Orthogonalitätsrelation der trigonometrischen Funktionen

$$a_n = \frac{1}{t_0} \int\limits_{-t_0/2}^{t_0/2} I(t) \exp\left(-j\,\frac{2\pi}{t_0}\,n\,t \right) dt . \tag{6.7}$$

---

[1]) Es ist streng zu unterscheiden zwischen dem Mittelwert des Quadrates $\overline{F^2}$ und dem Quadrat des Mittelwertes $\overline{F}^2$ einer Funktion $F(t)$.

Dabei ist gemäß (6.1) $a_0 = \overline{I}$. Weiter wird

$$I^2 = \sum_{n, m = -\infty}^{\infty} a_n a_m \exp\left(j \frac{2\pi}{t_0} (n + m)t\right)$$

und nach der Definition des Mittelwertes (6.1) unter Berücksichtigung der Orthogonalitätsrelation der trigonometrischen Funktionen

$$\overline{I^2} = \sum_{n = -\infty}^{\infty} a_n a_{-n}, \quad a_{-n} = a_n^*. \tag{6.8}$$

Hier und im folgenden kennzeichnet „*" konjugiert komplexe Größen. Mit (6.3) hat man damit einen Zusammenhang zwischen mittlerem Schwankungsquadrat $\overline{(\Delta I)^2}$ und den Fourierkoeffizienten a_n der rauschenden Größe $I(t)$:

$$\overline{(\Delta I)^2} = \overline{I^2} - a_0^2 = \sum_{n = 1}^{\infty} 2 a_n a_{-n}. \tag{6.9}$$

Kennt man also die Fourierkoeffizienten a_n der einzelnen Frequenzkomponenten, kann man das „Leistungsspektrum"[1] $2 a_n a_{-n}$ und mit (6.9) den Effektivwert des Rauschens angeben.

In einfachen Fällen lassen sich die Fourierkoeffizienten unmittelbar ermitteln. Für kompliziertere Prozesse ist es jedoch zweckmäßig, das Leistungsspektrum direkt zu bestimmen. Zu dem Zweck wird das Produkt von rauschender Größe zur Zeit t, also $I(t)$, und rauschender Größe zu einem beliebigen anderen Zeitpunkt $t + \tau$, nämlich $I(t + \tau)$, betrachtet. Analog zu den obigen Überlegungen ergibt sich

$$I(t) \cdot I(t + \tau) = \sum_{n, m = -\infty}^{\infty} a_n a_m \exp\left(j \frac{2\pi}{t_0} (n + m) t\right) \cdot \exp\left(j \frac{2\pi}{t_0} m\tau\right)$$

und

$$\overline{I(t) \cdot I(t + \tau)} = \sum_{n = -\infty}^{\infty} a_n a_{-n} \exp\left(-j \frac{2\pi}{t_0} n\tau\right).$$

Da die rechte Seite unabhängig von t und eine gerade Funktion von τ ist, muß dies auch für den links stehenden Ausdruck gelten. Nach einer Fouriertransformation erhält man

$$a_n a_{-n} = \frac{1}{t_0} \int_{-t_0/2}^{t_0/2} \overline{I(t) \cdot I(t + \tau)} \exp\left(j \frac{2\pi}{t_0} n\tau\right) d\tau. \tag{6.10}$$

---

[1] Mit dem Wort „Leistungsspektrum" ist hier und im folgenden wie in der Literatur üblich das Spektrum des Effektivwertes gemeint, obwohl es sich dimensionsmäßig von einem Leistungsspektrum unterscheidet.

Als nächstes ist der Grenzübergang $t_0 \to \infty$ vorzunehmen. Führt man die Frequenz f durch

$$f = \frac{n}{t_0}$$

ein, kann man im Leistungsspektrum (6.8) die Summation über n durch eine Integration über f ersetzen:

$$\int\limits_{-\infty}^{\infty} I^2(t)\,dt = \int\limits_{-\infty}^{\infty} |t_0\,a_f|^2\,df \,, \tag{6.11}$$

wobei analog zu (6.7)

$$(t_0\,a_f) = \int\limits_{-\infty}^{\infty} I(t)\exp(-j\,2\,\pi\,f\,t)\,dt \tag{6.12}$$

die Fouriertransformierte der rauschenden Größe I(t) ist (Parsevalsches Theorem). Hierbei wurde lediglich $a_n\,a_{-n}$ in der Form $|a_f|^2$ geschrieben.

Analog erhält man für das mittlere Schwankungsquadrat (6.9)

$$\overline{(\Delta I)^2} = \int\limits_{\delta}^{\infty} P_f\,df \,, \quad P_f = 2\,a_f\,a_f^*\,t_0 \,, \tag{6.13}$$

wobei durch die untere Integrationsgrenze $\delta \to 0$ angedeutet wurde, daß gemäß (6.9) der Term $f = 0$ auszuschließen ist. $P_f\,df$ ist die „Rauschleistung" im Frequenzintervall f, $f + df$.

Ferner geht (6.10) beim Grenzübergang $t_0 \to \infty$ mit der Definition von P_f nach (6.13) in die „Wiener-Khintchine-Relation"

$$P_f = 2 \int\limits_{-\infty}^{\infty} \overline{I(t)\cdot I(t+\tau)}\exp(j\,2\pi f\tau)\,d\tau = 4 \int\limits_{0}^{\infty} \overline{I(t)\cdot I(t+\tau)}\cos(2\pi f\tau)\,d\tau \tag{6.14}$$

über. Kennt man die „Autokorrelationsfunktion" $\psi(\tau)$,

$$\psi(\tau) \equiv \overline{I(t)\cdot I(t+\tau)} \,, \tag{6.15}$$

kann man nach (6.14) das Leistungsspektrum durch eine Fouriertransformation bestimmen.

Bevor in den folgenden Abschnitten einige Anwendungsbeispiele für dieses Verfahren diskutiert werden, sei noch die Überlagerung mehrerer Rauschquellen untersucht. Liegen im einfachsten Fall zwei Rauschstromquellen $I_1(t)$ und $I_2(t)$ parallel, dann gilt für den rauschenden Gesamtstrom

$$I(t) = I_1(t) + I_2(t)$$

und weiter

$$\overline{(\Delta I)^2} = \overline{(\Delta I_1 + \Delta I_2)^2} = \overline{(\Delta I_1)^2} + 2c_{12}\sqrt{\overline{(\Delta I_1)^2} \cdot \overline{(\Delta I_2)^2}} + \overline{(\Delta I_2)^2}$$

mit

$$c_{12} \equiv \frac{\overline{\Delta I_1 \cdot \Delta I_2}}{\sqrt{\overline{(\Delta I_1)^2} \cdot \overline{(\Delta I_2)^2}}}, \quad 0 \leqslant |c_{12}| \leqslant 1 . \tag{6.16a}$$

Sind die beiden Ströme I_1 und I_2 *unkorreliert,* d.h. erfolgen die Schwankungen dieser beiden Größen *unabhängig* voneinander, so wird das Produkt $\Delta I_1(t) \cdot \Delta I_2(t)$ sowohl positive als auch negative Werte annehmen. Dieser Term und damit der ,,Korrelationskoeffizient'' c_{12} verschwindet bei der zeitlichen Mittelung über hinreichend lange Perioden. Andererseits bedeutet $c_{12} = 1$ vollständige Korrelation, die Ströme sind linear zu addieren.

Für $c = 0$ gilt damit die Regel:
,,*Unkorrelierte Rauschgrößen werden quadratisch addiert*'',

$$\overline{(\Delta I_1(t) + \Delta I_2(t))^2} = \overline{(\Delta I_1(t))^2} + \overline{(\Delta I_2(t))^2} .$$

Lassen sich Rauschersatzschaltbilder so aufstellen, daß sämtliche Rauschquellen praktisch unkorreliert sind, kann man bei späteren Schaltungsumformungen solche Rauschgrößen in einfacher Weise zusammenfassen.

Mitunter liegen jedoch kompliziertere Verhältnisse vor. Beispielsweise möge ein Verstärker am Ausgang eine Rauschquelle $I_2(t)$ aufweisen. Liegt eine weitere Rauschquelle $I_1(t)$ am Eingang, so wird sich diese am Ausgang, mit der frequenzabhängigen Stromverstärkung multipliziert, zu $I_2(t)$ addieren. Stellt man die Ströme I durch ihre Phasoren $\vec{I}_n$ gemäß

$$I_1(t) = \mathrm{Re}\left(\sum_{n=1}^{\infty} \sqrt{2}\,\vec{I}_{1n} \exp\left(j\,\frac{2\pi}{t_0}\, nt \right) \right)$$

dar, so wird der Effektivwert des Rauschstromes am Ausgang durch

$$\overline{\left\{ \mathrm{Re}\left(\sum_{n=1}^{\infty} \sqrt{2}\,[\vec{I}_{2n} + |v_n| \exp(j\,\varphi_n)\,\vec{I}_{1n}] \exp\left(j\,\frac{2\pi}{t_0}\, nt \right) \right) \right\}^2} =$$

$$\sum_{n=1}^{\infty} [\,|\vec{I}_{2n}|^2 + |v_n|^2\,|\vec{I}_{1n}|^2 + 2\,|v_n|\,\mathrm{Re}\,(\exp(-j\,\varphi_n)\,\vec{I}_{1n}^{\,*}\,\vec{I}_{2n})\,]$$

gegeben. Dabei bedeutet $|v_n| \exp(j\,\varphi_n)$ die komplexe Verstärkung bei der Kreisfrequenz $2\pi n/t_0$. Die Netzwerkdaten, wie hier die Verstärkung, werden sich kontinuierlich und nur langsam mit der Frequenz ändern verglichen mit den statistisch verteilten Rauschphasoren. Daher kann man in der obigen Summe über die in einem kleinen Frequenzintervall $d\omega$ beliebig dicht liegenden Komponenten mitteln (angedeutet durch $\langle\,\rangle$-Klam-

mern), wobei die Netzwerkgrößen praktisch konstant bleiben. Man kann analog zu
(6.16a) den *frequenzabhängigen, komplexen* Korrelationskoeffizienten

$$\vec{c}_{12}(\omega) = \frac{\langle \vec{I}_{1n}^{*} \vec{I}_{2n} \rangle}{\sqrt{\langle |\vec{I}_{1n}|^2 \rangle \langle |\vec{I}_{2n}|^2 \rangle}} \tag{6.16b}$$

einführen. Durch Angabe von Effektivwerten und Korrelationskoeffizienten sind Rauschquellen für Schaltungsberechnungen eindeutig gekennzeichnet.

6.2 Rauschmechanismen

Im folgenden werden die wichtigsten physikalischen Rauschursachen als Beispiel
für Anwendung und Erweiterung des oben eingeführten Formalismus untersucht.

6.2.1 Schrotrauschen

Eine der am einfachsten zu behandelnden Schwankungserscheinungen ist mit der
Elektronenemission verbunden, die hier am Beispiel eines in Sperrichtung belasteten
n^+p-Überganges besprochen werden soll. Vernachlässigt man Sperrschichtrekombination,
so wird der Strom I von denjenigen Elektronen getragen, die von der Sperrschichtgrenze w_p
aus dem Defekthalbleiter durch die Sperrschicht zum Überschußhalbleiter emittiert werden (Bild 6.2a).
Dieser Strom ist nicht konstant, da immer nur einzelne Elektronen, welche die Ladung $-q$
tragen, die Grenze w_p passieren und während ihrer Laufzeit durch die Sperrschicht einen
Stromimpuls hervorrufen (Bild 6.2b). Der Strom wird sich also aus einzelnen, statistisch
unkorrelierten Stromimpulsen zusammensetzen, deren Dauer durch die Laufzeit τ' und

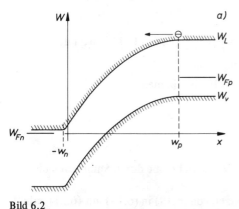
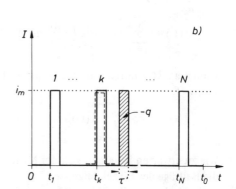

Bild 6.2
Schrotrauschen eines n^+p-Überganges in Sperrichtung
a) Bändermodell, schematisch
b) Stromimpulse durch Emission einzelner Elektronen
——————— I(t) Gesamtstrom; ———— i(t) Einzelimpuls

deren Zeitintegral durch die Ladung $-q$ gegeben ist. Vereinfachend soll eine konstante Driftgeschwindigkeit innerhalb der Sperrschicht angenommen werden. Die Höhe der einzelnen Stromimpulse beträgt dann

$$i_m = \frac{q}{\tau'} \, . \tag{6.17}$$

Der Mittelwert des Stromes während der Beobachtungszeit $t_0 \gg \tau'$ ist durch

$$\overline{I} = \frac{Nq}{t_0} = \lambda q \tag{6.18}$$

gegeben, wobei N Emissionsprozesse in der Zeit t_0 stattfinden sollen, so daß λ die Zahl der Emissionsprozesse pro Zeiteinheit ist.

Es soll nun — etwas allgemeiner als für den vorliegenden Fall erforderlich — untersucht werden, wie man die Autokorrelationsfunktion (6.15) und damit auch das Leistungsspektrum nach (6.14) der *gesamten* Rauschgröße $I(t)$ aus einer Analyse des statistisch unkorreliert einsetzenden *Einzelereignisses* $i(t)$ gewinnen kann:

$$I(t) = \sum_{k=1}^{N} i(t - t_k) \, . \tag{6.19}$$

Mit $t' = t - t_k$ ist im vorliegenden Fall speziell

$$i(t') = \begin{cases} \dfrac{q}{\tau'} & \text{für } 0 < t' < \tau' \\[2mm] 0 & \text{sonst,} \end{cases} \tag{6.20}$$

also eine Rechteckfunktion. Die nachfolgende Analyse läßt den allgemeineren Fall zu, daß beliebige Funktionen $i(t')$ ausgelöst werden. Nach Einführung der Fourierentwicklung für das Einzelereignis,

$$i(t') = \sum_{m=-\infty}^{\infty} b_m \exp\left(j \frac{2\pi}{t_0} m t'\right), \quad b_m = \frac{1}{t_0} \int_{-t_0/2}^{t_0/2} i(t') \exp\left(-j \frac{2\pi}{t_0} m t'\right) dt', \tag{6.21}$$

kann man $\overline{I(t)}$ durch Einsetzen von (6.21) in (6.19) bestimmen:

$$\overline{I(t)} = N b_0 = \lambda \int_{-\infty}^{\infty} i(t) \, dt \, . \tag{6.22}$$

Wie zu erwarten ist, ergibt sich der Mittelwert der Rauschgröße durch Summieren über die Beiträge der Einzelereignisse.

Nach demselben Verfahren, durch Einsetzen von (6.19) in (6.15) mit (6.21), erhält man für die Autokorrelationsfunktion die Darstellung

$$\psi(\tau) = \sum_{k,\,k'=1}^{N} \sum_{m=-\infty}^{\infty} b_m \, b_{-m} \exp\left(j \frac{2\pi}{t_0} m \, [t_{k'} - t_k - \tau]\right) \, .$$

Spaltet man hier die Terme ab, bei denen $k = k'$ ist, erhält man

$$\psi(\tau) = N \sum_{m=-\infty}^{\infty} b_m \, b_{-m} \exp\left(-j \frac{2\pi}{t_0} m \tau\right)$$

$$+ \sum_{\substack{k,\,k'=1 \\ k \neq k'}}^{N} \left\{ b_0^2 + \sum_{\substack{m=-\infty \\ m \neq 0}}^{\infty} b_m \, b_{-m} \exp\left(j \frac{2\pi}{t_0} m \left[t_{k'} - t_k - \tau\right]\right)\right\}.$$

Zur Auswertung des letzten Terms vertauscht man die Reihenfolge der Summation über m und k, k'. Bei festgehaltenem m wird sich die Summe über k und k' aufheben, da die Einsatzpunkte t_k und $t_{k'}$ statistisch unkorreliert sind. Die Doppelsumme über b_0^2 enthält $N(N-1) \simeq N^2$ Summanden. Mit (6.22) ergibt sich

$$\psi(\tau) = N \sum_{m=-\infty}^{\infty} b_m \, b_{-m} \exp\left(-j \frac{2\pi}{t_0} m \tau\right) + \bar{I}^2 \, .$$

Wie man sich mit (6.21) leicht überzeugt, ist

$$\overline{i(t) \cdot i(t + \tau)} = \sum_{m=-\infty}^{\infty} b_m \, b_{-m} \exp\left(-j \frac{2\pi}{t_0} m \tau\right), \tag{6.23}$$

so daß man für die Autokorrelationsfunktion aus der Analyse des Einzelereignisses die gesuchte Beziehung

$$\psi(\tau) = \overline{I(t) \cdot I(t + \tau)} = N \, \overline{i(t) \cdot i(t + \tau)} + \bar{I}^2 \tag{6.24}$$

erhält. Diese Gleichung geht für den Spezialfall $\tau = 0$ in

$$\overline{I^2} - \bar{I}^2 = \overline{(\Delta I)^2} = \lambda \int_{-\infty}^{\infty} i^2 \, dt \tag{6.25}$$

über. Die Gleichungen (6.22) und (6.25), welche Mittelwert und Schwankungsquadrat der gesamten Rauschgröße durch die Einzelereignisse ausdrücken, werden als Campbellsches Theorem bezeichnet.

Darüber hinaus kann man auch noch einen direkten Zusammenhang zwischen dem „Leistungsspektrum" P_f und der Fouriertransformierten des Einzelereignisses angeben: Ersetzt man in (6.10) die Autokorrelationsfunktion durch (6.24) und (6.23), läßt sich die Integration unmittelbar ausführen. Mit (6.13) und (6.21) erhält man das Carsonsche Theorem

$$P_f = 2\lambda \left| \int_{-\infty}^{\infty} i(t) \exp(-j 2\pi f t) \, dt \right|^2 . \tag{6.26}$$

Wendet man (6.26) auf das Schrotrauschen an, ergibt sich mit (6.20) unter Berücksichtigung von (6.18)

$$P_f = 2\,q\overline{I}\,\left[\frac{\sin^2\,(\pi f\tau')}{(\pi f\tau')^2}\right]. \tag{6.27}$$

Solange Laufzeiteffekte noch keine Rolle spielen, d.h. für Frequenzen $f \ll 1/\tau'$, ist die eckige Klammer praktisch gleich eins, man erhält die bekannte Formel für das frequenzunabhängige, *weiße Rauschen*[1]) des Schroteffektes. Andererseits ist die gesamte zur Verfügung stehende „Rauschleistung" $\overline{(\Delta I)^2}$ endlich. Um diesen Wert zu finden, kann man die Integration von (6.13) mit (6.27) sparen und statt dessen (6.25) anwenden:

$$\overline{(\Delta I)^2} = \lambda \left(\frac{q}{\tau'}\right)^2 \tau' = \frac{q}{\tau'}\,\overline{I}\,. \tag{6.28}$$

Für praktische Anwendungen ist zu berücksichtigen, daß elektronische Schaltungen allgemein nicht beliebige Frequenzen übertragen, sie sind vielmehr nur für eine bestimmte Bandbreite

$$B = f_O - f_U$$

ausgelegt, wobei f_O bzw. f_U obere bzw. untere Grenzfrequenz bedeuten. Nimmt man vereinfachend an, daß die Übertragung innerhalb der Bandbreite B frequenzunabhängig ist, außerhalb dieses Bereiches jedoch null, so erhält man aus (6.13) mit (6.27) im Bereich des weißen Rauschens

$$\sqrt{\overline{i_S^2}} = \sqrt{2\,q\,\overline{I}\,B}\,, \qquad\qquad \overline{|\Delta I|^2} = 2\,q\,|\overline{I}|\,B \tag{6.29}$$

wobei $\overline{i_S^2}$ denjenigen Anteil von $\overline{(\Delta I)^2}$ kennzeichnet, der in den Bereich der Bandbreite B fällt.

6.2.2 Widerstandsrauschen

Die thermische Bewegung der Elektronen in einem ohmschen Widerstand verursacht ein Rauschen. Das kann man folgendermaßen einsehen: Die Diskussion des Leitungsmechanismus in einem Metall hatte gezeigt, daß sich bei Anlegen eines elektrischen Feldes der thermisch ungeordneten Bewegung eine Vorzugsrichtung überlagert. In Abschnitt 1.5.1 wurde nur der mit dieser Vorzugskomponente verbundene Stromanteil berücksichtigt, es ergab sich für die Stromdichte die Gleichung (1.39). Um die momentane Stromdichte unter Berücksichtigung der thermischen Wärmebewegung zu finden, kann man diese Gleichung in einfacher Weise erweitern, indem man berücksichtigt, daß die einzelnen Elek-

---

[1]) Hier wurde aus der Optik übernommen, daß im weißen Licht Komponenten aller Frequenzen des optischen Spektralbereiches vertreten sind.

tronen (gekennzeichnet durch den Laufindex k) verschiedene Geschwindigkeiten $v^{(k)}$ haben können,

$$J = -q \frac{1}{V} \sum_{k=1}^{nV} v^{(k)} ; \qquad (6.30)$$

hierbei ist V das Volumen des betreffenden Körpers und n die Elektronenkonzentration.

Verfolgt man den Weg eines herausgegriffenen Elektrons, so sieht man, daß sich seine momentane Geschwindigkeit $v^{(k)}$ zusammensetzt aus der statistisch variierenden thermischen Geschwindigkeit $v_{Th}^{(k)}$ und der durch (1.40) gegebenen Driftgeschwindigkeit $\overline{v}$

$$v^{(k)}(t) = v_{Th}^{(k)}(t) + \overline{v} .$$

Mit diesem Wert geht (6.30) in

$$J = -qn\overline{v} - q \frac{1}{V} \sum_{k=1}^{nV} v_{Th}^{(k)}$$

$$(6.31)$$

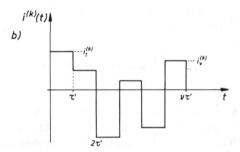

Bild 6.3
Zur Ableitung des Widerstandsrauschens
a) Modell
b) Beitrag $i^{(k)}(t)$ eines herausgegriffenen Elektrons zum
Rauschstrom $\Delta I(t)$

über. Der Vergleich mit (1.39) zeigt, daß die Gesamtstromdichte neben dem ohmschen Anteil eine statistisch schwankende Komponente aufweist, welche durch die thermische Bewegung der Elektronen verursacht wird.

Der Berechnung dieses Rauschstromes sei als konkretes Modell ein quaderförmiger Widerstand zugrunde gelegt, dessen Enden kurzgeschlossen sein mögen, so daß wegen E = 0 auch $\overline{v}$ = 0 ist. In Bild 6.3a ist die thermische Bewegung eines herausgegriffenen Elektrons angedeutet. Zur Vereinfachung der Rechnung sei angenommen, daß alle Elektronen dieselbe freie Weglänge λ' und denselben Betrag der thermischen Geschwindigkeit v_{Th} haben,

$$v_{Th} = \frac{\lambda'}{\tau'} ;$$

dabei kennzeichnet τ' die Zeit zwischen zwei Streuprozessen.

Um den gesamten in Richtung der z-Achse fließenden Rauschstrom $\Delta I(t)$ zu finden, wird (6.30) mit der Fläche A multipliziert (Bild 6.3a). Wegen V = Al ergibt sich

$$\Delta I(t) = \sum_{k=1}^{nV} i^{(k)}(t) \qquad (6.32)$$

mit

$$i^{(k)}(t) = -\frac{q}{l} v_z^{(k)}(t) \; ;$$ (6.33)

dabei ist

$$v_z^{(k)} = v_{Th} \cos \vartheta^{(k)}$$

die z-Komponente der thermischen Geschwindigkeit des k-ten Elektrons.

Nach (6.32) kann man den Gesamtstrom als Überlagerung der Strombeiträge der einzelnen Elektronen darstellen. Da die Geschwindigkeit zwischen zwei Streuprozessen konstant ist, fließt während dieser Zeit τ' auch ein konstanter Strom, so daß sich für $i^{(k)}(t)$ qualitativ der in Bild 6.3b gezeigte Verlauf ergibt. Dabei ist die Höhe des einzelnen Stromimpulses nach (6.33) durch

$$i_\nu^{(k)} = -\frac{q}{l} v_{Th} \cos \vartheta_\nu^{(k)}$$ (6.34)

gegeben.

Um den Effektivwert (6.5) des Rauschstromes zu finden, ist (6.32) zu quadrieren und über die sehr große „Periodendauer" t_0 nach (6.3) zu mitteln,

$$\overline{(\Delta I)^2} = \sum_{k, \, k'=1}^{nV} \frac{1}{t_0} \int_{-t_0/2}^{t_0/2} i^{(k)} \cdot i^{(k')} \, dt \; .$$

Die Bewegungen der einzelnen Elektronen sind unabhängig voneinander, so daß zu einer vorgegebenen Zeit die einzelnen Produkte zum Teil negative, zum Teil positive Werte liefern werden. Bei einer hinreichend großen Anzahl von Elektronen werden sich diese Beiträge bei der Aufsummierung über k und k' im allgemeinen gegenseitig wegheben. Nur in den Fällen, in denen $k = k'$ ist, wird immer ein positiver Beitrag entstehen, so daß nur diese Glieder in der Doppelsumme übrig bleiben,

$$\overline{(\Delta I)^2} = \sum_{k=1}^{nV} \overline{i^{(k)\,2}} \; .$$ (6.35)

Um das Leistungsspektrum von $i^{(k)}$ nach (6.13) und (6.14) zu bestimmen, ist die Autokorrelationsfunktion (6.15) zu ermitteln. Sind die einzelnen Streuprozesse statistisch unkorreliert,[1] so besteht eine feste Beziehung zwischen dem Strom zur Zeit t und dem Strom zur Zeit $t + \tau$ nur dann, wenn beide Zeitpunkte in denselben Stromimpuls fallen (Bild 6.4). Für den herausgegriffenen Stromimpuls gilt

$$i^{(k)}(t) \cdot i^{(k)}(t + \tau) = \begin{cases} \left[\dfrac{q}{l} v_{Th} \cos \vartheta_\nu^{(k)} \right]^2 & \text{für } \nu \tau' < t < (\nu + 1) \, \tau' - \tau \\ \\ 0 & \text{sonst.} \end{cases}$$

---

[1] Der einzelne Streuprozeß ist unabhängig von vorangegangenen Streuungen, „erinnerungslöschende Stöße".

Damit wird

$$\overline{i^{(k)}(t) \cdot i^{(k)}(t + \tau)} = \left[\frac{q}{l} v_{Th}\right]^2 (\tau' - \tau) \frac{1}{t_0} \sum_{\nu = 1}^{t_0/\tau'} \cos^2 \vartheta_\nu^{(k)} \; .$$

Da bei isotroper Streuung alle Winkel $\vartheta_\nu^{(k)}$ gleich wahrscheinlich sind, hat man $\cos^2 \vartheta$ über alle Raumrichtungen zu mitteln:[1]

$$\langle \cos^2 \vartheta \rangle = \frac{1}{4\pi} \int\limits_0^{2\pi} d\varphi \int\limits_0^{\pi} \cos^2 \vartheta \cdot \sin \vartheta \, d\vartheta = \frac{1}{3} \; .$$

Da die thermische Geschwindigkeit durch (4.44) bestimmt ist, ergibt sich nach Einführung der Beweglichkeit μ (1.40) für die Autokorrelationsfunktion

$$\overline{i^{(k)}(t) \cdot i^{(k)}(t + \tau)} = 2 \frac{q\mu kT}{l^2 \tau'^2} (\tau' - \tau) \; .$$

Damit erhält man wegen

$$\int\limits_0^{\tau'} (\tau' - \tau) \cos(2\pi f \tau) \, d\tau = \frac{\sin^2 (\pi f \tau')}{2 (\pi f)^2}$$

$$(6.36)$$

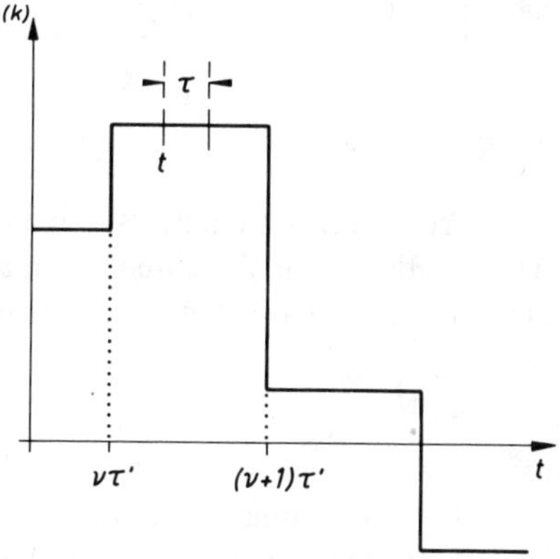

Bild 6.4
Bestimmung der Autokorrelationsfunktion für den Strom nach Bild 6.3b.

für das Leistungsspektrum des herausgegriffenen Elektrons nach (6.14)

$$P_f^{(k)} = \frac{4 q\mu kT}{l^2} \frac{\sin^2 (\pi f \tau')}{(\pi f \tau')^2} \; .$$

Setzt man diese Größe in (6.35) ein, so folgt mit $V = A l$ und der Beziehung für den Widerstand

$$R = \frac{l}{\sigma A} = \frac{l}{q\mu n A}$$

das gesamte thermische Rauschen zu

$$\overline{(\Delta I)^2} = \frac{4 kT}{R} \int\limits_0^\infty \frac{\sin^2 (\pi f \tau')}{(\pi f \tau')^2} \, df \; .$$

---

[1] Um diesen Mittelwert von dem durch Überstreichen gekennzeichneten *zeitlichen* Mittelwert deutlich zu unterscheiden, soll er hier in spitze Klammern gesetzt werden.

Solange $f \ll 1/\tau'$ ist,[1] liegt weißes Rauschen vor, für den innerhalb der Bandbreite B liegenden Rauschanteil erhält man die Nyquist-Formel für das Widerstandsrauschen

$$\sqrt{\overline{i_R^2}} = 2\sqrt{\frac{kT}{R}B} \;. \tag{6.37}$$

Ein Widerstand verhält sich demnach wie eine Rauschstromquelle mit dem Effektivwert (Kurzschlußstrom) $\sqrt{\overline{i_R^2}}$ und dem Innenwiderstand R. Bild 6.5a zeigt die Ersatzschaltung.

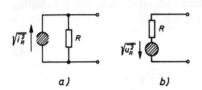

Bild 6.5
Ersatzschaltbilder für einen rauschenden Widerstand

Rauschquellen sollen durch Schraffur gekennzeichnet werden. Die Pfeilrichtung ist willkürlich, die Zählrichtung muß aber für die spätere Berechnung von Schaltungen festgelegt werden.

Wie jede Stromquelle kann man auch eine Rauschstromquelle nach dem in Band II, Anhang erläuterten Verfahren durch eine äquivalente Spannungsquelle ersetzen (Bild 6.5b), die im vorliegenden Fall den Effektivwert

$$\sqrt{\overline{u_R^2}} = 2\sqrt{R\,kT\,B} \tag{6.38}$$

hat.

Jedes Schaltungselement mit endlichem Wirkwiderstand stellt eine durch (6.37) bzw. (6.38) gekennzeichnete Rauschquelle dar. Reine Blindwiderstände wie ideale Induktivitäten oder ideale Kapazitäten sind dagegen rauschfrei.

6.2.3 Rekombinations-Generationsrauschen

Wird der Strom in einem pn-Übergang durch Diffusion der Minoritätsträger bestimmt (Abschnitt 2.2.3), müssen die Ladungsträger die Sperrschicht durchqueren, dabei verursachen sie ein Schrotrauschen. Findet dagegen der Stromfluß vorzugsweise durch Generation bzw. Rekombination in der Sperrschicht statt (Abschnitt 2.2.4), kommt ein Rauschen durch die statistisch erfolgenden Übergänge zwischen den beiden Bändern und den Rekombinationszentren zustande. Es tritt an die Stelle des Schrotrauschens. Als Anwendungsbeispiel der allgemeinen Methoden auf etwas kompliziertere Fälle soll dieses Rekombinations-Generationsrauschen („rg-Rauschen") in Raumladungsschichten im Spezialfall eines in Sperrichtung belasteten n^+p-Überganges, bei welchem Diffusionsströme vernachlässigt werden können, diskutiert werden.

---

[1] Aus (1.40) folgt für den in der Fußnote [2] S. 23 angegebenen Zahlenwert die Größenordnung $\tau' \simeq 5 \cdot 10^{-14}$ s.

Bild 6.6a zeigt schematisch das Bändermodell dieser Anordnung. Da sich die einzelnen Rekombinationszentren in der Sperrschicht nicht gegenseitig beeinflussen sollen, genügt es, nur den durch *ein* Zentrum bedingten Stromfluß zu behandeln und das zugehörige Leistungsspektrum zu bestimmen. Das Leistungsspektrum des Gesamtstromes findet man dann durch nachträgliche Summation über die Beiträge aller in der Sperrschicht befindlichen Zentren. Da der n^+p-Übergang in Sperrichtung belastet sein soll, spielen nur Emissionsvorgänge eine Rolle; Einfangprozesse sind zu vernachlässigen, weil praktisch keine beweglichen Ladungsträger in der Sperrschicht vorhanden sind. Ferner wird vereinfachend angenommen, daß Elektronen und Löcher in der Sperrschicht mit derselben konstanten Driftgeschwindigkeit $\bar{v}$ laufen. Bild 6.6b zeigt die beiden Vorgänge, die einen Beitrag zum Strom $i^{(k)}(t)$ des k-ten Rekombinationszentrums liefern können (vgl. Abschnitt 1.4): Ist das Zentrum negativ geladen ($f_R = 1$), kann ein Elektron in das Leitungsband emittiert werden, wo es dann zum n^+-Halbleiter läuft. Damit ist das Zentrum neutral ($f_R = 0$), es kann ein Defektelektron emittiert werden, welches zum p-Halbleiter läuft.

Den mit diesen Vorgängen verbundenen Strom bestimmt man durch folgende Überlegung: Bewegt sich eine Ladung q in einem Plattenkondensator (Plattenabstand w) mit der konstanten Geschwindigkeit $\bar{v}$, so fließt während dieses Vorganges im äußeren Kreis ein Strom

$$i_m = q \frac{\bar{v}}{w} . \qquad (6.39)$$

Hieraus ergibt sich die Höhe der Stromimpulse in Bild 6.6b. Die Laufzeiten der Elektronen bzw. Löcher werden

$$\tau_n' = \frac{x}{\bar{v}} \quad \text{bzw.} \quad \tau_p' = \frac{w - x}{\bar{v}} .$$

$$(6.40)$$

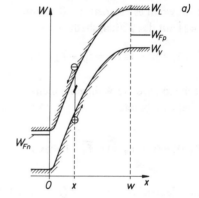

Bild 6.6
rg-Rauschen in der Sperrschicht
a) Bändermodell mit einem
   einzelnen Rekombinationszentrum
b) Stromverlauf für das k-te Zentrum
   t_1: Emission eines Elektrons
   t_2: Emission eines Defektelektrons

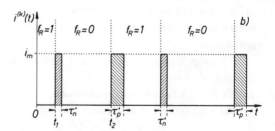

Es soll nun die Autokorrelationsfunktion für den Strom durch das k-te Rekombinationszentrum berechnet werden [71]

$$\psi^{(k)}(\tau) \equiv \overline{i^{(k)}(t) \cdot i^{(k)}(t + \tau)} . \qquad (6.41)$$

Die hier durchzuführende zeitliche Mittelung soll durch die Wahrscheinlichkeit ausgedrückt werden, daß der Strom zur Zeit $t + \tau$ ungleich null ist unter der Voraussetzung, daß er zur Zeit t ebenfalls ungleich null war. Es ist also die Wahrscheinlichkeit dafür zu ermitteln, daß sowohl zur Zeit $t + \tau$ als auch zur Zeit t ein Ladungsträger „unterwegs" ist.

Die hierbei auftretenden Wahrscheinlichkeiten sollen zunächst berechnet werden. Ausgangspunkt sind die Gleichungen (1.29), (1.30) und (1.34), welche die zeitliche Änderung der Besetzungswahrscheinlichkeit f_R angeben. Da im Sperrbereich die Konzentrationen der beweglichen Ladungsträger vernachlässigt werden können, erhält man durch Einsetzen von (1.29) und (1.30) in (1.34) die Differentialgleichung

$$\frac{df_R}{dt} = C'_p - (C'_n + C'_p) f_R \ .$$
(6.42)

Hieraus folgt für den Mittelwert (makroskopisch treten keine zeitlichen Änderungen auf, $d/dt = 0$)

$$\overline{f_R} = \frac{C'_p}{C'_n + C'_p} \quad \text{bzw.} \quad \overline{1 - f_R} = \frac{C'_n}{C'_n + C'_p} \ .$$
(6.43)

Die Wahrscheinlichkeit $f_R(\tau)$, daß das Zentrum zur Zeit $t = \tau$ mit einem Elektron besetzt ist, wenn es zur Zeit $t = 0$ ebenfalls besetzt war, erhält man durch Integration von (6.42) mit der Anfangsbedingung

$$f_R(0) = 1 \ : \ f_R(\tau) = \overline{f_R} + \overline{(1 - f_R)} \exp\left(-\frac{\tau}{\tau_0}\right) \quad \text{mit} \quad \tau_0 \equiv \frac{1}{C'_p + C'_n} \ .$$
(6.44)

Entsprechend wird die Wahrscheinlichkeit $f_R(\tau)$, daß das Zentrum zur Zeit $t = \tau$ mit einem Elektron besetzt ist unter der Voraussetzung, daß es zur Zeit t unbesetzt war, durch

$$f_R(0) = 0 \ : \ f_R(\tau) = \overline{f_R} \left[1 - \exp\left(-\frac{\tau}{\tau_0}\right)\right]$$
(6.45)

gegeben.

Bei kleinen Werten von τ ($\tau \ll \tau_0$) ist die Wahrscheinlichkeit, das Zentrum in einem bestimmten Zustand anzutreffen, noch von der Anfangsbedingung abhängig. Nach großen Zeiten ($\tau \gg \tau_0$) haben so viele Übergangsprozesse stattgefunden, daß das Zentrum nichts mehr von der Anfangsbedingung „weiß", für die Wahrscheinlichkeit $f_R(\tau)$ ergibt sich der Mittelwert $\overline{f_R}$.

Es gibt nun vier Möglichkeiten, daß sowohl $i^{(k)}(t)$ als auch $i^{(k)}(t + \tau)$ nicht verschwinden:

1. Zur Zeit t ist ein Elektron unterwegs, zur Zeit $t + \tau$ ein Defektelektron. Die Wahrscheinlichkeit für diesen Vorgang lautet:

$$P_1 = \overline{f_R} \cdot \tau'_n C'_n \cdot \left\{1 - \overline{f_R} \left[1 - \exp\left(-\frac{\tau}{\tau_0}\right)\right]\right\} \cdot \tau'_p C'_p \ .$$
(6.46)

Da dieser Ausdruck unabhängig von t ist, kann für die Erläuterung der Gleichung zur Vereinfachung der Schreibweise $t = 0$ gewählt werden. Hier ist $\overline{f_R}$ die Wahrscheinlichkeit, daß zur Zeit $t = 0$ das Zentrum mit einem Elektron besetzt ist. $\tau'_n C'_n$ ist die

Wahrscheinlichkeit, daß innerhalb der Zeit τ'_n ein Elektron emittiert wird, wenn das Zentrum besetzt ist,[1] s. Abschnitt 1.4. Das Produkt beider Größen ist die Wahrscheinlichkeit, daß zur Zeit t = 0 ein Elektron unterwegs ist. Somit wird $f_R(0) = 0$, da in diesem Zeitpunkt das Zentrum nicht mit einem Elektron besetzt ist. Die Wahrscheinlichkeit, daß es zur Zeit τ *nicht* mit einem Elektron besetzt ist, wird dann gemäß (6.45) gleich der geschweiften Klammer. $\tau'_p C'_p$ schließlich gibt die Wahrscheinlichkeit an, daß innerhalb der Zeit τ'_p ein Defektelektron emittiert wird, wenn das Zentrum nicht mit einem Elektron besetzt ist.

2. Zur Zeit t ist ein Defektelektron unterwegs, zur Zeit t + τ ein Elektron. Analog zu (6.46) ergibt sich hier die Wahrscheinlichkeit zu

$$P_2 = \overline{(1 - f_R)} \cdot \tau'_p C'_p \cdot \left\{ \overline{f_R} + \overline{(1 - f_R)} \exp\left(-\frac{\tau}{\tau_0}\right) \right\} \cdot \tau'_n C'_n . \tag{6.47}$$

3. Sowohl zur Zeit t als auch zur Zeit t + τ ist ein Elektron unterwegs. Für diesen Vorgang lautet die Wahrscheinlichkeit

$$P_3 = \overline{f_R} \cdot \tau'_n C'_n \cdot \left\{ \overline{f_R} \left[1 - \exp\left(-\frac{\tau}{\tau_0}\right) \right] \right\} \cdot \tau'_n C'_n + \overline{f_R} \, C'_n (\tau'_n - \tau)^* . \tag{6.48}$$

Der erste Summand kann wieder nach dem oben angewendeten Verfahren diskutiert werden, der zweite Summand berücksichtigt den Fall, daß zur Zeit t = 0 und t = τ *derselbe* Stromimpuls vorliegt, vgl. Abschnitt 6.2.2. $\overline{f_R}$ ist die Wahrscheinlichkeit, daß das Zentrum mit einem Elektron besetzt ist und $C'_n (\tau'_n - \tau)$ die Wahrscheinlichkeit, daß während der Zeit $(\tau'_n - \tau)$ ein Emissionsprozeß erfolgt. Durch den Stern an der Klammer soll angedeutet werden, daß dieser Term nur für $\tau < \tau'_n$ ungleich null ist.

4. Sowohl zur Zeit t als auch zur Zeit t + τ ist ein Defektelektron unterwegs; analog zu (6.48) wird

$$P_4 = \overline{(1 - f_R)} \cdot \tau'_p C'_p \cdot \left\{ \overline{(1 - f_R)} \left[1 - \exp\left(-\frac{\tau}{\tau_0}\right) \right] \right\} \cdot \tau'_p C'_p$$
$$+ \overline{(1 - f_R)} \, C'_p (\tau'_p - \tau)^* . \tag{6.49}$$

Mit (6.46) bis (6.49) erhält man

$$\overline{i^{(k)}(t) \cdot i^{(k)}(t + \tau)} = i_m^2 \sum_{i=1}^{4} P_i$$

$$= q^2 \left(\frac{C'_n C'_p}{C'_n + C'_p}\right)^2 + q^2 \, \frac{\overline{v}^2}{w^2} \, \frac{C'_n C'_p}{C'_n + C'_p} \left[(\tau'_n - \tau)^* + (\tau'_p - \tau)^* \right]$$

$$+ q^2 \, C'_n C'_p \left[\frac{\overline{v}^2}{w^2} \tau'_n \tau'_p - \frac{C'_n C'_p}{(C'_n + C'_p)^2} \right] \exp\left(-\frac{\tau}{\tau_0}\right) , \tag{6.50}$$

wobei von (6.39), (6.40) und (6.43) Gebrauch gemacht wurde.

---

[1] Es wird weiter vorausgesetzt, daß die Laufzeiten τ'_n und τ'_p klein gegenüber der Zeitkonstanten τ_0 sind.

Um das „Leistungsspektrum" zu bestimmen, setzt man (6.50) in (6.14) ein. Dabei liefert der erste Term nur einen Beitrag für $f = 0$, also keinen Rauschanteil. Der zweite Term führt auf (6.36), beim dritten Term erhält man das Integral [19]

$$\int_0^\infty \exp\left(-\frac{\tau}{\tau_0}\right) \cos(2\pi f\tau)\, d\tau = \frac{\tau_0}{1 + (2\pi f\tau_0)^2}. \qquad (6.51)$$

Bei Vernachlässigung von Laufzeiteffekten ($f\tau_n'$, $f\tau_p' \ll 1$) ergibt sich für das „Leistungsspektrum" des herausgegriffenen Rekombinationszentrums mit (6.44)

$$P_f^{(k)} = 2q^2 \frac{C_n' C_p'}{C_n' + C_p'} \left\{ \frac{\overline{v}^2}{w^2}(\tau_n'^2 + \tau_p'^2) + \left(\frac{\overline{v}^2}{w^2}\tau_n'\tau_p' - \frac{C_n' C_p'}{(C_n' + C_p')^2}\right)\frac{2}{1 + (2\pi f\tau_0)^2}\right\}. \qquad (6.52)$$

Die Laufzeiten τ_n' und τ_p' sind nach (6.40) von der Lage des Zentrums innerhalb der Sperrschicht abhängig. Integriert man die Beiträge aller innerhalb der Sperrschicht liegenden Zentren, erhält man bei konstanter Dichte N_R für das gesamte Rauschspektrum

$$P_f \equiv N_R A \int_0^w P_f^{(k)}\, dx = 2q\overline{I}\left\{\frac{2}{3} + \left(\frac{1}{3} - \frac{2C_n' C_p'}{(C_n' + C_p')^2}\right)\frac{1}{1 + (2\pi f\tau_0)^2}\right\}, \qquad (6.53)$$

wobei

$$\overline{I} = qAwN_R \frac{C_n' C_p'}{C_n' + C_p'} \qquad (6.54)$$

der Mittelwert des Stromes, d.h. der makroskopische Gleichstromwert ist; letzteres folgt aus (1.56), wenn man (1.31) bis (1.33), (1.35) und (1.36) einsetzt.

In Bild 6.7 ist die Frequenzabhängigkeit des „Leistungsspektrums" nach (6.53) mit C_n'/C_p' als Parameter dargestellt. Wie der Vergleich mit (6.27) zeigt, liefert das rg-Rauschen kein „volles" Schrotrauschen, sondern − frequenzabhängig − etwas geringere Werte. Da es häufig schwierig ist, rg-Rauschen und Schrotrauschen experimentell zu trennen, setzt man für beide Rauschmechanismen zusammen pauschal die Formel

$$\sqrt{\overline{i_{S+rg}^2}} = \sqrt{\frac{2q}{m}\overline{I}B}, \quad 1 \leqslant m \leqslant 2 \qquad (6.55)$$

an, wobei m empirisch zu ermitteln ist.

Werden in der obigen Rechnung neben den Emissionsvorgängen auch noch Einfangprozesse berücksichtigt, wird auch das Rauschen im Durchlaßbereich erfaßt; da die Ergebnisse jedoch unübersichtlicher werden, sei hierauf verzichtet.

6.2.4 Funkelrauschen

In den meisten Bauelementen tritt bei niedrigen Frequenzen ein Rauschen auf, dessen „Leistungsspektrum" näherungsweise proportional $1/f$ verläuft und das als

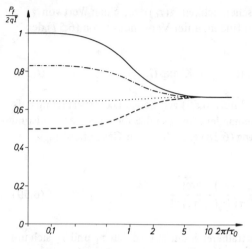

Bild 6.7
„Leistungsspektrum" des
rg-Rauschens nach (6.53)

$$\frac{C_p'}{C_n'} \rightarrow 0; \infty \quad : \quad \text{———}$$

$$= 0,1; 10 \quad : \quad \text{—·—·—·—}$$

$$= 0,3; 3,\overline{3} \quad : \quad \text{..........}$$

$$= 1 \quad : \quad \text{– – – – –}$$

„Funkelrauschen" bezeichnet wird.[1]) Bei Halbleitern führt man dieses Rauschen in erster Linie auf Vorgänge an Oberflächen zurück, wobei eine Reihe von anderen Ursachen allerdings auch in Frage kommt. Da die Parameter der spektralen Verteilungsfunktion P_f wesentlich von dem zugrunde gelegten speziellen Modell abhängen, soll hier lediglich gezeigt werden, unter welchen allgemeinen Bedingungen das „Leistungsspektrum" eine 1/f-Abhängigkeit aufweist.

1. Die Fluktuationen seien so beschaffen, daß die zugehörige Autokorrelationsfunktion $\psi(\tau)$ eine exponentielle Abhängigkeit aufweist,

$$\psi(\tau) = K \exp\left(-\frac{\tau}{\tau_0}\right) ,$$

ähnlich dem letzten Term in der Gleichung (6.50). Dies führt nach (6.14) wegen (6.51) auf das „Leistungsspektrum"

$$P_f^{(\tau_0)} = \frac{4 K \tau_0}{1 + (2\pi f\tau_0)^2} . \tag{6.56}$$

2. Die Zeitkonstanten τ_0 mögen exponentiell von einem Parameter λ abhängen,

$$\tau_0 = K' \exp(\lambda) , \tag{6.57}$$

der im Bereich $\lambda_1 < \lambda < \lambda_2$ statistisch gleichverteilt ist und außerhalb dieses Bereiches nicht auftritt. Die Wahrscheinlichkeit, einen Wert von λ im Intervall zwischen λ und $\lambda + d\lambda$ anzutreffen, ist also durch

$$\frac{d\lambda}{\lambda_2 - \lambda_1} \text{ für } \lambda_1 < \lambda < \lambda_2 , \quad \text{sonst null}$$

---

[1]) Ein „1/f-Rauschen" tritt auch bei Röhren auf: Die Elektronenemission ist nicht makroskopisch gleichmäßig und zeitlich konstant über die gesamte Katode verteilt, vielmehr „funkeln" einzelne Bereiche statistisch [61].

gegeben. Damit erhält man für die Wahrscheinlichkeit $g(\tau_0)\,d\tau_0$, einen Wert von τ_0 im Bereich zwischen τ_0 und $\tau_0 + d\tau_0$ zu finden, unter Verwendung von (6.57) den Ausdruck

$$g(\tau_0)\,d\tau_0 = \frac{d\lambda}{\lambda_2 - \lambda_1} = \frac{d\tau_0}{\tau_0 \ln(\tau_2/\tau_1)} \quad \text{mit} \quad \tau_{1,2} = K' \exp(\lambda_{1,2})\,. \tag{6.58}$$

3. Die einzelnen Werte von τ_0, die mit der durch (6.58) gegebenen Dichteverteilung auftreten, sollen statistisch unabhängig voneinander sein,[1] so daß die einzelnen „Leistungsspektren" (6.56), mit der Dichteverteilung (6.58) gewichtet, zur Gesamtleistungsdichte P_f aufintegriert werden können:

$$P_f = \int_{\tau_1}^{\tau_2} P_f^{(\tau_0)}\, g(\tau_0)\,d\tau_0 = \frac{4K\,[\arctan(2\pi f\tau_2) - \arctan(2\pi f\tau_1)]}{2\pi f \ln(\tau_2/\tau_1)}\,. \tag{6.59}$$

Wenn τ_0 einen hinreichend breiten Spektralbereich umfaßt, so daß τ_1 und τ_2 sich um mehrere Zehnerpotenzen unterscheiden (Größenordnung: $\tau_1 \simeq 10^{-4}$ s, $\tau_2 \simeq 10^4$ s), erhält man für das „Leistungsspektrum" (6.59) über einige Zehnerpotenzen einen ausgeprägten $1/f$-Verlauf (Bild 6.8),

$$P_f \simeq \frac{K}{\ln(\tau_2/\tau_1)}\,\frac{1}{f} \quad \text{für} \quad \frac{1}{\tau_2} \ll 2\pi f \ll \frac{1}{\tau_1}\,. \tag{6.60}$$

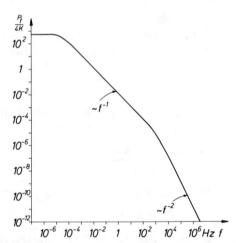

Bild 6.8
Frequenzabhängigkeit der
„Leistungsdichte" des
Funkelrauschens nach (6.59)

In der Praxis überlagert sich diesem Funkeleffekt das „weiße Rauschen", so daß sich von einer bestimmten „Eckfrequenz" ab das Funkelrauschen zu niederen Frequenzen aus dem weißen Rauschen heraushebt. Diese Eckfrequenz liegt beim MISFET wesentlich höher als beim JFET und beim Bipolar-Transistor [61].

---

[1] Dies ist z.B. der Fall, wenn die gesamte Querschnittsfläche eines Bauelementes nicht denselben λ-Wert aufweist, sondern vielmehr in räumlich getrennte Bereiche aufgeteilt werden kann, denen verschiedene λ- bzw. τ_0-Werte zuzuordnen sind.

6.3 Rauschen in Halbleiterbauelementen

Nachdem im vorangegangenen Abschnitt die wesentlichsten Rauschmechanismen in Halbleitern zusammengestellt wurden, kann nun das Rauschen in den wichtigsten Halbleiterbauelementen besprochen werden. Das Aufstellen von ,,handlichen" Rausch-Ersatzschaltbildern mit praktisch unkorrelierten Quellen ist meist nur in einfachen Fällen bzw. bei entsprechenden Vernachlässigungen möglich.

6.3.1 Rauschen in Dioden

Als erstes soll das Rausch-Ersatzschaltbild für einen *pn-Übergang* (Abschnitt 2) aufgestellt werden. Soweit Rekombination und Generation in der Sperrschicht vernachlässigt werden können, ist der Schroteffekt einer der wichtigsten Rauschmechanismen. Dabei ist zu berücksichtigen, daß sich das Schrotrauschen aus vier unkorrelierten Rauschströmen zusammensetzt (Bild 6.9):

1. Elektronen [Stromdichte $J_{n0} \cdot \exp(qU/kT)$] laufen vom n-Halbleiter durch die Sperrschicht zum p-Halbleiter
2. Elektronen (Stromdichte J_{n0}) laufen vom p-Halbleiter zum n-Halbleiter (Rückstrom)
3. Defektelektronen [Stromdichte $J_{p0} \cdot \exp(qU/kT)$] laufen vom p-Halbleiter zum n-Halbleiter
4. Defektelektronen (Stromdichte J_{p0}) laufen vom n-Halbleiter zum p-Halbleiter (Rückstrom).

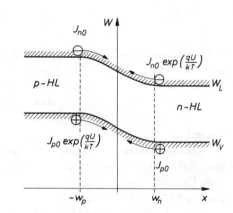

Bild 6.9
Unkorrelierte Teilströme
für das Schrotrauschen
eines pn-Überganges

Dabei werden die Stromdichten J_{n0} und J_{p0} z.B. durch (2.30) und (2.33) bestimmt. Da die einzelnen Rauschströme unkorreliert sind, addieren sich ihre Werte (6.29) quadratisch,

$$\sqrt{\overline{i_S^2}} = \sqrt{2q\,I_0\left[\exp\left(\frac{qU}{kT}\right)+1\right]B}\,, \quad I_0 \equiv A(J_{n0}+J_{p0})\,. \tag{6.61}$$

Tritt in dem pn-Übergang merkliche Sperrschichtrekombination bzw. -generation auf, ist (6.61) im einfachsten Fall gemäß (6.55) zu modifizieren.

Führt man mit (2.34) den differentiellen Widerstand r im Arbeitspunkt,

$$\frac{1}{r} = \frac{dI}{dU} = \frac{q}{kT} (I + I_0)$$

ein, kann man (6.61) in der Form

$$\sqrt{\overline{i_S^2}} = \sqrt{2q(I + 2I_0)B} = \sqrt{2\frac{kT}{r}\left[1 + \frac{I_0}{I + I_0}\right]B}$$

schreiben. Man definiert als „äquivalente Rauschtemperatur" $T_{äq}$ diejenige Temperatur, bei welcher das thermische Rauschen des Innenwiderstandes r ebenso groß wäre wie das Rauschen der untersuchten Quelle. Wie ein Vergleich mit (6.37) zeigt, ist in diesem Fall

$$T_{äq} = \frac{T}{2}\left[1 + \frac{I_0}{I + I_0}\right]. \qquad (6.62)$$

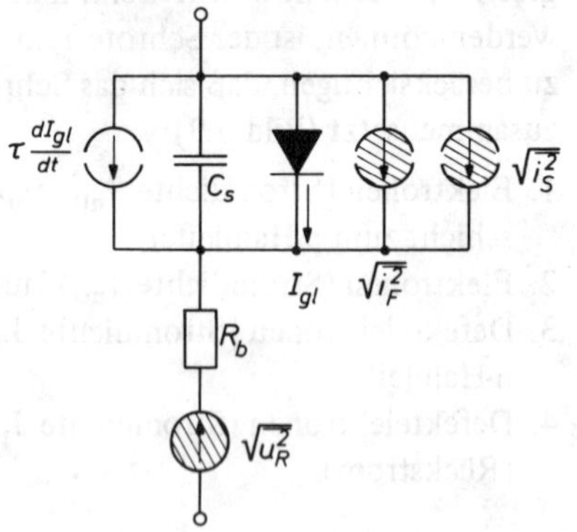

Bild 6.10
Rausch-Ersatzschaltbild einer Diode

$\sqrt{\overline{i_S^2}}$: Schrotrauschen nach (6.61)

$\sqrt{\overline{i_F^2}}$: Funkelrauschen mit „Leistungsspektrum" nach (6.60)

$\sqrt{\overline{u_R^2}}$: Widerstandsrauschen von R_b
nach (6.38)

Für hinreichend hohe Durchlaßbelastung ist die äquivalente Rauschtemperatur gleich der halben Betriebstemperatur.[1] Im stromlosen Fall ergibt sich thermisches Rauschen.

In Bild 6.10 sind in einer vereinfachten Ersatzschaltung nach Bild 2.15 die einzelnen Rauschquellen eingezeichnet. Das Rauschen des Bahnwiderstandes R_b ist durch u_R berücksichtigt. Die Rauschstromquelle i_F über der Sperrschicht kennzeichnet das Funkelrauschen.

Darüber hinaus tritt im Durchbruchsbereich bei Einsetzen der Trägervervielfachung (Abschnitt 2.4.1) eine wesentliche Erhöhung des Rauschens auf. Man nutzt dies in speziellen Halbleiter-Rauschdioden zur Erzeugung von weißem Rauschen etwa im Bereich zwischen 10 Hz und 10 GHz aus [61].

Bei *Schottky-Dioden* (Abschnitt 4.4) tritt keine Injektion von Minoritätsladungs-trägern auf, so daß in Bild 6.10 die gesteuerte Quelle $\tau\,dI_{gl}/dt$ entfällt. Da der Strom nur durch Majoritätsträger getragen wird, entsteht auch nicht das in Abschnitt 6.2.3 behandelte Rekombinations-Generations-Rauschen. Dagegen können durch statistischen Einfang von Majoritätsträgern in Haftstellen — im Gegensatz zu Rekombinationszentren treten Haftstellen nur mit *einem* Band in Wechselwirkung — Fluktuationen der Raumladung und

---

[1]) Man spricht etwas irreführend auch von „halbthermischem" Rauschen.

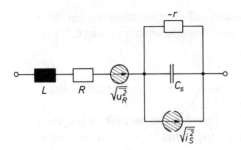

Bild 6.11
Rausch-Ersatzschaltbild der Tunneldiode im negativen Kennlinienteil

$\sqrt{\overline{u_R^2}}$: Widerstandsrauschen von R
nach (6.38)

$\sqrt{\overline{i_S^2}}$: Schrotrauschen des Tunnel-
stromes nach (6.29)

damit Schwankungen der Energiebarriere auftreten, die ebenfalls ein Rauschen zur Folge haben [72].

In Bild 6.11 wurde die Ersatzschaltung der *Tunneldiode* für Aussteuerung im negativen Kennlinienteil (Bild 2.25a) durch drei Rauschquellen ergänzt: u_R berücksichtigt das Rauschen des Bahnwiderstandes. Der Tunnelstrom zeigt „volles" Schrotrauschen, so daß i_S durch (6.29) bestimmt wird, wobei für $\overline{I}$ der Strom im Arbeitspunkt einzusetzen ist. Schließlich kennzeichnet i_F das Funkelrauschen.

6.3.2 Rauschen von Bipolartransistoren

Um das Transistorrauschen im aktiven Bereich bei nicht zu hohen Frequenzen zu beschreiben, soll die Ersatzschaltung des Bildes 3.8b durch Einfügung von Rauschquellen ergänzt werden. Dabei ist dem Schrotrauschen der beiden Sperrschichten besondere Beachtung zu schenken. Bild 6.12a zeigt schematisch die einzelnen *unkorrelierten* Rauschquellen eines npn-Transistors:

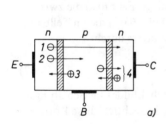

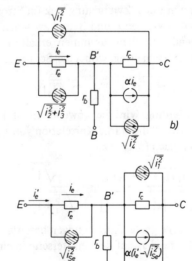

Bild 6.12
Schrotrauschen des Bipolartransistors
a) Schematische Darstellung der vier
   unkorrelierten Rauschströme
b) Ersatzschaltung mit den Rauschquellen nach (6.63) bis (6.66)
c) Anwendung des Zweiteilungssatzes
   für Stromquellen

1. Elektronen, die vom Emitter durch die Basis zum Kollektor emittiert werden, liefern einen Strom vom Betrag $\alpha|\overline{I_e}|$. Sie verursachen einen Rauschstrom nach (6.29)

$$\sqrt{\overline{i_1^2}} = \sqrt{2q\alpha|\overline{I_e}|B}\,, \quad \alpha = \beta\gamma\,, \tag{6.63}$$

der zwischen Emitter und Kollektor fließt. Der Rückstrom des in Durchlaßrichtung belasteten Emitterüberganges soll vernachlässigt werden.

2. Elektronen, die vom Emitter in die Basis injiziert werden und dort rekombinieren, haben einen Strom vom Betrag $\gamma(1-\beta)|\overline{I_e}|$ zur Folge und verursachen ein Schrotrauschen

$$\sqrt{\overline{i_2^2}} = \sqrt{2q\gamma(1-\beta)|\overline{I_e}|B}\,. \tag{6.64}$$

3. Defektelektronen werden in umgekehrter Richtung von der Basis in den Emitter injiziert entsprechend einem Strom vom Betrag $(1-\gamma)|\overline{I_e}|$, so daß hiermit das Schrotrauschen

$$\sqrt{\overline{i_3^2}} = \sqrt{2q(1-\gamma)|\overline{I_e}|B} \tag{6.65}$$

zwischen Emitter und Basis verbunden ist.

4. Der von Elektronen und Löchern verursachte Kollektor-Reststrom $\overline{I_{c0}}$ hat ein Schrotrauschen

$$\sqrt{\overline{i_4^2}} = \sqrt{2q|\overline{I_{c0}}|B} \equiv \sqrt{\overline{i_{c0}^2}} \tag{6.66}$$

zwischen Kollektor und Basis zur Folge.

Die um diese Rauschquellen erweiterte Ersatzschaltung des Bildes 3.8b zeigt Bild 6.12b. Die direkte Überbrückung zwischen Emitter und Kollektor durch die Rauschquelle i_1 kann mit dem Zweiteilungssatz für Stromquellen[1] beseitigt werden, indem man die Stromquelle zwischen E und B' und zwischen B' und C anlegt. Faßt man die zwischen E und B' liegenden Quellen zusammen, erhält man mit (6.63) bis (6.65) die im Teilbild c angegebene Ersatzschaltung, wobei das Schrotrauschen des Emitters durch

$$\sqrt{\overline{i_{Se}^2}} = \sqrt{\overline{i_1^2} + \overline{i_2^2} + \overline{i_3^2}} = \sqrt{2q|\overline{I_e}|B} \tag{6.67}$$

gegeben ist. Allerdings wird die Anwendbarkeit dieses Ersatzschaltbildes für Schaltungsberechnungen durch die starke Korrelation von i_{Se} und i_1 beeinträchtigt; diese Korrelation ergibt sich nach (6.16a) zu

$$c_{12} = \frac{\overline{i_1(i_1+i_2+i_3)}}{\sqrt{\overline{i_1^2}[\overline{i_1^2}+\overline{i_2^2}+\overline{i_3^2}]}} = \frac{\sqrt{\overline{i_1^2}}}{\sqrt{\overline{i_1^2}+\overline{i_2^2}+\overline{i_3^2}}} = \sqrt{\alpha} \simeq 1\,.$$

Sie kann durch geeignete Umformungen beseitigt werden. Dazu wird die Stromquelle i_{Se} mit Innenwiderstand r_e auf der Emitterseite in eine Spannungsquelle u_{Se} mit Innenwider-

---

[1]) Vgl. Band II, Abschnitt 3

stand r_e umgeformt. Hierbei geht der Strom i_e durch r_e, welcher auf der Kollektorseite die Stromquelle αi_e steuert, verloren. Daher wurde in Teilbild c als Steuergröße bereits

$$i_e' = i_e + \sqrt{\overline{i_{Se}^2}}$$

eingeführt. Damit hat die gesteuerte Quelle $\alpha\,(i_e' - \sqrt{\overline{i_{Se}^2}})$ auf der Kollektorseite auch einen Rauschanteil, der wegen (6.67) mit der Quelle i_1 korreliert ist. Die Zusammenfassung dieser Rauschanteile ergibt zunächst

$$\overline{(i_1 - \alpha\,i_{Se})^2} = \overline{i_1^2} - 2\alpha\,\overline{i_1 \cdot i_{Se}} + \alpha^2\,\overline{i_{Se}^2} \ .$$

Da die Quellen i_1, i_2, i_3 unkorreliert sind, bleibt vom mittleren Term der rechten Seite nur $-2\alpha\,\overline{i_1^2}$ übrig. Einsetzen von (6.63) bis (6.65) führt auf

$$\sqrt{\overline{i^2}} \equiv \sqrt{\overline{(i_1 - \alpha\,i_{Se})^2}} = \sqrt{2q\,\alpha\,(1-\alpha)\,|\overline{I_e}|\,B} \ . \tag{6.68}$$

Es läßt sich mit (6.16a) zeigen, daß die jetzt auftretenden Rauschquellen i und i_{Se} im Rahmen der vorliegenden Näherung unkorreliert sind: Der Zähler von c_{12} wird

$$\overline{i \cdot i_{Se}} = \overline{[i_1 - \alpha\,(i_1 + i_2 + i_3)]\,(i_1 + i_2 + i_3)} = 0 \ .$$

Die Rauschquelle u_{Se} auf der Emitterseite kann man mit (3.1) und (6.67) beschreiben durch

$$\sqrt{\overline{u_{Se}^2}} = \sqrt{2\,kT\,r_e\,B} \ . \tag{6.69}$$

In Bild 6.13 ist schließlich noch das Rauschen des Bahnwiderstandes durch

$$\sqrt{\overline{u_R^2}} = \sqrt{4\,kT\,r_b\,B} \tag{6.70}$$

berücksichtigt sowie das Funkelrauschen durch eine Rauschstromquelle über der Emitter-Basis-Sperrschicht [75]. Die in diesem Ersatzschaltbild auftretenden Rauschquellen sind auch bei hohen Frequenzen noch nahezu unkorreliert.

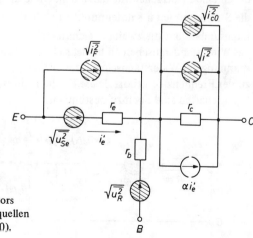

Bild 6.13
Ersatzschaltbild des Bipolartransistors
mit nahezu unkorrelierten Rauschquellen
nach (6.60), (6.66), (6.68) bis (6.70).

6.3.3 Rauschen im JFET

Bei diesem Bauelement treten im wesentlichen drei Rauschmechanismen auf: „Kanalrauschen", Rekombinationsrauschen in der Gate-Sperrschicht und Rauschen von parasitären Widerständen. Da die ersten beiden Rauschquellen längs der Drain-Source-strecke kontinuierlich verteilt sind, verlangt ihre Berücksichtigung im Ersatzschaltbild eine genauere Untersuchung. Die anzuwendende Methode soll am Beispiel des Kanal-rauschens diskutiert werden.

Das Kanalrauschen kann im Anlaufbereich, der hier nur explizite behandelt werden soll, als Widerstandsrauschen aufgefaßt werden, solange keine Driftsättigung eintritt. Dies ergibt eine Rauschquelle am Drainkontakt. Da das Kanalrauschen über die Sperrschicht-kapazität auf das Gate übertragen wird, tritt auch am Gatekontakt eine Rauschquelle auf („induziertes Rauschen").

Gibt man die Spannungen U_{ds} und U_{gs} als reine Gleichgrößen vor, d.h. Eingang und Ausgang sind wechselstrommäßig kurzgeschlossen, so wird jeder einzelne differen-tielle Abschnitt des Kanals gemäß seinem Widerstand als Rauschquelle wirken, die einen Beitrag zu den Rauschströmen am Gate und Drain liefert [76], [77]. Da die Rauschströme klein sind, dürfen die Strom-Spannungsbeziehungen ebenso wie in Abschnitt 5.1.5 lineari-siert werden. Es ist zunächst zu untersuchen, wie die Rauschquellen in den Ausgangsglei-chungen (5.27) für das Kleinsignalverhalten zu berücksichtigen sind. Schreibt man diese Gleichungen mit (5.29) wegen $u_{gs} = 0$ und $u_s = u_k$ in der Form

$$\frac{d\vec{i}_k}{dx} = -j\omega c'\,\vec{u}_k \; ; \qquad \vec{i}_k = -\frac{1}{R'}\frac{d\vec{u}_k}{dx} + \frac{\zeta}{R'}\vec{u}_k \, ,$$

wobei

$$c' = \frac{4c_0}{l\,(1-\eta)}, \quad R' = \frac{r_0}{l\,\eta}, \quad \zeta = \frac{1}{2V_{PO}\,\eta\,(1-\eta)}\frac{dU_k^0}{dx}$$

$$\tag{6.71}$$

gilt, so kann man die Strom-Spannungsbeziehungen in einem differentiellen Abschnitt dx durch eine Ersatzschaltung darstellen. Ohne die Rauschspannungsquelle in Bild 6.14 liefert die Stromsumme im Knotenpunkt ⟨1⟩ für dx → 0 die erste Gleichung, während ein Span-nungsumlauf auf die zweite Gleichung führt. In dieser Schaltung ist noch die Quelle für das Widerstandsrauschen zu berücksichtigen. Stellt $u_R(x, t)\,dx/l$ die *momentane* Rausch-spannung des Widerstandselementes der Länge dx dar, so ist $\vec{u}_{Rf}(x)\,dx/l$ der Phasor, der zu der Frequenz ω gehört. Diese Quelle ist in Bild 6.14 eingetragen, ihre Größe bzw. ihre Eigenschaften sind noch zu bestimmen.

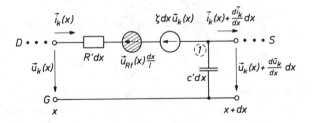

Bild 6.14
Ersatzschaltbild einer
differentiellen Kanalstrecke
zur Berechnung des Rauschens

Diese Rauschquelle wirkt sich nur in der zweiten Gleichung (6.71) aus,

$$\vec{i}_k = -\frac{1}{R'}\frac{d\vec{u}_k}{dx} + \frac{\zeta}{R'}\vec{u}_k + \frac{\vec{u}_{Rf}}{lR'}\,,$$

die erste Gleichung bleibt unverändert. Mit den weiteren Abkürzungen aus (5.29) erhält man analog zu Abschnitt 5.1.5 anstelle von (5.30) für die Rauschberechnung die Gleichungen

$$\frac{d\vec{z}}{d\eta} = -j\Omega\vec{\kappa}\,;\qquad \frac{d\vec{\kappa}}{d\eta} = \left(-\vec{z} + \frac{\eta\,\vec{u}_{Rf}(x)}{r_0\,I_d}\right)\eta\,(1-\eta)\,. \qquad (6.72)$$

Um das Berechnungsprinzip[1] an einem nicht zu komplizierten Beispiel zu zeigen, soll hier lediglich der Spezialfall $\eta\,(x=0)=0$ behandelt werden. Dies entspricht nach (5.8) und (5.29) praktisch dem „Pinch off". Dieser Punkt liegt, wie die Überlegungen des Abschnitts 5.1 gezeigt haben, hart an der Grenze des Gültigkeitsbereiches der zugrunde gelegten Ausgangsgleichungen. Empirisch zeigt sich, daß die so gewonnenen Formeln auch im technisch interessanten Sättigungsbereich gelten.

Die Gleichungen (6.72) sind wegen des wechselspannungsmäßigen Kurzschlusses am Drain- und Gatekontakt mit den Randbedingungen

$$\vec{\kappa}\,(x=0) = \vec{\kappa}\,(x=l) = 0 \qquad (6.73)$$

zu lösen. Dies geschieht wieder nach dem in Abschnitt 5.1.5 eingeführten Näherungsverfahren.

In nullter Näherung folgt auch hier aus der ersten Gleichung

$$\vec{z}_{(0)} = \text{const.}$$

Da der Phasor $\vec{u}_{Rf}$ im Bereich des weißen Rauschens frequenzunabhängig ist, führt die Integration der zweiten Gleichung (6.72) auf

$$\vec{\kappa}_{(0)} = \vec{z}_{(0)}\left[-\frac{\eta^2}{2} + \frac{\eta^3}{3}\right] + \frac{1}{r_0\,I_d}\int_0^\eta d\eta'\,\vec{u}_{Rf}(x)\,\eta'^2(1-\eta')\,, \qquad (6.74)$$

wobei die Randbedingung bei $x=0$ entsprechend bei $\eta=0$ bereits berücksichtigt wurde. Die Konstante $\vec{z}_{(0)}$ findet man durch Einsetzen der zweiten Randbedingung in (6.74)

$$\vec{z}_{(0)} = \frac{6}{r_0\,I_d\,\eta_l^2\,(3-2\eta_l)}\int_0^{\eta_l} d\eta\,\vec{u}_{Rf}(x)\,\eta^2(1-\eta) = \frac{1}{r_0\,I_d\,l}\int_0^l dx\,\vec{u}_{Rf}(x)\,\eta(x)\,. \qquad (6.75)$$

Da $\vec{u}_{Rf}$ als Funktion von x vorgegeben ist, wurde in der letzten Gleichung die Integrationsvariable η mit Hilfe der aus (5.29) und (5.26) folgenden Beziehung

$$\frac{d\eta}{dx} = \frac{I_d\,r_0}{\eta\,(1-\eta)\,l\,2\,V_{PO}} \qquad (6.76)$$

---

[1] Das hier angewendete Verfahren kann als Anwendungsbeispiel für die Langevinsche Methode [81] angesehen werden.

in die Ortsvariable x überführt. Hierbei ist ferner der Zusammenhang

$$I_d = \frac{V_{PO}}{3\,r_0}\,\eta_l^2\,(3 - 2\,\eta_l)\,, \tag{6.77}$$

den man aus (5.11) und (5.34) erhält, verwendet worden. Mit (6.75) ist der Phasor $\vec{i}_{drf(0)}$ des Drain-Rauschstromes in nullter Näherung festgelegt,

$$\vec{i}_{drf(0)} = \frac{1}{r_0\,l}\int\limits_0^l dx\,\vec{u}_{Rf}(x)\,\eta(x)\,. \tag{6.78}$$

Da $\vec{z}_{(0)}$ und damit der Kanalstrom in nullter Näherung ortsunabhängig ist, verschwindet in dieser Näherung der Gate-Rauschstrom.

Das „Leistungsspektrum" des Drain-Rauschstromes ist — durch die Phasoren ausgedrückt — analog zu (6.13) durch

$$P_f = \vec{i}_{drf}\,\vec{i}_{drf}^*\,t_0 \tag{6.79}$$

gegeben.[1]) Damit ist das Doppelintegral

$$|\vec{i}_{drf(0)}|^2 = \frac{1}{r_0^2}\int\limits_0^l\int\limits_0^l \left(\frac{\vec{u}_{Rf}(x)\,dx}{l}\right)\left(\frac{\vec{u}_{Rf}^*(x')\,dx'}{l}\right)\eta(x)\,\eta(x') \tag{6.80}$$

zu berechnen. An dieser Stelle muß das Produkt $\vec{u}_{Rf}(x)\cdot\vec{u}_{Rf}^*(x')$ explizite bestimmt werden. Da die einzelnen differentiellen Widerstandselemente *unkorreliert* rauschen, verschwindet bei einer Mittelung über das Frequenzintervall df der analog zu (6.16b) definierte komplexe Korrelationskoeffizient für $x \neq x'$. Für $x = x'$ muß sich das Leistungsspektrum des Widerstandsrauschens von $R'\,dx = r_0\,dx/(l\,\eta)$ ergeben (Bild 6.14). Damit gilt unter Berücksichtigung von (6.38)

$$t_0\left\langle\left(\vec{u}_{Rf}(x)\frac{dx}{l}\right)\left(\vec{u}_{Rf}^*(x')\frac{dx'}{l}\right)\right\rangle = 4kT\left(\frac{r_0\,dx}{l\,\eta(x)}\right)\delta(x-x')\,dx'\,. \tag{6.81}$$

Hierbei stellt die Diracsche Deltafunktion [82] $\delta(x-x')$ sicher, daß sich nur für $x = x'$ ein von null verschiedener Wert ergibt:

$$\delta(\xi) = 0 \quad\text{für}\quad \xi \neq 0 \quad\text{und}\quad \int\limits_{-\epsilon}^{+\epsilon}\delta(\xi)\,d\xi = 1\,. \tag{6.82}$$

---

[1]) Der hier fehlende Faktor 2 ist auf die unterschiedlichen Definitionen der Fourierkoeffizienten a_n (6.6) und der Phasoren (2.50) zurückzuführen.

Einsetzen von (6.81) in (6.80) liefert

$$t_0 \langle |\vec{i}_{drf(0)}|^2 \rangle = \frac{4\,kT}{l\,r_0} \int_0^l dx\,\eta(x) = 4\,kT\,\frac{\eta_l}{r_0}\,g_1$$

mit

$$g_1 = \frac{1}{2}\,\frac{4 - 3\,\eta_l}{3 - 2\,\eta_l}\,.$$

(6.83)

Dabei wurde die Integration mit (6.76) über η durchgeführt und die Beziehung (6.77) verwendet. Die Funktion $g_1(\eta_l)$ variiert je nach Vorspannung zwischen 1/2 und 2/3; es ist in der Literatur üblich, diese relativ schwache Abhängigkeit zu vernachlässigen und $g_1 \simeq 2/3$ zu setzen.

Für das Quadrat des Effektivwertes im Frequenzintervall df ergibt sich mit (6.13) und (6.79)

$$\overline{i_{dr}^2} = \overline{i_{dr(0)}^2} \simeq \frac{2}{3}\,4\,kT\,S_0\,df\,,$$

(6.84)

wobei noch (5.35) verwendet wurde.

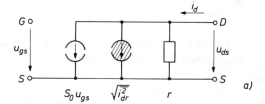

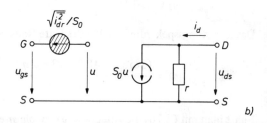

Bild 6.15
Rauschquellen des JFET
in nullter Näherung
a) Rauschquelle im
   Ausgangskreis
b) Transformation der
   Rauschquelle in den
   Eingangskreis

Diese Rauschstromquelle ist in die Ersatzschaltung des Bildes 5.10a einzubauen (Bild 6.15a). Hinsichtlich ihrer Wirkung im Ausgangskreis kann man diese Rauschstromquelle auch durch eine Rauschspannungsquelle im Eingangskreis ersetzen, wenn die Steuerspannung entsprechend geändert wird (Bild 6.15b). Als Maß für die Größe dieser Rauschspannungsquelle wird oft derjenige Widerstand $R_{äq}$ angegeben, der bei Normaltemperatur T_0 das gleiche Wärmerauschen zeigt („äquivalenter Rauschwiderstand"). Gleichsetzen dieser Rauschspannung mit (6.38) liefert

$$R_{äq} = \frac{2}{3\,S_0}\,\frac{T}{T_0}\,.$$

(6.85)

Bei der Berechnung der Rauschströme in erster Näherung soll — nicht ganz konsequent — nur der Gate-Rauschstrom bestimmt werden. Auf die Ermittlung des nächsten Termes im Drain-Rauschstrom wird verzichtet, weil in diesem einfacheren Fall bereits die allgemeine Behandlungsmethode ersichtlich wird.

Eine Gleichung für $\vec{z}_{(1)}$ erhält man durch Einsetzen von $\vec{\kappa}_{(0)}$ nach (6.74) in die erste Gleichung (6.72):

$$\vec{z}_{(1)}(\eta_l) - \vec{z}_{(1)}(0) = \vec{z}_{(0)} \left[\frac{\eta_l^3}{6} - \frac{\eta_l^4}{12} \right] - \frac{1}{r_0 I_d} \int\limits_0^{\eta_l} d\eta \int\limits_0^{\eta_l} d\eta' \, \vec{u}_{Rf}(x) \, \eta'^2 \, (1 - \eta') \, .$$

Auf der linken Seite dieser Gleichung steht wegen $i_g = - i_d - i_s$ bereits die erste Näherung des normierten Phasors des Gate-Rauschstromes. Beseitigt man das Doppelintegral durch partielle Integration und setzt $\vec{z}_{(0)}$ aus (6.75) ein, erhält man

$$\frac{\vec{i}_{grf(1)}}{I_d} = \frac{1}{r_0 I_d} \int\limits_0^{\eta_l} d\eta \, \vec{u}_{Rf}(x) \, \eta^2 \, (1 - \eta) \, [\eta - \eta_l g_1] \, .$$

Führt man mit (6.76) die Integration über den Ort ein und berücksichtigt die aus (5.36) folgende Beziehung

$$c_{gs} = 12 \, c_0 \, \frac{2 - \eta_l}{(3 - 2\eta_l)^2} \, ,$$

so ergibt sich der Phasor des Gate-Rauschstromes nach Multiplikation mit dem Entwicklungsparameter $j\Omega$ aus (5.29) zu

$$\vec{i}_{grf} = \frac{j\omega 2 c_{gs} (3 - 2\eta_l)}{\eta_l^2 (2 - \eta_l) \, l} \int\limits_0^l dx \, \vec{u}_{Rf}(x) \, \eta(x) \, [\eta(x) - \eta_l g_1] \, . \tag{6.86}$$

Das „Leistungsspektrum" (6.79) des Gate-Rauschstromes ergibt sich mit (6.81) zu

$$t_0 \langle |\vec{i}_{grf}|^2 \rangle = \frac{(2\omega c_{gs})^2 \, 4kT \, r_0 \, (3 - 2\eta_l)^2}{\eta_l^4 \, (2 - \eta_l)^2 \, l} \int\limits_0^l dx \, \eta(x) \, [\eta(x) - \eta_l g_1]^2 \, .$$

Führt man mit (6.76) die Integrationsvariable η ein, liefert die Integration mit (6.77) und (5.35)

$$t_0 \langle |\vec{i}_{grf}|^2 \rangle = \frac{4kT \, \omega^2 \, c_{gs}^2}{S_0} \, g_2 \, , \qquad g_2 = \frac{8 - 7\eta_l}{10(3 - 2\eta_l)} \, . \tag{6.87}$$

Die Funktion $g_2(\eta_l)$ variiert zwischen 0,1 und 0,267. Für den technisch interessierenden Bereich kann $g_2 \simeq 1/4$ gesetzt werden. Das Quadrat des Effektivwertes wird damit

$$\overline{i_{gr}^2} = \frac{kT \, \omega^2 \, c_{gs}^2}{S_0} \, df \, . \tag{6.88}$$

Ferner ist die Korrelation zwischen Gate-Rauschstrom und Drain-Rauschstrom zu bestimmen, also nach (6.16b) zunächst das Produkt von (6.78) und (6.86) zu bilden:

$$\vec{i}_{drf}^* \, \vec{i}_{grf} = \frac{j\omega 24 c_0}{l^2 \, r_0 \, \eta_l^2 \, (3 - 2\eta_l)} \int\limits_0^l dx \int\limits_0^l dx' \, \vec{u}_{Rf}^*(x) \, \vec{u}_{Rf}(x') \, \eta(x) \, \eta(x') \, [\eta(x') - \eta_l g_1] \, .$$

Die analoge Auswertung liefert

$$\langle \vec{i}_{drf}^{\,*}\, \vec{i}_{grf} \rangle = \frac{j \omega c_{gs}\, 4\, kT}{t_0}\, g_3 \, , \qquad g_3 = \frac{10 - 12 \eta_l + 3 \eta_l^2}{10\,(2 - \eta_l)\,(3 - 2 \eta_l)} \, .$$

Mit (6.83) und (6.87) ergibt sich für den komplexen Korrelationsfaktor (6.16b)

$$\frac{\langle \vec{i}_{drf}^{\,*}\, \vec{i}_{grf} \rangle}{\sqrt{\langle |\vec{i}_{drf}|^2 \rangle \langle |\vec{i}_{grf}|^2 \rangle}} = j\, g_4 \simeq 0{,}4\, j \, , \quad g_4 = \frac{10 - 12 \eta_l + 3 \eta_l^2}{(2 - \eta_l)\, \sqrt{5\,(8 - 7 \eta_l)\,(4 - 3 \eta_l)}} \, . \qquad (6.89)$$

Da die Funktion $g_4\,(\eta_l)$ zwischen 0,395 und 0,447 variiert, wurde in (6.89) der Näherungswert 0,4 eingesetzt. – Die Berechnung von Schaltungen mit korrelierten Quellen erfolgt in Band II.

Führt man diese Rauschquellen in die Ersatzschaltung des JFET nach Bild 5.10c ein, so folgt Bild 6.16. Dieses kann im Bedarfsfall noch durch die Rauschquellen parasitärer Widerstände, das Schrotrauschen des Gatestromes und das Rekombinationsrauschen in der Gate-Sperrschicht [80] ergänzt werden.

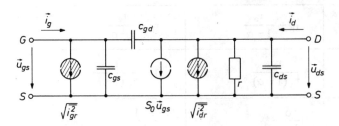

Bild 6.16
Kanalrauschen des JFET

$$\overline{i_{gr}^2} \simeq \frac{kT\, \omega^2\, c_{gs}^2}{S_0}\, df \, ; \quad \overline{i_{dr}^2} \simeq \frac{2}{3}\, 4\, kT\, S_0\, df$$

$$\frac{\langle \vec{i}_{drf}^{\,*}\, \vec{i}_{grf} \rangle}{\sqrt{\langle |\vec{i}_{drf}|^2 \rangle \langle |\vec{i}_{grf}|^2 \rangle}} \simeq 0{,}4\, j$$

Anhang

Tabelle 1

Zusammenhang zwischen h-Parametern und Größen des Transistor-Ersatzschaltbildes

Alle angegebenen Formeln gelten unter den Voraussetzungen

$$r_e \ll r_c(1-\alpha) \quad \text{und} \quad r_b; r_e \ll \alpha r_c.$$

Es gilt hier die Kürzung: $\Delta \equiv h_{11} h_{22} - h_{12} h_{21}$.

	Basisschaltung	Emitterschaltung	Kollektorschaltung
h_{11}	$r_e + r_b(1-\alpha)$	$r_b + \dfrac{r_e}{1-\alpha}$	$r_b + \dfrac{r_e}{1-\alpha}$
h_{12}	$\dfrac{r_b}{r_c}$	$\dfrac{r_e}{r_c(1-\alpha)}$	$1 - \dfrac{r_e}{r_c(1-\alpha)}$
h_{21}	$-\alpha$	$\dfrac{\alpha}{1-\alpha}$	$-\dfrac{1}{1-\alpha}$
h_{22}	$\dfrac{1}{r_c}$	$\dfrac{1}{r_c(1-\alpha)}$	$\dfrac{1}{r_c(1-\alpha)}$
Δ	$\dfrac{r_e + r_b}{r_c}$	$\dfrac{r_b + r_e}{r_0(1-\alpha)}$	$\dfrac{1}{1-\alpha}$
r_e	$\dfrac{\Delta - h_{12}}{h_{22}}$	$\dfrac{h_{12}}{h_{22}}$	$\dfrac{1 - h_{12}}{h_{22}}$
r_b	$\dfrac{h_{12}}{h_{22}}$	$\dfrac{\Delta - h_{12}}{h_{22}}$	$\dfrac{\Delta + h_{21}}{h_{22}}$
r_c	$\dfrac{1}{h_{22}}$	$\dfrac{1 + h_{21}}{h_{22}}$	$-\dfrac{h_{21}}{h_{22}}$
α	$-h_{21}$	$\dfrac{h_{21}}{1 + h_{21}}$	$\dfrac{1 + h_{21}}{h_{21}}$

Tabelle 2

Zusammenhang zwischen y-Parametern und Größen des Transistor-Ersatzschaltbildes

Alle angegebenen Formeln gelten unter den Voraussetzungen

$$r_e \ll r_c\,(1-\alpha) \quad \text{und} \quad r_b\,;\, r_e \ll \alpha\, r_c\;.$$

Es gilt hier die Kürzung: $\quad \Delta \equiv y_{11}\,y_{22} - y_{12}\,y_{21}\;.$

	Basisschaltung	Emitterschaltung	Kollektorschaltung
y_{11}	$\dfrac{1}{r_b\,(1-\alpha)+r_e}$	$\dfrac{1-\alpha}{r_b\,(1-\alpha)+r_e}$	$\dfrac{1-\alpha}{r_b\,(1-\alpha)+r_e}$
y_{12}	$\dfrac{-r_b}{r_c\,[r_b\,(1-\alpha)+r_e]}$	$\dfrac{-r_e}{r_c\,[r_b\,(1-\alpha)+r_e]}$	$-\dfrac{1-\alpha}{r_b\,(1-\alpha)+r_e}$
y_{21}	$-\dfrac{\alpha}{r_b\,(1-\alpha)+r_e}$	$\dfrac{\alpha}{r_b\,(1-\alpha)+r_e}$	$\dfrac{-1}{r_b\,(1-\alpha)+r_e}$
y_{22}	$\dfrac{r_e+r_b}{r_c\,[r_b\,(1-\alpha)+r_e]}$	$\dfrac{r_b+r_e}{r_c\,[r_b\,(1-\alpha)+r_e]}$	$\dfrac{1}{r_b\,(1-\alpha)+r_e}$
Δ	$\dfrac{1}{r_c\,[r_b\,(1-\alpha)+r_e]}$	$\dfrac{1}{r_c\,[r_b\,(1-\alpha)+r_e]}$	$\dfrac{1}{r_c\,[r_b\,(1-\alpha)+r_e]}$
r_e	$\dfrac{y_{12}+y_{22}}{\Delta}$	$-\dfrac{y_{12}}{\Delta}$	$\dfrac{y_{11}+y_{12}}{\Delta}$
r_b	$-\dfrac{y_{12}}{\Delta}$	$\dfrac{y_{22}+y_{12}}{\Delta}$	$\dfrac{y_{21}+y_{22}}{\Delta}$
r_c	$\dfrac{y_{11}}{\Delta}$	$\dfrac{y_{11}+y_{21}}{\Delta}$	$-\dfrac{y_{21}}{\Delta}$
α	$-\dfrac{y_{21}}{y_{11}}$	$\dfrac{y_{21}}{y_{11}+y_{21}}$	$\dfrac{y_{21}-y_{12}}{y_{21}}$

Tabelle 3

Typische Daten für Bipolar-Transistoren

Verwendete Zahlenwerte:

$r_e = 6{,}67\ \Omega;\quad r_b = 2{,}3\ k\Omega;\quad r_c = 1{,}1 \cdot 10^7\ \Omega;\quad \alpha = 0{,}997.$

Ferner wurde Anpassung auf Eingangs- und Ausgangsseite zugrundegelegt.

	Basischaltung	Emitterschaltung	Kollektorschaltung
$h_{11}\,(\Omega)$	13,6	$4{,}5 \cdot 10^3$	$4{,}5 \cdot 10^3$
h_{12}	$2 \cdot 10^{-4}$	$2 \cdot 10^{-4}$	1
h_{21}	$-0{,}997$	332	-333
$h_{22}\,(\Omega^{-1})$	$9 \cdot 10^{-8}$	$3 \cdot 10^{-5}$	$3 \cdot 10^{-5}$
$r_E\,(\Omega)$	170	3200	$1{,}3 \cdot 10^5$
$r_A\,(\Omega)$	$8{,}7 \cdot 10^5$	$4{,}6 \cdot 10^4$	388
i_A / i_E	$-0{,}925$	138	-330
u_A / u_G	2300	-1000	0,49
G'_m	4260	$2{,}8 \cdot 10^5$	325

Tabelle 4

Halbleiter — Daten nach verschiedenen Literaturangaben

[2], [7], [11], [13], [47], [48], [53], [54], [55], [56], [58], [59], [60], [97]

	Symbol	Dim.	Germanium	Silicium	Galliumarsenid
Effektive Zustandsdichte	N_L	cm^{-3}	$2 \cdot 10^{15}\, T^{3/2}$	$6,19 \cdot 10^{15}\, T^{3/2}$	$9,05 \cdot 10^{13}\, T^{3/2}$
	N_V	cm^{-3}	$1,17 \cdot 10^{15}\, T^{3/2}$	$3,52 \cdot 10^{15}\, T^{3/2}$	$1,35 \cdot 10^{15}\, T^{3/2}$
Effektive Masse	$\dfrac{m_L}{m}$	–	0,55	1,18	0,07
	$\dfrac{m_V}{m}$	–	0,39	0,81	0,43
Eigenleitungs-dichte[a]	n_i^2	cm^{-6}	$3,1 \cdot 10^{32}\, T^3 \exp\left(-\dfrac{9110}{T}\right)$	$1,14 \cdot 10^{33}\, T^3 \exp\left(-\dfrac{14163}{T}\right)$	$2 \cdot 10^{31}\, T^3 \exp\left(-\dfrac{17033}{T}\right)$
	(W_{LV}^*)	eV	$0,785 - 4,2 \cdot 10^{-4}\, T$	$1,22 - 3,4 \cdot 10^{-4}\, T$	$1,47 - 4,4 \cdot 10^{-4}\, T)$
	$n_i(300)$	cm^{-3}	$2,3 \cdot 10^{13}$	$9,8 \cdot 10^9$	$1,1 \cdot 10^7$
Bandabstand	W_{LV}	eV	$W_{LV}(T) = W_{LV}(0) - \dfrac{A\, T^\nu}{1 + B\, T^{\nu-1}}$		
	A		$1,77 \cdot 10^{-7}$	$2,294 \cdot 10^{-8}$	$6,3 \cdot 10^{-7}$
	B		$4,54 \cdot 10^{-4}$	$9,18 \cdot 10^{-5}$	$1,3 \cdot 10^{-3}$
	ν		2,49	2,71	2,26
	$W_{LV}(0)$	eV	0,746	1,1701	1,522
	$W_{LV}(300)$	eV	0,665	1,124	1,43
Beweglichkeit[b]	μ_n	$\dfrac{\text{cm}^2}{\text{Vs}}$	$\dfrac{4,9 \cdot 10^7}{T^{1,66}}$	$\dfrac{1,43 \cdot 10^9}{T^{2,42}}$	$\dfrac{6,25 \cdot 10^7}{T^{1,56}}$
	μ_p	$\dfrac{\text{cm}^2}{\text{Vs}}$	$\dfrac{1,05 \cdot 10^9}{T^{2,33}}$	$\dfrac{1,35 \cdot 10^8}{T^{2,2}}$	$\dfrac{2 \cdot 10^9}{T^{2,3}}$
	$\mu_n(300)$	$\dfrac{\text{cm}^2}{\text{Vs}}$	3 790	1 450	8 550
	$\mu_p(300)$	$\dfrac{\text{cm}^2}{\text{Vs}}$	1 780	480	400
Elektronen-affinität	χ	eV	4,0	4,05	4,07
Dielektrizitäts-zahl	ϵ_r	–	16	11,7	$\epsilon_{stat} = 12,9 \mid \epsilon_\infty = 10,9$

[a] Der experimentell gefundene Verlauf von $n_i^2(T)$ wurde — wie in der Literatur üblich — durch Anpassung der Konstanten A und B in der Formel

$$n_i^2 = A\, T^3 \exp\left(-\frac{B}{T}\right)$$

approximiert; die angegebenen Zahlenwerte erhält man aus (1.22), wenn man den in Klammern angegebenen Bandabstand W_{LV}^* einsetzt. Infolge dieser Approximation und wegen weiterer in dieser Einführung nicht berücksichtigter Feinheiten des Bändermodells stimmt W_{LV}^* nicht mit dem tatsächlichen Bandverlauf $W_{LV}(T)$ überein.

[b] in der Umgebung von Raumtemperatur bei kleinen Feldstärken ohne Berücksichtigung von Störstellenstreuung.

Tabelle 5

Physikalische Konstanten [49]

Lichtgeschwindigkeit	$c_0 = 2{,}997\,924\,58 \cdot 10^{10}$ cm s^{-1}
Elementarladung	$q = e = 1{,}602\,189\,2 \cdot 10^{-19}$ As
Ruhemasse des Elektrons	$m = 9{,}109\,534 \cdot 10^{-28}$ g
Boltzmann-Konstante	$k = 1{,}380\,662 \cdot 10^{-23}$ Ws K^{-1} $= 8{,}617\,347 \cdot 10^{-5}$ eV K^{-1}
Plancksches Wirkungsquantum	$h = 6{,}626\,176 \cdot 10^{-34}$ W s^2 $= 4{,}135\,7013 \cdot 10^{-15}$ eV s $\hbar = \dfrac{h}{2\pi} = 1{,}054\,588\,7 \cdot 10^{-34}$ W s^2 $= 6{,}582\,173 \cdot 10^{-16}$ eV s
Magnetische Feldkonstante	$\mu_0 = 4\pi \cdot 10^{-9}$ V s (Acm)$^{-1}$ $\simeq 1{,}256\,637 \cdot 10^{-8}$ V s (Acm)$^{-1}$
Elektrische Feldkonstante	$\epsilon_0 = \dfrac{1}{\mu_0\, c_0^2} = 8{,}854\,187\,82 \cdot 10^{-14}$ A s (Vcm)$^{-1}$
Nullpunkt der Celsius-Skala:	$273{,}15$ K
Normaltemperatur [51], [52]	$T_0 = 290$ K $kT_0 = 2{,}499\,030\,6 \cdot 10^{-2}$ eV

Literaturverzeichnis

[1] *A. I. Anselm,* Einführung in die Halbleitertheorie, Akademie-Verlag Berlin 1964

[2] *R. Paul,* Halbleiterphysik, Dr. Alfred Hüthig Verlag, Heidelberg 1975

[3] *S. Flügge,* Handbuch der Physik XX, Springer Verlag Berlin 1957

[4] *R. B. Adler, A. C. Smith, R. L. Longini,* Introduction to Semiconductor Physics, J. Wiley & Sons, N.Y. 1964

[5] *E. Spenke,* Elektronische Halbleiter, Springer Verlag Berlin 1965

[6] *O. Madelung,* Grundlagen der Halbleiterphysik, Springer Verlag Berlin 1970

[7] *S. M. Sze,* Physics of Semiconductor Devices, J. Wiley & Sons, N.Y. 1969

[8] *R. Müller,* Grundlagen der Halbleiterelektronik, Springer Verlag Berlin 1971

[9] *J. L. Moll,* Physics of Semiconductors, McGraw-Hill Book Company N.Y. 1964

[10] *W. Shockley,* Electrons and Holes in Semiconductors, D. van Nostrand Comp. N.Y. 1959

[11] *R. A. Smith,* Semiconductors, At the University Press Cambridge 1968

[12] *P. S. Kirejew,* Physik der Halbleiter, Akademie-Verlag Berlin 1974

[13] *J. P. Kelvey,* Solid State and Semiconductor Physics, Harper & Row, N.Y. 1969

[14] *J. G. Holbrook,* Laplace-Transformationen, Friedr. Vieweg & Sohn, Braunschweig 1970

[15] *J. S. Blakemore,* Semiconductor Statistics, Pergamon Press, Oxford 1962

[16] *R. Paul,* Halbleiterdioden, Dr. A. Hüthig Verlag Heidelberg 1976

[17] *W. Guggenbühl, M. J. O. Strutt, W. Wunderlin,* Halbleiterbauelemente, Birkhäuser Verlag Basel 1962

[18] *G. Doetsch,* Anleitung zum praktischen Gebrauch der Laplace-Transformation, R. Oldenbourg, München 1961

[19] *A. Erdélyi* (Editor) Tables of Integral Transforms, McGraw-Hill Book Company, N.Y. 1954

[20] *F. Oberhettinger, L. Baadi,* Tables of Laplace Transforms, Springer Verlag Berlin 1973

[21] *J. Crank,* The Mathematics of Diffusion, At the Clarendon Press, Oxford 1970

[22] *H. S. Carslaw, J. C. Jaeger,* Conduction of Heat in Solids, At the Clarendon Press, Oxford 1971

[23] *C. le Can, K. Hart, C. de Ruyter,* Schalteigenschaften von Dioden und Transistoren, Philips Techn. Bibl. 1963

[24] *W. Schultz,* Einführung in die Quantenmechanik, Friedr. Vieweg & Sohn, Braunschweig 1969

[25] *J. O. Scanlan,* Analysis and Synthesis of Tunnel Diode Circuits, J. Wiley & Sons, London 1966

[26] *R. Paul,* Transistoren, Friedr. Vieweg & Sohn, Braunschweig 1965

[27] *R. L. Pritchard,* Electrical Characteristics of Transistors, McGraw-Hill Book Comp. N.Y. 1967

[28] *R. F. Shea,* Transistortechnik, Berliner Union, Stuttgart 1962

[29] *R. D. Thornton, D. deWitt, P. E. Gray, E. R. Chenette,* Characteristics and Limitations of Transistors, J. Wiley & Sons, N.Y. 1967

[30] *W. Magnus, F. Oberhettinger, R. P. Soni,* Formulas and Theorems for the Special Functions of Mathematical Physics, Springer Verlag Berlin 1966

[31] *R. Paul,* Feldeffekttransistoren, Verlag Berliner Union Stuttgart 1972

[32] *H. Beneking,* Feldeffekttransistoren, Springer Verlag Berlin 1973

[33] *R. S. C. Cobbold*, Theory and Applications of Field-Effect Transistors, Wiley-Interscience, N.Y. 1970

[34] *W. Gosling, W. G. Townsend, J. Watson*, Field-Effect Electronics, Butterworths, London 1971

[35] *H. Gad*, Feldeffektelektronik, B. G. Teubner, Stuttgart 1976

[36] *J. Lehmann*, Feldeffekttransistoren, Vogel-Verlag Würzburg 1974

[37] *A. B. Grebene, S. K. Ghandhi*, Solid-State Electronics 12 (1969) S. 573–589

[38] *D. P. Kennedy, R. R. O'Brien*, IBM J. Res. Develop., March 1970, S. 95–116

[39] *A. Many, Y. Goldstein, N. B. Grover*, Semiconductor Surfaces, North Holland Publishing Company, Amsterdam 1965

[40] *D. Dascalu*, Electronic Processes in Unipolar Solid-State Devices, Abacus Press, Tunbridge Wells, England 1977

[41] *M. G. Collet, L. J. M. Esser*, Festkörperprobleme XIII (1973) S. 337–358

[42] *A. Goetzberger, M. Schulz*, Festkörperprobleme XIII (1973) S. 309–336

[43] *R. S. Muller, T. I. Kamins*, Device Electronics for Integrated Circuits, J. Wiley & Sons, N.Y. 1977

[44] *M. B. Das*, Solid-State Electronics 12 (1969) S. 305–336

[45] *Y. A. El-Mansy, A. R. Boothroyd*, IEEE Trans. Electron Devices 24 (1977) S. 254–262

[46] *M. Abramowitz, I. A. Stegun*, Handbook of Mathematical Functions, Dover Publications, N.Y.

[47] *K. Seeger*, Semiconductor Physics, Springer Verlag Wien 1973

[48] *H. F. Wolf*, Silicon Semiconductor Data, Pergamon Press Oxford 1969

[49] CODATA Bulletin 11 (Dez. 1973), CODATA Central Office, Ffm.

[50] *D. K. Roy*, Tunneling and Negative Resistance Phenomena in Semiconductors, Pergamon Press Oxford 1977

[51] *R. F. Shea*, Amplifier Handbook, McGraw-Hill Book Comp., N.Y. 1966

[52] *H. Meinke, F. W. Gundlach*, Taschenbuch der Hochfrequenztechnik, Springer Verlag, Berlin 1962

[53] *M. B. Panish, H. C. Casey*, Journ. Appl. Phys. 40 (1969) S. 163–167

[54] *W. Bludau, A. Onton, W. Heinke*, Journ. Appl. Phys. 45 (1974) S. 1846–1848

[55] *A. S. Grove*, Physics and Technology of Semiconductor Devices, J. Wiley and Sons, N.Y. 1967

[56] *C. Jacoboni, C. Canali, G. Ottaviani, A. A. Quaranta*, Solid-State Electronics 20 (1977) S. 77–89

[57] *S. Kar*, Solid-State Electronics 18 (1975) S. 169–181

[58] *D. L. Rode*, Low-Field Electron Transport, Semiconductors and Semimetals 10, Academic Press, N.Y. 1975

[59] *J. D. Wiley*, Mobility of Holes in III–V Compounds, Semiconductors and Semimetals 10, Academic Press, N.Y. 1975

[60] *T. Wasserrab*, Z. Naturforsch. 31a (1976) S. 505–506

[61] *H. Beneking*, Praxis des elektronischen Rauschens, BI Hochschulskripten Mannheim 1971

[62] *A. van der Ziel*, Noise, Prentice-Hall, Englewood Cliffs, N.J. 1970

[63] *D. K. C. MacDonald*, Noise and Fluctuations: an Introduction J. Wiley & Sons, N.Y. 1962

[64] *H. Bittel, L. Storm*, Rauschen, Springer Verlag Berlin 1971

[65] *R. E. Burgess*, Fluctuation Phenomena in Solids, Academic Press, N.Y. 1965

[66] *A. van der Ziel*, Fluctuation Phenomena in Semiconductors, Butterworth Scientific Publications, London 1959

[67] *H. Pfeifer*, Elektronisches Rauschen, Verlag J. A. Mayer, Aachen 1962

[68] *W. B. Davenport, W. L. Root*, An Introduction to the Theory of Random Signals and Noise, McGraw-Hill Book Comp. N.Y. 1958

[69] *F. N. H. Robinson*, Noise in Electrical Circuits, Oxford Univ. Press 1962

[70] *M. S. Gupta,* Electrical Noise: Fundamentals & Sources IEEE Press, N.Y. 1977 (Literatur-zusammenstellung)

[71] *P. O. Lauritzen,* IEEE Trans. Electron Devices ED **15** (1968) S. 770–776

[72] *S. T. Hsu,* IEEE Trans. Electron Devices ED **17** (1970) S. 496–506

[73] *B. L. Sharma, R. K. Purohit,* Semiconductor Heterojunctions, Pergamon Press, Oxford 1974

[74] *P. R. Gray, R. G. Meyer,* Analysis and Design of Analog Integrated Circuits, J. Wiley & Sons, N.Y. 1977

[75] *J. L. Plumb, E. R. Chenette,* IEEE Trans. Electron Devices ED **10** (1964) S. 304–308

[76] *A. van der Ziel,* Proc. IRE **50** (1962) S. 1808–1812

[77] *A. van der Ziel,* Proc. IEEE **51** (1963) S. 461–467

[78] *E. Kamke,* Differentialgleichungen, Akademische Verlagsgesellschaft, Leipzig 1961

[79] *J. A. Geurst,* Solid-State Electronics 8 (1965) S. 563–566

[80] *P. O. Lauritzen,* Solid-State Electronics 8 (1965) S. 41–58

[81] *P. Langevin,* Comptes Rend. Acad. Sci. Paris **146** (1908) S. 530–533

[82] *E. Madelung,* Die mathematischen Hilfsmittel des Physikers, Springer Verlag Berlin 1964

[83] *R. Müller,* Bauelemente der Halbleiterelektronik, Springer Verlag, Berlin 1973

[84] *H. Frank, V. Snejdar,* Halbleiterbauelemente Bd. 1 und 2, Akademie Verlag Berlin 1964

[85] *H.-G. Unger, W. Harth,* Hochfrequenz-Halbleiterelektronik, S. Hirzel Verlag Stuttgart 1972

[86] *A. Möschwitzer, K. Lunze,* Halbleiterelektronik, Dr. A. Hüthig-Verlag Heidelberg 1973

[87] *A. Möschwitzer, K.-H. Diener, D. Landgraf-Dietz, E. Köhler,* Halbleiterelektronik, Dr. A. Hüthig Verlag, Heidelberg 1974

[88] *L. P. Hunter,* Handbook of Semiconductor Electronics, McGraw-Hill Book Company N.Y. 1970

[89] *K. R. Spangenberg,* Fundamentals of Electron Devices, McGraw-Hill Book Company, N.Y. 1955

[90] *P. E. Gray, D. de Witt, A. R. Boothroyd, J. F. Gibbons,* Physical Electronics and Circuit Models of Transistors, J. Wiley & Sons, N.Y. 1964

[91] *A. K. Jonscher,* Principles of Semiconductor Device Operations, G. Bell & Sons, London 1960

[92] *J. Lindmayer, C. Y. Wrigley,* Fundamentals of Semiconductor Devices, D. van Nostrand Comp., N.Y. 1965

[93] *A. Nußbaum,* Semiconductor Device Physics, Prentice-Hall, N.J. 1962

[94] *R. Paul,* Transistoren und Thyristoren, Dr. A. Hüthig Verlag, Heidelberg 1977

[95] *J. R. Brews,* J. Appl. Phys. **45** (1974) S. 1276–1279

[96] *R. P. Nanavati,* Semiconductor Devices, Intext Educational Publishers, N.Y. 1975

[97] *S. S. Li, W. R. Thurber,* Solid-State Electronics 20 (1977) S. 609–616

[98] *H. Schrenk,* Bipolare Transistoren, Springer Verlag, Berlin 1978

Sachwortverzeichnis